David Ruelle

Zufall und Chaos

Springer-Verlag

Berlin Heidelberg New York
London Paris Tokyo
Hong Kong Barcelona
Budapest

Professor Dr. David Ruelle
Institut des Hautes Etudes Scientifiques
35, Route de Chartres
F-91440 Bures-sur-Yvette
France

Übersetzer:

Professor Dr. Wolf Beiglböck
Mönchhofstraße 21
W-6900 Heidelberg
F.R.G.

Titel der englischen Ausgabe: Chance and Chaos
© 1991 Princeton University Press, 08540 New Jersey, USA

ISBN 3-540-55168-9 Springer-Verlag Berlin Heidelberg New York

© Springer-Verlag Berlin Heidelberg 1992
Printed in Germany

Die Stroboskop-Aufnahme eines Neunband-Stoßes auf dem Schutzumschlag stammt
von Manfred Mahn, Hamburg.
Hersteller und Umschlaggestaltung: P. Burgert
57/3140-543210 – Gedruckt auf säurefreiem Papier

Vorwort

Suam habet fortuna rationem

"Der Zufall hat sein System," sagt Petron, aber wir mögen fragen: was für eines? Und: Was ist Zufall? Wie kommt er zustande? Wie unvorhersagbar ist die Zukunft? Die Physik und die Mathematik geben einige Antworten auf diese Fragen. Die Antworten sind bescheiden und manchmal vorläufig, aber sie sind es wert, daß man sie kennt, und sie sind der Gegenstand dieses Buches.

Die Gesetze der Physik sind deterministisch. Wie kommt dann der Zufall in die Beschreibung des Universums? Wie sich herausstellen wird: auf verschiedene Weise. Und wir werden auch sehen, daß es hinsichtlich der Vorhersagbarkeit der Zukunft starke Einschränkungen gibt. Meine Darstellung von den verschiedenen Aspekten des Zufalls wird meistens akzeptierten (oder akzeptierbaren) wissenschaftlichen Vorstellungen, alten und neuen, folgen. Insbesondere werde ich einigermaßen im Detail die modernen Vorstellungen von Chaos diskutieren. Ich habe ganz klar eine nicht-technische Darstellung gewählt, und die wenigen Gleichungen, die sich in dem Buch finden werden, können ohne viel Nachteil übersprungen werden. Die Physik und die Mathematik aus der Schule sind im Prinzip alles, was man braucht, um den Hauptteil des folgenden Textes zu verstehen. Dagegen habe ich mir in den Anmerkungen weniger Einschränkungen auferlegt: Sie reichen von allgemeinverständlichen Bemerkungen bis zu sehr technischen Literaturhinweisen, die sich an meine Berufskollegen wenden.

Und wenn die Rede auf die wissenschaftlichen Kollegen kommt, so fürchte ich, daß einige von ihnen über meine unrühmliche Beschreibung von Wissenschaftlern und von der Welt der Forschung verärgert sein werden. Dafür entschuldige ich mich nicht. Wenn Wissenschaft die Erforschung von Wahrheit ist, sollte man dann nicht auch wahrhaftig sein über die Art und Weise, wie Wissenschaft betrieben wird?

Bures-sur-Yvette, Herbst 1990

Danksagung. Beim Abfassen dieses Buches habe ich von Diskussionen mit vielen Kollegen profitiert. Unter diesen stehe ich insbesondere in der Schuld von Shelly Goldstein, selbst wenn er vielleicht über das, was ich schließlich geschrieben habe, betrübt sein wird. Janine und Nicolas Ruelle gaben nützliche Anregungen hinsichtlich eines verbesserten Stils. Macel Berger, Jean-Claude Deschamps, Jean-Pierre Eckmann und Arthur Wightman haben mir ihren Rat gegeben (dem ich nicht immer gefolgt bin). Yoshisuke Ueda und Oscar Lanford gestatteten die Reproduktion hübscher Computerbilder. Allen sei gedankt.

Anmerkung des Übersetzers. Der deutsche Text folgt dem Manuskript, das der Verfasser für die amerikanische Originalausgabe verfaßt hat. Danach schrieb der Autor auch die französische Fassung (*Hasard et Chaos*, Editions Odile Jacob, Paris 1991), die meiner Ansicht nach an vielen Stellen klarer ist, und wo er durch gelegentliche Zusätze bzw. Auslassungen das englische Original etwas überarbeitete. Der Autor hat es mir freundlicherweise überlassen zu entscheiden, inwieweit ich diese Version für die deutsche Ausgabe berücksichtigen möchte. Ich habe in eigener Verantwortung an mehreren, aber nicht an allen, Stellen (vor allem in den Anmerkungen) von dieser Freiheit Gebrauch gemacht.

Für vielfältige unschätzbare Hilfe möchte ich mich bei meiner Frau sowie bei Frau Sabine Landgraf und Herrn Lothar Picht bedanken.

Heidelberg, Jänner 1992   W.B.

Inhaltsverzeichnis

1. Zufall

Bald werden die Supercomputer anfangen, mit den Mathematikern zu konkurrieren, und es könnte gut sein, daß sie sie dann für immer arbeitslos machen. Das jedenfalls habe ich, in der Absicht, ihn zu ärgern, gegenüber meinem hervorragenden Kollegen, dem belgischen Mathematiker Pierre Deligne, behauptet. Ich machte die Bemerkung, daß einige Maschinen schon jetzt sehr gut Schach spielen. Und ich erwähnte den Beweis des *Vierfarbensatzes* [1.1], der nur mit Hilfe eines Computers erbracht werden konnte. Natürlich liegt immer noch der Nutzen heutiger Maschinen hauptsächlich bei sich wiederholenden und, um ehrlich zu sein, bei eher stumpfsinnigen Aufgaben. Aber es gibt keinen Grund dafür, daß sie nicht flexibler und vielseitiger werden und die intellektuellen menschlichen Prozesse nachmachen könnten – und das mit der für sie charakteristischen höheren Schnelligkeit und Genauigkeit. Und so werden in 50 oder 100 Jahren, vielleicht in 200 Jahren, die Computer nicht nur den Mathematikern bei der Arbeit helfen, sondern wir werden es erleben, daß sie die Initiative übernehmen, neue und fruchtbare Definitionen einführen, Vermutungen äußern und dann Beweise für Theoreme finden werden, weit jenseits der menschlichen intellektuellen Fähigkeiten. Schließlich wurde unser Gehirn nicht von der Evolution geformt, um Mathematik zu machen, sondern um uns bei der Jagd und der Nahrungsbeschaffung, beim Kriegführen, bei der Aufrechterhaltung unserer sozialen Beziehungen zu helfen.

Pierre Deligne zeigte für meine Vision zukünftiger Mathematik natürlich keine große Begeisterung. Am Ende erzählte er mir, daß ihn persönlich solche Ergebnisse interessieren, die er selbst, ganz für sich allein, zur Gänze verstehen könnte. Ausgeschlossen sind daher, so sagte er, einerseits die Lehrsätze, die mit Hilfe eines

Computers gefunden wurden, und andererseits extrem lange mathematische Beweisketten, die von mehreren Autoren erarbeitet wurden, von einem einzelnen aber unmöglich verifiziert werden können. Er spielte dabei auf einen berühmten Satz an, der die vollständige Klassifikation der *einfachen endlichen Gruppen* betrifft [1.2]. Dieser Beweis besteht aus vielen Teilen und erstreckt sich über ungefähr 5000 Seiten.

Ausgehend von dem, was ich gerade sagte, könnte man leicht ein düsteres Bild des gegenwärtigen Zustands der Naturwissenschaft und ihrer Zukunft malen. In der Tat, wenn es für einen Mathematiker schwierig wird, ganz allein ein Problem – den Beweis eines einzigen Lehrsatzes – zu meistern, dann gilt dies um so mehr für seine Kollegen in anderen Wissenschaften. Ob er Physiker oder Mediziner ist, um effizient zu arbeiten, benutzt der Wissenschaftler Werkzeuge, deren Wirkungsweise er nicht versteht. Wissenschaft ist universell, aber ihre Diener sind Spezialisten mit oft recht beschränkten Interessen. Zweifelsohne hat sich der intellektuelle und soziale Hintergrund wissenschaftlicher Forschung seit ihren Anfängen sehr verändert. Die wir heute Wissenschaftler nennen hießen damals Philosophen, und sie versuchten, ein umfassendes Weltverständnis, eine synthetische Sicht der Dinge zu bekommen. Charakteristisch dafür ist, daß der große Isaak Newton seine Interessen zwischen Mathematik, Physik, Alchemie, Theologie und dem Studium der Geschichte in ihrer Beziehung zu den Prophezeiungen aufteilte [1.3]. Haben wir diesen philosophischen Antrieb, der Wissenschaft gebar, aufgegeben?

Keineswegs. Dieser philosophische Antrieb benutzt neue Techniken, aber er bleibt sehr wohl der Kern der Sache. Das ist es, was ich in diesem kleinen Buch zeigen möchte. Es findet sich daher nichts über die technische Überheblichkeit der Naturwissenschaften, nichts über Raketen oder Atomzertrümmerung darin. Nichts über die Triumphe der Medizin und die nukleare Gefahr. Auch keine Metaphysik. Ich möchte mir die philosophische Brille eines redlichen Mannes des 17. oder 18. Jahrhunderts auf die Nase setzen, und ich möchte zwischen den wissenschaftlichen Ergebnissen des 20. Jahrhunderts spazierengehen. Ein Spaziergang, der – im wahrsten Sinne des Wortes – vom *Zufall* geleitet wird, denn das

Studium des Zufalls wird der Ariadnefaden sein, dem ich folgen werde.

Zufall, Ungewißheit, blindes Glück – sind das nicht ziemlich negative Begriffe? Eher aus dem Bereich der Wahrsager als dem der Wissenschaftler? Eine wissenschaftliche Untersuchung des Zufalls ist in Wahrheit aber möglich, und sie begann mit einer Analyse von Zufallsspielen durch Blaise Pascal, Pierre Fermat, Christiaan Huygens und Jacques Bernoulli. Diese Analyse hat den *Wahrscheinlichkeitskalkül* hervorgebracht, der lange für einen unbedeutenden Zweig der Mathematik gehalten wurde. Eine zentrale Tatsache des Wahrscheinlichkeitskalküls ist, daß bei einer großen Anzahl von Münzwürfen der Anteil von Zahl (oder Adler) etwa bei 50 % liegen wird. Auf diese Weise ergibt eine lange Reihe von Münzwürfen ein nahezu sicheres Ergebnis, obwohl der Ausgang eines einzelnen Wurfes vollständig ungewiß ist. Dieser Übergang von Ungewißheit zu einer Fastgewißheit, wenn wir eine *lange Kette* von Ereignissen oder *große Systeme* beobachten, ist ein wesentliches Thema beim Studium des Zufalls.

Um 1900 stellten noch viele Physiker und Chemiker den Aufbau von Materie aus Atomen und Molekülen in Abrede. Andere hatten die Tatsache, daß in einem Liter Luft eine unglaublich große Zahl von Molekülen in alle Richtungen mit großer Geschwindigkeit fliegen und sich in erschreckend ungeordneter Weise stoßen, längst akzeptiert. Diese Unordnung, die *molekulares Chaos* genannt wurde, ist, alles in allem genommen, viel Zufall in einem kleinen Volumen. Wieviel Zufall? Diese Frage macht einen Sinn, und sie hat ihre Antwort in der *statistischen Mechanik*, einem Zweig der Physik, der um 1900 von dem Österreicher Ludwig Boltzmann und dem Amerikaner Willard Gibbs geschaffen wurde, ihre Antwort gefunden. Die Menge von Zufall, die in einem Liter Luft oder einem Kilogramm Blei bei einer gewissen Temperatur vorhanden ist, wird durch die *Entropie* dieses Liters Luft und dieses Kilogramms Blei gemessen, und heute haben wir Methoden, die diese Entropien mit großer Genauigkeit bestimmen. Und da ist er nun, der gebändigte Zufall, auf den man für das Verstehen von Materie nicht mehr verzichten kann.

Sie mögen nun denken, daß das, was *zufällig* geschieht, gerade deshalb keine Bedeutung hat. Etwas Nachdenken zeigt aber, daß das nicht der Fall ist: Blutgruppen sind in einer bestimmten Population zufällig verteilt, aber im Fall einer Transfusion ist es nicht ohne Bedeutung, ob man zur Blutgruppe A^+ oder 0^- gehört. Die von dem amerikanischen Mathematiker Claude Shannon in den späten 40er Jahren geschaffene *Informationstheorie* erlaubt uns, die Information von Nachrichten, die im Prinzip eine Bedeutung haben, zu messen. Wie wir sehen werden, ist die mittlere Information einer Nachricht definiert als die Menge an Zufall, die man in der Vielfalt möglicher Nachrichten vorfindet. Um zu erkennen, daß dies eine natürliche Definition ist, beachte man, daß man durch die Wahl einer Nachricht den Zufall, der in der Vielfalt möglicher Nachrichten vorliegt, zerstört. Informationstheorie beschäftigt sich also, gerade so, wie die statistische Mechanik mit dem Messen von Mengen von Zufall. Beide Theorien hängen daher eng zusammen.

Wenn wir schon über sinnvolle Nachrichten sprechen, dann möchte ich einige nennen, die eine besonders vitale Information tragen. Das sind die genetischen Botschaften. Es gilt heute als gut gesicherte Tatsache, daß die Erbanlagen von Pflanzen und Tieren durch die DNS (Desoxyribonukleinsäure) in den Chromosomen übertragen werden. Diese DNS findet man auch in den Bakterien und Viren (in einigen Viren ersetzt durch die Ribonukleinsäure). Man konnte zeigen, daß die DNS aus einer langen Kette besteht, die aus vier Bausteinen, die durch die Buchstaben A, T, G, C dargestellt werden können, aufgebaut ist. Vererbung besteht daher aus langen Nachrichten, die mit einem Vierbuchstabenalphabet geschrieben werden können. Wenn Zellen sich teilen, werden diese Nachrichten kopiert, wobei zufällige Fehler gemacht werden. Diese Fehler nennt man *Mutationen.* Die neuen Zellen oder die neuen Individuen sind daher von ihren Vorfahren ein bißchen verschieden und mehr oder weniger lebens- und fortpflanzungsfähig. Dann erhält die natürliche Auslese einige Individuen und verwirft die weniger tauglichen oder weniger glücklichen. Die das Leben betreffenden Grundfragen können somit als Entstehung und Übertragung genetischer Botschaften bei Vorliegen von Zufall beschrieben werden [1.4]. Dadurch werden die großen Probleme des Ursprungs des Lebens und der Entstehung der Arten nicht gelöst. Aber indem wir diese Probleme durch Entstehung und Übertragung von Information ausdrücken können, kommen wir zu anregenden Gesichtspunkten und sogar zu einigen unbestreitbaren Schlußfolgerungen.

Aber bevor ich die Schöpferrolle des Zufalls bei Lebensvorgängen untersuche, muß ich Sie, den Leser, auf einen recht langen Spaziergang durch andere Probleme mitnehmen. Wir werden statistische Mechanik und Informationstheorie studieren, werden über Turbulenz, Chaos und über die Rolle des Zufalls in der Quantenmechanik und der Spieltheorie sprechen. Wir werden zum historischen Determinismus, zu den Schwarzen Löchern, zur algorithmischen Komplexität usw. abschweifen.

Unser langer Spaziergang wird an der Grenze zweier intellektueller Bereiche entlanggehen: dem der nüchternen Mathematik auf der einen Seite und auf der anderen dem der Physik im weitesten Sinne, einschließlich aller Naturwissenschaft. Und es wird interessant sein, auch das Funktionieren des menschlichen Verstands bei seinen bewundernswerten und oft pathetischen Anstrengungen, die Natur der Dinge zu verstehen, im Auge zu behalten. Über das Problem des Zufalls hinaus werden wir dann auch ein wenig die Dreiecksbeziehung zwischen der Seltsamkeit der Mathematik, der Seltsamkeit der physikalischen Welt und der Seltsamkeit unseres eigenen menschlichen Verstandes zu verstehen versuchen. Um einen Anfang zu machen, möchte ich einige Spielregeln der Mathematik und der Physik diskutieren.

2. Mathematik und Physik

Das mathematische Talent entwickelt sich oft in jungen Jahren. Dies ist eine allgemeine Beobachtung, die der große russische Mathematiker Andrei N. Kolmogorov durch eine merkwürdige Vermutung ergänzt hat. Seiner Ansicht nach kommt die normale psychologische Entwicklung einer Person genau zu der Zeit, wo das mathematische Talent einsetzt, zum Stillstand. In diesem Sinne hat Kolmogorov sich selbst ein mentales Alter von 12 Jahren zugeschrieben. Er gab seinem Landsmann Ivan M. Vinogradov, der für lange Zeit ein einflußreiches und sehr gefürchtetes Mitglied der Sowjetischen Akademie der Wissenschaften war, ein Alter von 8 Jahren. Diese 8 Jahre des Akademikers Vinogradov entsprachen, nach Kolmogorov, "dem Alter, wo kleine Jungen den Schmetterlingen die Flügel ausreißen oder Katzen alte Dosen an den Schwanz binden".

Vermutlich würde es nicht schwer sein, Gegenbeispiele zu Kolmogorovs Theorie zu finden [2.1], aber bemerkenswert oft scheint sie zuzutreffen. Mir fällt da der extreme Fall eines Kollegen ein. Sein mentales Alter muß etwa bei 6 Jahren liegen, und das bringt dann in der Praxis einige Probleme mit sich, speziell wenn er allein verreisen muß. Dieser Kollege funktioniert als Mathematiker relativ gut, aber ich kann mir nicht vorstellen, daß er in der ein wenig aggressiveren Physikergemeinschaft überleben könnte.

Was ist es, was die Mathematik so speziell und so anders als andere Bereiche der Naturwissenschaften macht? Am Anfang einer mathematischen Theorie stehen einige *Grundannahmen* über eine gewisse Anzahl *mathematischer Objekte* (anstatt von mathematischen Objekten könnte man auch von Worten oder Sätzen reden, denn in gewissem Sinne sind sie das auch). Ausgehend von den Grundannahmen versucht man durch rein logisches Schließen, neue Aussagen, sogenannte *Theoreme*, abzuleiten. Die in der Mathematik benutzten Wörter, wie *Punkt* und *Raum*, mögen vertraut klingen, aber es ist wichtig, wenn man Mathematik betreibt, der gewöhnlichen Intuition, die man dabei hat, nicht allzusehr zu trauen und tatsächlich nur von den anfangs vorgegebenen Grundannahmen Gebrauch zu machen. Es wäre durchaus in Ordnung, wenn Sie sich dazu entschlössen, *Stuhl* oder *Tisch* anstelle von Punkt und Raum zu sagen, und in einigen Fällen mag das sogar eine gute Idee sein; Mathematiker haben nichts gegen diese Art von Übersetzung. Wenn man so will, dann ist mathematische Arbeit so etwas wie eine grammatikalische Übung mit extrem strengen Regeln. Ausgehend von den gewählten Grundaussagen konstruiert der Mathematiker eine Kette weiterer Aussagen, bis er eine findet, die besonders hübsch aussieht. Seine Kollegen werden dann eingeladen, die neugeschaffene Aussage anzusehen, und sie werden sie bewundern und sagen: "Was für ein schönes Theorem!" Die Kette der Zwischenaussagen macht den *Beweis* des Theorems aus, und oft benötigt ein Lehrsatz, der einfach und knapp ausgesprochen werden kann, einen extrem langen Beweis. Die *Länge der Beweise* ist es, was die Mathematik interessant macht und die wirklich eine fundamentale philosophische Bedeutung hat. Diese Frage der Länge von Beweisen steht mit dem Problem der algorithmischen Komplexität und mit dem Gödelschen Theorem in Beziehung. Beide werden in späteren Kapiteln zur Sprache kommen [2.2].

Weil mathematische Beweise lang sind, sind sie auch schwer zu erfinden. Man muß, ohne einen Fehler zu machen, lange Aussageketten konstruieren, und man muß sehen, was man tut, und sehen, wohin das führt. Sehen heißt, daß man in der Lage ist zu raten, was wahr und was falsch ist, was nützlich ist und was nicht. Sehen heißt fühlen, was die guten Definitionen sind, die man einführen sollte, und was die Schlüsseltheoreme sind, die eine Theorie auf natürliche Art zu entwickeln erlauben.

Aber Sie sollten nicht glauben, daß das mathematische Spiel beliebig und gratis ist. Die verschiedenen mathematischen Theorien haben viele Beziehungen untereinander: Objekte einer Theorie können in einer anderen wieder eine Interpretation finden, und das führt zu neuen fruchtbaren Einsichten. Mathematik hat eine tiefe Einheit. Weit mehr als eine Ansammlung getrennter Theorien wie Mengenlehre, Topologie oder Algebra, die alle ihre eigenen Grundannahmen haben, ist Mathematik ein zusammenhängendes Ganzes. Um diese Einheit der Theorien auszudrücken, ziehen es viele Mathematiker vor, von "der Mathematik" anstatt von "Mathematik" zu sprechen. Mathematik ist ein großes Königreich, und dieses gehört denen, die sehen können. Die *Seher*, diejenigen, die mathematische *Intuition* und Kraft besitzen, leiten von ihrer Fähigkeit ein Gefühl enormer Überlegenheit gegenüber ihren blinden Zeitgenossen ab. Sie empfinden für Nichtmathematiker, was Düsenjägerpiloten für das Bodenpersonal empfinden oder früher die Briten für die Leute vom Kontinent.

Ein Mathematiker, ein wirklicher, investiert eine Menge in seine Kunst. Mathematik ist eine Art intellektuellen Jogas, fordernd, streng, asketisch. Fremdartige Konzepte und seltsame Relationen beschäftigen seine Gedanken, in Worten ausdrückbar oder nicht, bewußt oder nicht. (Das Unbewußte spielt bei mathematischen Entwicklungen oft eine Rolle, worauf Henri Poincaré insistierte und was er in einem schönen Beispiel beschrieben hat [2.3]). Das Überfluten des Verstandes durch blühende mathematische Gedanken, und die Fremdartigkeit dieser Gedanken, stellt den Mathematiker ein wenig außerhalb vom Rest der Menschheit, und man kann verstehen (wie es Kolmogorov vorgeschlagen hat), daß seine oder ihre psychologische Entwicklung manchmal als stehengeblieben erscheint.

Und wie verhält es sich mit den Physikern? Mathematiker und Physiker benehmen sich oft wie verfeindete Brüder und neigen dazu, ihre Unterschiede zu übertreiben. Aber Mathematik ist, wie schon Galilei bemerkt hat [2.4], die Sprache der Physiker, und ein theoretischer Physiker ist immer bis zu einem gewissen Grade ein Mathematiker. In der Tat haben Archimedes, Newton und viele andere in brillanter Weise zu beiden, zur Physik und zur Mathematik, beigetragen. Die Wahrheit ist, daß Physik eng mit Mathematik verbunden, aber auch fundamental verschieden davon ist. Lassen Sie mich das jetzt zu erklären versuchen.

Der Zweck der Physik ist, den Sinn der Welt um uns zu erklären. Physiker wollen typischerweise nicht alles auf einmal verstehen. Vielmehr werden sie Stück für Stück verschiedene *Teile der Wirklichkeit* anschauen. Sie werden ein gegebenes Stück Wirklichkeit *idealisieren* und versuchen, es durch eine mathematische Theorie zu beschreiben. Sie beginnen mit der Auswahl einer bestimmten Klasse von Phänomenen, und sie definieren physikalische Begriffe für diese Klasse *operationell*. Ist so der physikalische Rahmen festgelegt, dann müssen sie immer noch eine mathematische Theorie wählen und eine Beziehung zwischen deren Objekten und den physikalischen Begriffen herstellen [2.5]. Es ist diese Korrespondenz, die eine *physikalische Theorie* ausmacht. Natürlich ist im Prinzip eine physikalische Theorie um so besser, je präziser die von ihr aufgezeigte Korrespondenz zwischen physikalischen und mathematischen Größen und je weiter gefaßt die von ihr beschriebene Menge der Phänomene ist. Aber in der Praxis ist es auch wichtig, daß die Mathematik bewältigt werden kann, und Physiker werden normalerweise eine einfache und bequeme Theorie benutzen, solange die Genauigkeit für die vorliegende Anwendung ausreicht.

Es ist gut, sich klarzumachen, daß die operationelle Definition eines physikalischen Begriffs keine formale Definition ist. Schreitet unser Verstehen fort, können wir die operationellen Definitionen besser analysieren, aber sie bleiben weniger präzise als die mathematische Theorie, zu der sie in Beziehung stehen. Beispielsweise werden Sie in chemischen Experimenten Stoffe spezifizieren wollen, die *ausreichend rein* sind, und diese Forderung kann in manchen Fällen bis zu starken Einschränkungen, wenn Verunreinigungen vorliegen, verschärft werden. Bestünden Sie aber darauf, die genaue Menge jeder möglichen Verunreinigung im vorhinein zu kennen, dann würden Sie nie ein Experiment durchführen. Wenn Sie Physik studieren, stehen Sie bald vor dem offenbaren Paradox: Ihre Kontrolle über ein physikalisches Objekt, das Sie in Ihrer Hand halten können, ist geringer, als Ihre Kontrolle über ein mathematisches Objekt ohne materielle Existenz. Viele Leute werden dadurch völlig verwirrt, und es ist in der Tat ein wesentlicher

Grund für Ihre Entscheidung, lieber Mathematiker als Physiker zu werden.

Ein bescheidenes Beispiel einer physikalischen Theorie ist *die Theorie des Würfelspiels*. Das Stück Wirklichkeit, das man verstehen möchte, ist das, was man beobachtet, wenn man würfelt. Ein operationell definierter Begriff in der Theorie des Würfelspiels ist der der *Unabhängigkeit*. Man sagt, zwei aufeinanderfolgende Würfe sind unabhängig, wenn die Würfel zwischen den Würfen gut durchgeschüttelt worden sind. Und hier ist ein Beispiel für eine Voraussage dieser Theorie. Für eine große Zahl von unabhängigen Würfen mit zwei Würfeln wird das Ergebnis 3 (z.B. 1 für den einen und 2 für den anderen Würfel) in einem aus 18 Fällen sein.

Fassen wir zusammen: Indem wir eine mathematische Theorie an ein Stück physikalischer Realität anheften, erhalten wir eine physikalische Theorie. Es gibt viele solche Theorien für eine Vielzahl von Phänomenen. Und für ein gegebenes Phänomen gibt es meist mehrere Theorien. In den besser gelagerten Fällen geht man von einer Theorie zur anderen über durch eine *Approximation* (üblicherweise eine nichtkontrollierte Approximation). In anderen Fällen bereitet die Beziehung verschiedener Theorien zueinander beträchtliches logisches Kopfzerbrechen, weil sie auf unverträglichen und scheinbar nicht vereinbaren physikalischen Begriffen beruhen. Wie dem auch sei, das Springen von einer Theorie zur anderen ist ein wichtiger Teil der Kunst, Physik zu betreiben. Die Fachleute würden sagen, sie suchen nach *Quantenkorrelationen* oder nach dem *nichtrelativistischen Grenzfall*, oder sie sagen überhaupt nichts, weil der eingenommene Standpunkt "aus dem Zusammenhang klar ist". Unter solchen Bedingungen wird sich eine physikalische Auseinandersetzung oft ein wenig unzusammenhängend oder gar total konfus anhören. Wie finden sich die Physiker in einem solchen Schlamassel zurecht?

Um diese Frage zu beantworten, möchte ich bemerken, daß die Physik – und wir sagen wirklich "die Physik" und nicht "Physik" – ihre fundamentale Einheit daraus herleitet, daß sie genau das eine physikalische Universum, in dem wir leben, beschreibt. Die Einheit der Mathematik beruht auf der logischen Beziehung zwischen verschiedenen mathematischen Theorien. Im Gegensatz dazu brauchen physikalische Theorien nicht logisch kohärent zu sein; sie haben ihre Einheit, weil sie dieselbe physikalische Wirklichkeit beschreiben. Physiker haben in der Regel keinen Zweifel an der Realität, die sie zu beschreiben versuchen. Oft benötigen sie mehrere logisch unverträgliche Theorien zur vollständigen Beschreibung einer bestimmten Klasse von Phänomenen. Natürlich werden sie diese Inkohärenz beklagen, aber so weit würden sie nicht gehen, die eine oder die andere dieser unverträglichen Theorien zu verwerfen. Sie werden sie behalten, wenigstens so lange bis sie eine bessere Theorie, die in einheitlicher Form alle beobachteten Fakten berücksichtigt, gefunden haben.

Aber noch eine letzte Mahnung zur Vorsicht. Versuchen Sie nicht, eine allgemeine abstrakte Diskussion darüber zu beginnen, ob die Physik "deterministisch" oder "probabilistisch" ist, "lokal" oder nicht usw. Die Antwort hängt von der betrachteten physikalischen Theorie ab, und davon, wie Determinismus, Zufall oder Lokalität in dieser Theorie eingeführt wurden. Eine sinnvolle physikalische Diskussion verlangt stets einen operationellen Hintergrund. Dieser wird entweder von einer vorhandenen Theorie geliefert, oder man muß ihn sich durch eine hinreichend explizite Beschreibung eines physikalischen Experiments beschaffen, das, wenigstens im Prinzip, auch durchgeführt werden kann.

3. Wahrscheinlichkeiten

Die wissenschaftliche Interpretation des Zufalls beginnt mit der Einführung von *Wahrscheinlichkeiten*. Der physikalische Begriff der Wahrscheinlichkeit scheint ein klarer intuitiver Begriff zu sein, aber das bedeutet nicht, daß er leicht kodifiziert und formalisiert werden kann. Wie immer müssen wir beim Übergang von Intuition zu Wissenschaft sehr sorgfältig und vorsichtig vorgehen. Sehen wir uns das Problem genauer an.

"Die Chancen stehen neun zu eins, daß es diesen Nachmittag regnen wird, und deshalb nehme ich meinen Regenschirm mit." Diese Art von Argument, in dem Wahrscheinlichkeit auftritt, wird ständig, wenn man Entscheidungen trifft, benutzt. Die Wahrscheinlichkeit, daß es regnen wird, wird auf 9/10 oder 90%, oder auf 0,9 geschätzt. Allgemein werden Wahrscheinlichkeiten von 0 bis 100% oder, mehr mathematisch ausgedrückt, von 0 bis 1 gezählt. Die Wahrscheinlichkeit 0 (0%) entspricht der Unmöglichkeit, und die Wahrscheinlichkeit 1 (100%) dem sicheren Eintreffen. Ist die Wahrscheinlichkeit weder 0 noch 1, dann ist das Ereignis unsicher, aber unsere Unsicherheit ist nicht vollständig. Ein Ereignis, dessen Wahrscheinlichkeit 0,000001 ist (eine Chance von eins zu einer Million), ist ein recht unwahrscheinliches Ereignis.

Der Erfolg dessen, was wir unternehmen, hängt von den Umständen ab, von denen einige sicher sind, andere aber nicht. Es ist daher wichtig, daß wir die Wahrscheinlichkeit unsicherer Ereignisse korrekt bestimmen, und um das tun zu können, brauchen wir eine *physikalische Theorie der Wahrscheinlichkeiten*. Ich bestehe auf dem Adjektiv *physikalisch*, weil es nicht genügt, daß wir Wahrscheinlichkeiten berechnen können, wir müssen auch in der Lage sein, unsere Ergebnisse *operationell* mit der physikalischen

Wirklichkeit zu vergleichen. Wenn wir diese Beziehung zur physikalischen Realität nicht genügend beachten, dann können wir uns leicht in Paradoxa verwickeln. Wir sollten daher mit Aussagen der Art "Die Wahrscheinlichkeit, daß es diesen Nachmittag regnen wird, ist 0,9" vorsichtig sein. Die operationelle Bedeutung dieser Aussage ist, gelinde gesagt, nicht klar, und ihr Status ist an dieser Stelle daher noch recht zweifelhaft.

Betrachten Sie die Aussage: "Wenn ich eine Münze in die Luft werfe, dann ist die Wahrscheinlichkeit, daß sie mit der Zahl nach oben fällt, 0,5." Das hört sich ungeheuer vernünftig an, wenigstens vor dem Münzwurf, aber sie ist offenbar falsch, wenn die Münze gefallen ist, weil dann die Unsicherheit aufgehoben ist. In welchem Augenblick entscheidet sich die Münze für Zahl oder Adler? Angenommen, Sie akzeptieren das Prinzip des klassischen Determinismus und folglich auch, daß der Zustand des Universums zu einer Zeit seinen Zustand zu jeder anderen Zeit bestimmt. Dann ist im Moment der Entstehung der Welt entschieden, auf welche Seite die Münze fallen wird! Heißt das nun, daß wir Wahrscheinlichkeiten verwerfen müssen oder daß wir nur davon reden können, wenn wir die klassische durch die Quantentheorie ersetzen? Nach meiner Auffassung hieße das, den Karren vor die Ochsen spannen. So kann man nicht Physik machen. Der vernünftige Standpunkt ist, die Wahrscheinlichkeiten in einem so wenig einschränkenden Rahmen wie möglich einzuführen, ohne von klassischer oder Quantenmechanik zu sprechen. Nachdem unsere Begriffe mathematisch und operationell definiert sind, werden wir in einer besseren Position sein, die Beziehungen der Wahrscheinlichkeiten zum Determinismus, zur Quantenmechanik usw. zu diskutieren.

Daher ist meine philosophische Haltung, die ich im Zusammenhang mit der Einführung von Wahrscheinlichkeiten verteidigen will, die folgende. Für verschiedene Klassen von Phänomenen (die ich früher als *Teile der Wirklichkeit* bezeichnet habe) gibt es Idealisierungen, die Wahrscheinlichkeiten einbeziehen. Diese Idealisierungen sind von Interesse, weil sie *nützlich* sind. Es mag helfen, wenn man weiß, daß beim Münzwurf Zahl oder Adler mit gleicher Wahrscheinlichkeit fallen. Es mag helfen, zu wissen, daß bei 20 Münzwürfen die Wahrscheinlichkeit, jedesmal Zahl vorzufinden, weniger als eins zu einer Million ist. Die Abschätzung der Wahrscheinlichkeit ersetzt die totale Ungewißheit durch etwas ein wenig mehr Substantielles. Unsere nächste Aufgabe ist es, diesem *Etwas* eine logisch und begrifflich kohärente Struktur zu geben. Wenn Sie mit der Wahrscheinlichkeitstheorie (oder allgemeiner, mit den harten Wissenschaften) nicht vertraut sind, dann mögen Sie den Rest dieses Kapitels ein wenig abschreckend finden. Überspringen Sie ihn trotzdem nicht! Ich möchte dort ein Beispiel einer physikalischen Theorie skizzieren: operationell definierte physikalische Begriffe, eine mathematische Theorie und Relationen zwischen den physikalischen und mathematischen Begriffen. Die *physikalische Theorie der Wahrscheinlichkeiten* ist es, die ich beschreiben möchte. Sie ist, wie auch immer man sie betrachtet, eine einfache physikalische Theorie.

Wahrscheinlichkeitstheorie ist die Kunst, mit Aussagen der Art

$$WS(``A") = 0,9$$

zu spielen; damit meint man, daß die Wahrscheinlichkeit des Ereignisses "A" 90 % ist. Vom Standpunkt der Mathematik aus ist das Ereignis "A" nur ein Symbol, das nach gewissen Regeln manipuliert werden soll. Im Rahmen der physikalischen Idealisierung ist das Ereignis "A" ein wirkliches Ereignis wie etwa "Es wird diesen Nachmittag regnen", und als solches muß es operationell definiert werden. (Beispielsweise könnte ich entscheiden, diesen Nachmittag spazieren zu gehen, und wenn es regnet, werde ich es bemerken. Wie es in der Physik üblicherweise der Fall ist, ist diese operationelle Definition keineswegs präzise. Es könnte ja sein, daß mich, ehe der Nachmittag zu Ende ist, ein Lastwagen überfährt, und das wäre das Ende meiner meteorologischen Beobachtungen.)

Das Ereignis "*nicht A*" ist mathematisch gesehen einfach eine neue Versammlung von Symbolen. In allen physikalischen Idealisierungen, die wir betrachten wollen, entspricht das Ereignis "*nicht A*" der Tatsache, daß das Ereignis "A" nicht eintrifft. Im obigen Beispiel hieße "*nicht A*": "Es wird diesen Nachmittag nicht regnen."

Lassen Sie uns neben "A" das neue Ereignis "B" einführen. Mathematisch sind wir dann in der Lage, neue Symbolzusammensetzungen wie "A *oder* B" und "A *und* B" einzuführen. Diese neuen Symbole sind wieder Ereignisse. In der physikalischen Idealisierung könnte "B" z.B. bedeuten "Es wird keinen Regen geben, aber es wird diesen Nachmittag schneien" oder "Das Brot, das ich fallenlasse, wird auf der Butterseite landen". Das Ereignis "A *oder* B" entspricht physikalisch, daß "A" eintreten wird oder aber "B" oder daß beide, "A" und "B", eintreten werden. Das Ereignis "A *und* B" entspricht dem Eintreten von beiden, von "A" und von "B".

Wir können jetzt unsere mathematische Vorstellung von Wahrscheinlichkeiten durch drei Grundannahmen oder Regeln ergänzen:

(1) WS ("*nicht* A") = 1 − WS ("A").

(2) Wenn "A" und "B" *inkompatibel* sind, dann gilt
WS ("A *oder* B") = WS ("A") + WS ("B").

(3) Wenn "A" und "B" *unabhängig* sind, dann gilt
WS ("A *und* B") = WS ("A") × WS ("B").

Wir kommen gleich auf diese drei Regeln zurück, aber zuerst lassen Sie uns bemerken, daß sie die neuen und undefinierten Begriffe der *inkompatiblen* und der *unabhängigen* Ereignisse einschließen. In einer Abhandlung über Wahrscheinlichkeiten würde man jetzt einige Regeln einführen, wie man *nicht, und* und *oder* und die mathematischen Begriffe von inkompatiblen und unabhängigen Ereignissen manipulieren kann. Man würde auch ein paar Grundaussagen über unendliche Ereignismengen machen. Das sind sicherlich wichtige Punkte, aber sie sind nicht wesentlich für das, was wir hier vorhaben, und so wollen wir sie übergehen.

Ich habe gerade die mathematischen Grundlagen der Wahrscheinlichkeitstheorie, summarisch aber nicht inkorrekt, dargestellt [3.1]. Es bleibt die ebenso wichtige Aufgabe, den *physikalischen* Rahmen für die Wahrscheinlichkeiten abzustecken. Oder besser, die verschiedenen physikalischen Rahmen, weil Wahrscheinlichkeiten in ziemlich unterschiedlichen Situationen auftreten, und die operationellen Definitionen für jeden dieser Fälle gemacht werden müssen. Hier begnügen wir uns mit allgemeinen Hinweisen.

In physikalischen Idealisierungen nennen wir zwei Ereignisse *inkompatibel*, wenn sie nicht zusammen auftreten können. Nehmen wir an, die Ereignisse "A" und "B" sind "Es wird diesen Nachmittag regnen" und "Es wird keinen Regen geben, aber es wird diesen Nachmittag schneien". Dann sind "A" und "B" inkompatibel und die Regel (2) sagt, daß ihre Wahrscheinlichkeiten addiert werden: 90 % Chance auf Regen und 5 % Chance auf Schnee ohne Regen geben 95 % Chance für Regen oder Schnee. Das ist intuitiv befriedigend.

Zwei Ereignisse heißen *unabhängig*, wenn sie "nichts miteinander zu tun haben", d.h. die Tatsache, daß eines davon realisiert oder nicht realisiert ist, hat im Mittel keinen Einfluß auf die Realisierung des anderen. Nehmen wir beispielsweise für "A" und "B" die Ereignisse "Es wird diesen Nachmittag regnen" und "Das Brot, das ich fallenlasse, wird auf der Butterseite landen". Ich glaube, daß diese zwei Ereignisse nichts miteinander zu tun haben, daß sie zueinander nicht in Beziehung stehen, daß sie unabhängig sind. Wendet man Regel (3) an, dann müssen ihre Wahrscheinlichkeiten multipliziert werden: 0,9 Wahrscheinlichkeit, daß es regnet, mal 0,5, daß der Boden mit Butter verschmiert wird, ergibt die Wahrscheinlichkeit von 0,45, daß beides eintrifft. Das ist intuitiv befriedigend. Die Chance von Regen steht bei 90 %, und in der Hälfte der Fälle wird das Brot mit der Butterseite nach unten fallen, was eine Wahrscheinlichkeit von 45 % ergibt, daß wir sowohl Regen als auch Butter auf dem Boden haben [3.2].

Wir haben uns somit klargemacht, daß die Regeln (2) und (3) intuitiv vernünftig sind. Was die Regel (1) betrifft, so sagt sie einfach: Ist die Wahrscheinlichkeit für Regen 90 %, dann ist die dafür, daß es nicht regnet, 10 %, wogegen kaum etwas einzuwenden ist.

Unter den Begriffen, die wir gerade diskutiert haben, ist der der Unabhängigkeit ganz klar der heiklere. Die Erfahrung und der gesunde Menschenverstand legen es nahe, daß einige Ereignisse unabhängig sind, aber da gibt es gelegentlich Überraschungen. Man sollte daher nachprüfen, ob sich als unabhängig angenommene Ereignisse gemäß Regel (3) benehmen. Und die operationelle Definition sollte auch sehr sorgfältig beachtet werden. So sollte man beim Würfelspiel die Würfel zwischen zwei aufeinanderfolgenden Würfen gut schütteln. Nur dann kann man diese beiden Würfe als unabhängig betrachten.

Nun gut, wir wissen jetzt, wie man mit Wahrscheinlichkeiten spielt, aber wir wissen noch nicht, was ihnen operationell entspricht! Hier ist also die Regel, die Wahrscheinlichkeit des Ereignisses "A" festzustellen: Man mache eine große Zahl unabhängiger Experimente unter Bedingungen, wo "A" eintreten kann, und beobachte den Anteil der Fälle, wo "A" tatsächlich eintritt. Dieser Anteil ist die Wahrscheinlichkeit für "A". (Für einen Mathematiker bedeutet die "große Zahl" von Experimenten eine Zahl, die man gegen Unendlich streben läßt.) Wenn Sie beispielsweise eine Münze sehr oft werfen, dann wird sie in etwa der Hälfte der Fälle auf Zahl landen, was einer Wahrscheinlichkeit von 0,5 entspricht.

Nachdem wir unsere schöne operationelle Definition haben, können wir uns fragen, was wir unter dem Ereignis "Es wird diesen Nachmittag regnen" verstehen. Tatsächlich gibt es Schwierigkeiten, "diesen Nachmittag" unabhängig sehr viele Male zu wiederholen! Einige Puristen werden also sagen, daß die in Frage stehende Wahrscheinlichkeit keinen Sinn macht. Man könnte ihr aber eine Bedeutung geben, indem man beispielsweise eine große Zahl von Simulationen mit einem Computer macht (die mit unserem heutigen Wissen über Meteorologie verträglich sind) und den Anteil, wo die Simulation Regen ergibt, feststellt. Wenn man eine Wahrscheinlichkeit von 90 % für Regen findet, werden selbst die Puristen zum Schirm greifen.

4. Lotterie und Horoskop

Im vorigen Kapitel habe ich Wahrscheinlichkeiten eingeführt – zusammen mit den mathematischen Grundregeln, den operationellen Definitionen usw., und Sie mögen sich fragen, ob alle diese Vorsichtsmaßregeln wirklich notwendig waren. Schließlich kann das, was ich gesagt habe, in sehr wenigen Worten zusammengefaßt werden: Wahrscheinlichkeiten von inkompatiblen Ereignissen werden addiert (um die Wahrscheinlichkeit des *oder*-Ereignisses "*A oder B*" zu geben), Wahrscheinlichkeiten von unabhängigen Ereignissen multiplizieren sich (und ergeben die Wahrscheinlichkeit des *und*-Ereignisses "*A und B*"), und der prozentuale Anteil der Fälle, wo ein Ereignis zutrifft (bei sehr vielen unabhängigen Versuchen) ist die Wahrscheinlichkeit dieses Ereignisses. Bei etwas Nachdenken wird dies alles ziemlich klar, und der Sachverhalt sollte keinen Anlaß zu Meinungsverschiedenheiten geben. Wenn man aber beispielsweise den Erfolg von Lotterien und Horoskopen sieht, dann bekommt man ein Maß dafür, wie sehr sich das Verhalten vieler Leute in bezug auf die Wahrscheinlichkeiten von dem unterscheidet, was uns gesundes wissenschaftliches Denken aufzwingt.

Lotterien sind eine von den weniger privilegierten Schichten der Gesellschaft freiwillig hingenommene Form der Steuer. Der Lotterieschein kauft für wenig Geld ein kleines bißchen Hoffnung auf zukünftigen Reichtum. Aber die Wahrscheinlichkeit, daß man das große Los gewinnt, ist sehr gering. Es ist diese Art von geringer Wahrscheinlichkeit (wie beispielsweise bei einem Spaziergang in den Straßen von einem herunterfallenden Gegenstand getroffen zu werden), die Sie normalerweise nicht beachten würden. Tatsächlich kompensieren im Mittel die Gewinne, kleine oder große, nicht den Preis des Lottoscheins, und die Wahrscheinlichkeitsrechnung zeigt, daß Sie praktisch sicher sein können, Geld zu verlieren, wenn

Sie regelmäßig spielen. Schauen wir uns doch das Beispiel einer etwas vereinfachten Lotterie an, wo die Wahrscheinlichkeit zu gewinnen 10% ausmacht und wo Sie dann 5mal den Einsatz für den Lottoschein gewinnen können. In einer großen Anzahl von Ziehungen ist das Verhältnis für die Gewinne nahe bei 1/10 und da Sie 5mal den Preis für den Lottoschein gewinnen, folgt, daß Ihr Gesamtgewinn etwa die Hälfte der gesamten Ausgaben sein wird. Sie verlieren etwa die Hälfte des Geldes. Die Schlußfolgerung ist: Je mehr Scheine Sie kaufen, desto mehr Geld verlieren Sie, und sie bleibt auch für kompliziertere Lotterien wahr, da alle so aufgebaut sind, daß sie zum Wohl der Veranstalter den Spielern Geld aus den Taschen ziehen [4.1].

Ich möchte nun gerne etwas über Horoskope sagen, und ich werde für diesen Zweck eine Aussage aus der Wahrscheinlichkeitstheorie brauchen, die in Wirklichkeit nur eine Neuformulierung der Regel (3) im letzten Kapitel ist. Hier ist die Aussage:

(4) Wenn "A" und "B" unabhängig sind, dann gilt
    WS ("B", wohl wissend, daß "A" realisiert ist) = WS ("B").

In anderen Worten: Das Wissen um die Realisierung des Ereignisses "A" sagt uns überhaupt nichts über "B", und die Wahrscheinlichkeit des letzteren Ereignisses bleibt WS ("B"). Dies entspricht gut der Intuition, wenn man annimmt, daß "A" und "B" unabhängig sind. Wenn die Ereignisse "A" und "B" nicht unabhängig sind, dann sagt man, daß zwischen ihnen Korrelationen bestehen oder daß sie korreliert sind. Die Richtigkeit der Regel (4) wird in der Anmerkung [4.2] für den interessierten Leser gezeigt.

Jetzt können wir das Horoskopproblem diskutieren, das subtiler und interessanter ist als das der Lotterie, weil wir hier nicht unmittelbar sehen, welche Rolle die Wahrscheinlichkeiten spielen. Typischerweise sagt Ihnen das Horoskop, daß die Konfiguration der Planeten, wenn Sie Löwemensch sind, für Sie diese Woche günstig steht und Sie in der Liebe und beim Spiel Glück haben werden. Sind Sie dagegen ein Fisch, dann müssen Sie unter allen Umständen Flugreisen vermeiden, zu Hause bleiben und auf Ihr bißchen Gesundheit aufpassen. Astronomen und Physiker werden den Einwand bringen, daß "X ist ein Löwe" und "X wird diese

Woche beim Spiel gewinnen" unabhängige Ereignisse sind. Ähnliches gilt für "X ist ein Fisch" und "X wird einen Unfall haben, wenn er oder sie diese Woche eine Flugreise macht". Tatsächlich fällt es einem schwer, sich schönere Beispiele von Ereignissen, die nichts miteinander zu tun haben und daher vom Standpunkt der Wahrscheinlichkeitstheorie unabhängig sind, vorzustellen. Deshalb können wir die Regel (4) von oben anwenden und schließen, daß die Wahrscheinlichkeit für X, beim Spiel zu gewinnen, dieselbe ist, egal ob X ein Löwe ist oder nicht. Analog sind die Gefahren einer Flugreise für einen Fisch dieselben wie für jedes andere Tierkreiszeichen. Man kommt also zu dem Schluß, daß Horoskope vollkommen nutzlos sind.

Ist damit die Angelegenheit abgeurteilt? Noch nicht, da die Anhänger der Astrologie abstreiten werden, daß "X ist ein Löwe" und "X wird diese Woche beim Spiel gewinnen" unabhängige Ereignisse sind; genau das. Und sie werden in der Lage sein, eine ganze Liste illustrer Astronomen, die auch Astrologen waren, vorzuzeigen: Hipparch, Ptolemäus und Kepler beispielsweise. Um die Debatte abzuschließen, führt der beste Weg über das Experiment: Findet man signifikante statistische Korrelationen zwischen Horoskopen und der Wirklichkeit? Die Antwort ist negativ und diskreditiert die Astrologie vollkommen. Es muß allerdings gesagt werden, daß die Diskreditierung der Astrologie unter den Wissenschaftlern einen anderen Grund hat: Die Naturwissenschaft hat unser Verständnis von der Welt derartig verändert, daß Korrelationen, die in der Antike vorstellbar waren, mit unserem heutigen Wissen von der Struktur des Universums und von der Natur der physikalischen Gesetze unverträglich geworden sind. Astrologie und Horoskope könnten in die Naturwissenschaft der Antike passen, sie passen nicht in die Wissenschaft unserer Tage.

Die Sachlage ist allerdings nicht sehr einfach und verlangt eine ernsthafte Diskussion. Aufgrund der Kräfte, die zwischen allen physikalischen Körpern wirken (universelle Gravitation), wissen wir, daß Venus, Mars, Jupiter und Saturn einige Wirkungen auf unsere gute alte Erde ausüben. Es ist ziemlich klar, daß diese Effekte klein sind, und man könnte annehmen, daß ihr Einfluß auf den Lauf des Menschenschicksals gleich Null ist. *Das ist*

falsch! Tatsächlich zeigen gewisse physikalische Phänomene, beispielsweise solche aus der Meteorologie, eine große Sensitivität gegenüber Störungen, so daß ein winziger Grund nach einiger Zeit
bedeutende Effekte zeigen kann. Man kann sich daher vorstellen,
daß das Dasein der Venus, oder jedes anderen Planeten, die Entwicklung des Wetters mit Konsequenzen, die wir nicht ignorieren
können, modifiziert. Ja, wir werden später sehen, daß alles darauf hindeutet, daß es unter anderem vom gravitativen Einfluß der
Venus, der dann schon einige Wochen zurückliegt, abhängt, ob
es diesen Nachmittag regnen wird oder nicht! Und wenn wir die
Sache sehr sorgfältig betrachten, finden wir, daß dieselben Argumente, die uns sagen, daß die Venus einen Einfluß auf das Wetter
hat, uns davon abhalten, genau zu wissen, was eigentlich dieser
Einfluß ist. Mit anderen Worten, diesen Nachmittag Regen und
die Tatsache, daß die Venus da oder dort ist, bleiben unabhängige
Ereignisse nur insoweit, als es unseren Gebrauch der Wahrscheinlichkeitstheorie betrifft. All das stimmt natürlich mit dem gesunden Menschenverstand überein, aber es ist subtiler als man es sich
naiv vorstellt (vergleichen Sie die Diskussion in der Anmerkung
[4.3]).

Fahren wir in unserer Diskussion fort. Gibt es Situationen, wo
die Sterne und Planeten einen richtungsweisenden Einfluß auf unsere Anlegenheiten haben, oder die zu sinnvollen Korrelationen
vom Standpunkt der Wahrscheinlichkeitstheorie führen? Stellen
wir uns einen etwas verrückten Astronomen vor, der auf der Basis
seiner Venusbeobachtungen sadistische Untaten beginge: Würde
das nicht interessante Korrelationen mit gewissen Horoskopen ergeben? Die Annahme ist nicht ganz abwegig: Die alten Mayas,
die sorgfältige Beobachtungen des Venusumlaufs machten, waren
auch enthusiastische Menschenopferer (sie haben die Brust ihres
Opfers mit einem Flintsteinmesser geöffnet, das Herz herausge-
rissen und dieses dann zu Asche verbrannt). Dies bedeutet, daß
durch die Intervention der menschlichen Intelligenz ein Mechanismus zu Verfügung steht, mit dessen Hilfe Korrelationen zwischen
"Ereignissen", die a priori nichts miteinander zu tun haben, eingeführt werden können. Wie wissen wir dann aber, ob Ereignisse
wirklich unabhängig sind?

Es ist nun einmal so, daß die Wissenschaftler unserer Tage den Vorteil haben, ziemlich genau zu wissen, wie das Universum aufgebaut ist, und auch gut verstehen, wie es funktioniert. Wir haben daher ziemlich präzise Ideen darüber, welche Korrelationen existieren könnten und welche nicht. Wir wissen beispielsweise, daß die Geschwindigkeit einer chemischen Reaktion beträchtlich durch Spuren von Verunreinigungen, nicht aber durch die Mondphase, beeinflußt werden. Hat man Zweifel, dann prüft man nach. Einige ansonsten unerwartete Korrelationen, die durch intelligente Einwirkungen zustande kommen können, können auch einer geeigneten Analyse unterworfen werden.

"Wenn Sie ein Löwe sind, werden Sie diese Woche Glück in der Liebe und beim Spiel haben." Was können wir über die Korrelationen zwischen der Stellung der Planeten und dem Privatleben von X, dem Leser von Horoskopen, sagen? Wie wir gesehen haben, sind solche Korrelationen nicht ganz unmöglich, sofern ein intelligenter Wirkstoff (ein Mayapriester oder verrückter Astronom) eingeschaltet ist. Ansonsten können wir sie ausschließen. Unsere Vorfahren haben das Universum mit einer großen Anzahl von "intelligenten Machern" — Göttern, Teufeln und Elfen — bevölkert, denen die Wissenschaft einen Holokaust beschert hat. Die Götter sind tot ... menschliches Eingreifen kann das "Spielglück" von X nicht verbessern (wir haben dabei die Regeln so vorgegeben, so daß glattes Betrügen nicht erlaubt ist). Demnach erscheint es so, daß Löwe zu sein und diese Woche Spielglück zu haben, unabhängige Ereignisse sind und eine statistische Untersuchung würde das in der Tat bestätigen. Aber was können wir über das Glück in der Liebe von X sagen? Hier ist menschliche Einmischung nicht nur möglich, sie ist praktisch sicher, aufgrund der Einmischung unseres Freundes X selbst, dem Leser von Horoskopen, wenn er ein wenig leichtgläubig ist. Die menschliche Natur ist nämlich so beschaffen, daß der Glaube daran, daß wir diese Woche "Glück in der Liebe" haben, unser Selbstbewußtsein verbessert und daher auch unser Glück.

Die unvermeidliche Schlußfolgerung ist, daß wir oft irrationale Entscheidungen treffen, die auf glücklichen Koinzidenzen beruhen, die wir als "Zeichen" oder "Orakel" aufgerichtet haben. Dieses irrationale Verhalten ist weit davon entfernt, immer schädlich zu sein. Es ist zwar eine irrationale Überzeugung, die uns daran hindert, unter einer Leiter durchzugehen, aber es ist auch eine vernünftige Vorsichtsmaßnahme. Außerdem werden wir sehen, daß uns die Spieltheorie sagt, daß es von Vorteil ist, gewisse Entscheidungen erratisch zu treffen. Und schließlich ist es eine Illusion zu glauben, daß wir die Fähigkeit haben, in allen unseren Handlungen rational zu entscheiden.

Richtige Vorstellungen über Wahrscheinlichkeiten zu haben, kann uns jedoch helfen, folgenschwere Fehler zu vermeiden. Es ist bedrückend, wenn man Menschen, die es sich am wenigsten leisten können, ihr Geld im Lotto und bei ähnlichen Spielen verlieren sieht. Und was die Horoskope betrifft, muß ich zugeben, daß ich sie manchmal mit Freude lese. Da ist irgendetwas fast Poetisches in der Vorhersage von Reisen in die Ferne, romantischen Zusammentreffen oder fabelhaften Erbschaften . . . Und diese Vorhersagen sind ziemlich harmlos, solange man nicht zu sehr an sie glaubt. Man könnte allerdings ärgerlich werden bei der Vorstellung, daß einige Geschäftsunternehmen die Einstellung ihrer Angestellten auf der Basis von Horoskopen entscheiden. Diese Art von "astraler Diskrimination" ist mehr als einfach nur dumm. Sie ist geradezu unanständig.

5. Klassischer Determinismus

Das Dahinfließen der *Zeit* ist ein wichtiger Aspekt unserer Weltsicht. Und wir haben gesehen, daß der *Zufall* ein anderer wichtiger Gesichtspunkt für unser Welterkennen ist. Wie passen diese beiden Gesichtspunkte zusammen? Bevor ich eine Münze werfe, schätze ich die Wahrscheinlichkeiten, Zahl oder Adler zu bekommen, beide auf 50%. Dann werfe ich die Münze und bekomme, sagen wir, Zahl. In welchem Augenblick entscheidet sich die Münze für Zahl? Wir haben uns diese Frage schon gestellt und die Antwort ist nicht leicht. Wir sind hier mit einem dieser "Stücke der Wirklichkeit" konfrontiert, die durch mehrere verschiedene physikalische Theorien beschrieben werden, und der Zusammenhang zwischen diesen verschiedenen Theorien ist nur mit einiger Arbeit zu finden. Wir haben vorhin die Theorie, die den Zufall beschreibt, diskutiert: Es ist die physikalische Theorie der Wahrscheinlichkeiten. Für die Beschreibung der Zeit werden die Dinge etwas komplizierter, weil wir zumindest zwei verschiedene Theorien zur Verfügung haben: die *klassische* Mechanik und die *Quanten*mechanik.

Vergessen wir für den Augenblick das Münzwerfen und diskutieren wir die Mechanik. Die Mechanik — die klassische wie die Quantenmechanik — hat den Ehrgeiz, uns zu sagen, wie sich das Universum im Laufe der Zeit entwickelt. Mechanik muß daher die Planetenbewegung um die Sonne beschreiben und die Elektronenbewegungen um den Atomkern. Während aber die klassische Theorie ausgezeichnete Ergebnisse für große Objekte gibt, versagt sie auf dem Niveau der Atome und muß durch die Quantenmechanik ersetzt werden. Daher ist Quantenmechanik richtiger als klassische Mechanik, aber ihre Anwendung ist delikater und schwieriger. Und außerdem lassen sich weder die klassische noch die Quantentheorie auf Objekte anwenden, deren Geschwindigkeit nahe an der des Lichts liegt; in diesem Fall müssen wir Einsteins Relativitätstheorie (entweder die spezielle oder die allgemeine, falls wir auch Gravitation beschreiben wollen) benutzen.

Aber, so mögen Sie sagen, warum soll man bei der klassischen Mechanik oder der Quantenmechanik haltmachen? Wollen wir nicht lieber die *wahre* Mechanik benutzen, die alle Quanten- und relativistischen Effekte berücksichtigt? Schließlich ist es das Universum, wie es wirklich existiert, das uns interessiert, und nicht diese oder jene klassische oder Quantenidealisierung. Schauen wir uns diese wichtige Frage genauer an. Zunächst müssen wir der Tatsache ins Auge sehen, daß uns die *wahre Mechanik* nicht zur Verfügung steht. Jetzt, wo ich dies schreibe, haben wir keine vereinheitlichte Theorie, die mit allem übereinstimmt, was wir über die physikalische Welt (über Relativität, über Quanten, über Eigenschaften von Elementarteilchen und über Gravitation) wissen. Jeder Physiker hofft, daß er solch eine vereinheitlichte Theorie einsetzen kann, und dies – heute nur eine Hoffnung – mag eines Tages passieren. Selbst wenn eine der Theorien, die bereits vorgeschlagen wurden, sich als die richtige herausstellt, so ist sie doch zum gegenwärtigen Zeitpunkt nicht *in Aktion* in dem Sinne, daß sie uns etwa rechnerischen Zugang zur Masse der Elementarteilchen, ihren Wechselwirkungen usw. gäbe. Das Beste, was wir im Augenblick tun können, ist, eine einigermaßen gut approximierende Mechanik zu benutzen. In diesem Kapitel werden wir die klassische Mechanik verwenden. Später werden wir sehen, daß die Quantenmechanik auf etwas weniger eingängigen physikalischen Konzepten beruht. Deshalb wird es schwieriger werden, die Beziehung zwischen Quantenmechanik und Zufall zu analysieren. Alles deutet darauf hin, daß die physikalischen Konzepte der *wahren Mechanik* intuitiv schwer zu erfassen sein werden. Dies ist ein weiterer Grund, die klassische Mechanik mit ihren gut bekannten physikalischen Begriffen zu verwenden, um die Beziehung zwischen Zufall und Zeit zu untersuchen.

Wie gesagt, der Ehrgeiz der Mechanik ist es, uns zu sagen, wie sich das Universum im Laufe der Zeit entwickelt. Unter anderem muß die Mechanik den Umlauf der Planeten um die Sonne beschreiben oder die Bahn eines raketenbetriebenen Raumfahrzeugs, oder aber eine viskose Flüssigkeit. Kurz, die Mechanik muß die *Zeitentwicklung* von physikalischen Systemen beschreiben. Newton ist der erste Mensch, der wirklich verstand, wie das zu tun ist. Indem wir eine modernere Sprechweise als die von Newton benutzen, sagen wir, daß der *Zustand* eines physikalischen Systems zu einer gewissen Zeit durch die Lagen und Geschwindigkeiten der Punkte gegeben ist, in denen die Materie des Systems konzentriert ist. Wir müssen also die Lagen und Geschwindigkeiten der Planeten oder des uns interessierenden Raumfahrzeugs oder aber die Lagen und Geschwindigkeiten aller Punkte, die eine viskose Flüssigkeit während des Fließens ausmachen, angeben. (In diesem letzteren Fall handelt es sich um unendlich viele Punkte, und so muß eine unendliche Zahl von Lagen und Geschwindigkeiten berücksichtigt werden.)

Gemäß der Newtonschen Mechanik wissen wir: Wenn wir den Zustand eines physikalischen Systems (Lagen und Geschwindigkeiten) zu einer gewissen Zeit, die wir die Anfangszeit nennen, kennen, können wir auch seinen Zustand zu jeder anderen Zeit herleiten. Ich werde skizzieren, wie man zu diesem Wissen kommt. Dazu braucht man ein neues Konzept: das der *Kräfte*, die auf ein System wirken. Für ein gegebenes System sind die Kräfte für jeden Zeitpunkt durch den Zustand des Systems in diesem Augenblick bestimmt. Beispielsweise ist die Gravitationskraft zwischen zwei Himmelskörpern umgekehrt proportional zum Quadrat des Abstands zwischen diesen Körpern. Newton sagt uns nun, wie die Änderung des Zustands eines Systems im Laufe der Zeit durch die auf das System wirkenden Kräfte bestimmt wird. (Diese Beziehung wird durch die Newtonsche Gleichung präzise ausgedrückt [5.1].) Kennt man den Anfangszustand eines Systems, dann kann man bestimmen, wie dieser Zustand im Laufe der Zeit variiert, und man kann daher, wie bereits angekündigt, den Zustand des Systems zu irgendeinem anderen Augenblick herausfinden.

In wenigen Worten habe ich gerade das große Monument von universellem Denken, und das ist Newtons Mechanik, die heute auch klassische Mechanik heißt, vorgestellt. Ein ernsthaftes Studium der klassischen Mechanik würde mathematische Werkzeuge benötigen, die hier nicht dargelegt werden können. Aber einige interessante Bemerkungen können über Newtons Theorie gemacht werden, ohne sich auf mathematische Details einzulassen. Zunächst vermerken wir, daß Newtons Ideen viele seiner Zeitgenossen schockiert haben. Speziell René Descartes konnte den Begriff der "Fernwirkungskräfte" zwischen den Himmelskörpern nicht akzeptieren. Er empfand diese Idee als absurd und irrational. Nach Newton besteht Physik darin, daß man eine mathematische Theorie an ein Stück Wirklichkeit heftet und auf diese Weise die beobachteten Tatsachen reproduzieren kann. Aber dieser Zugang war zu ungenau für Descartes. Er hätte eine *mechanistische* Erklärung gewollt, die Kontaktkräfte erlaubt, wie die, die von einem Zahnrad auf ein anderes wirken, aber keine Fernkräfte. Die Entwicklung der Physik hat Newton recht gegeben, nicht aber Descartes. Und was hätte dieser über Quantenmechanik gedacht, wo Lage und Geschwindigkeit eines Teilchens nicht gleichzeitig festgelegt werden können?

Kommen wir zur Newtonschen Mechanik zurück, so sehen wir, daß sie ein vollständig deterministisches Bild der Welt gibt: Wenn wir den Zustand des Universums zu einem (beliebig gewählten) Anfangszeitpunkt kennen, sollten wir in der Lage sein, seinen Zustand zu jedem anderen Zeitpunkt zu bestimmen. Laplace (oder Pierre Simon, Marquis de Laplace, wenn Sie das lieber wollen) hat eine elegante und berühmte Formulierung des Determinismus gegeben. Hier ist sie [5.2]:

"Eine Intelligenz, die in einem gegebenen Augenblick alle Kräfte kennte, durch welche die Natur belebt wird, und die entsprechende Lage aller Teile, aus denen sie zusammengesetzt ist, und die darüber hinaus breit genug wäre, um alle diese Daten einer Analyse zu unterziehen, würde in derselben Formel die Bewegungen der größten Körper des Universums und die des kleinsten Atoms umfassen. Für sie wäre nichts ungewiß, und die Zukunft ebenso wie die Vergangenheit wäre ihren Augen gegenwärtig. Der menschliche Verstand, in der Perfektion, die er in der Lage war, der Astronomie zu geben, stellt ein schwaches Abbild dieser Intelligenz dar."

Dieses Zitat von Laplace hat fast einen theologischen Anstrich und regt sicherlich zu verschiedenen Fragen an. Ist der Determinismus mit dem freien Willen des Menschen verträglich? Ist er verträglich mit Zufall? Lassen Sie uns erst den Zufall diskutieren, und dann werden wir einen kurzen Blick auf das verzwickte Problem des freien Willens werfen.

Auf den ersten Blick läßt der Determinismus von Laplace keinen Raum für den Zufall. Wenn ich eine Münze werfe, sie hoch in die Luft schicke, bestimmen die Gesetze der klassischen Mechanik mit Sicherheit, wie sie fallen wird, ob sie Zahl oder Adler zeigen wird. Da Zufall und Wahrscheinlichkeiten in der Praxis eine wichtige Rolle in unserem Naturverständnis spielen, mögen wir versucht sein, den Determinismus abzulehnen. In Wirklichkeit aber ist das Dilemma von Zufall gegenüber Determinismus, wie ich darlegen möchte, weithin kein echtes Problem. Lassen Sie mich versuchen, hier kurz aufzuzeigen, wie man ihm entkommen kann; ein genaueres Studium verschieben wir auf spätere Kapitel.

Als allererstes ist zu bemerken, daß es keine logische Unverträglichkeit zwischen Zufall und Determinismus gibt. Denn der Zustand eines Systems zur Anfangszeit kann anstatt genau festgelegt auch zufällig sein. In einer mehr technischen Sprechweise kann der Anfangszustand unseres Systems eine gewisse *Wahrscheinlichkeitsverteilung* haben. Ist das der Fall, dann wird das System auch zu jeder anderen Zeit zufällig sein, und diese Zufälligkeit wird durch eine neue Wahrscheinlichkeitsverteilung beschrieben, die deterministisch mit Hilfe der mechanischen Gesetze abgeleitet werden kann. In der Praxis ist der Zustand eines Systems zur Anfangszeit niemals mit vollkommener Genauigkeit bekannt: wir müssen für den Anfangszustand immer ein bißchen Zufälligkeit zulassen. Wir werden sehen, daß ein bißchen von anfänglicher Zufälligkeit zu einer ganzen Menge von Zufall (oder einer Menge von Unbestimmtheit) in einem späteren Zeitpunkt führen kann. So sehen wir also, daß in der Praxis der Determinismus den Zufall nicht ausschließt. Alles, was wir sagen können, ist, daß wir klassische Mechanik, wenn wir es so wünschen, betreiben können, ohne jemals Zufall zu erwähnen. Später werden wir sehen, daß das für die Quantenmechanik nicht mehr wahr ist. Zwei Idealisierungen der physikalischen Wirklichkeit können daher konzeptuell sehr unterschiedlich sein, selbst wenn ihre Vorhersagen für eine große Klasse von Phänomenen praktisch identisch sind.

Die Beziehungen zwischen Zufall und Determinismus waren Gegenstand vieler Diskussionen und neuerdings einer lebhaften Debatte zwischen René Thom und Ilya Prigogine [5.3]. Die philosophischen Ideen dieser Herren stehen in der Tat in heftigem Konflikt miteinander. Aber man sollte betonen, daß sich ihre divergierenden Ansichten nicht auf die Details observabler Phänomene erstrecken. (Vielleicht wäre das Gegenteil noch interessanter gewesen.) Halten wir die Behauptung von Thom fest, daß das wissenschaftliche Studium der Zeitentwicklung des Universums, da es das Geschäft der Naturwissenschaften ist, Gesetze zu formulieren, notwendigerweise eine deterministische Formulierung hervorbringen wird. Allerdings braucht das nicht der Determinismus von Laplace zu sein. Wir können sehr wohl determistische Gesetze bekommen, die die Evolution von Wahrscheinlichkeitsverteilungen regieren. Dem Zufall kann man nicht so leicht entkommen! Aber die Bemerkung von Thom ist wichtig für das Problem des freien Willens in bezug auf das Dilemma von Zufall gegenüber Determinismus. Was Thom uns tatsächlich sagt, ist, daß dieses Problem nicht durch die Wahl der einen oder der anderen Mechanik gelöst werden kann, weil Mechanik dem Wesen nach deterministisch ist.

Das Problem des *freien Willens* ist ein dorniges, aber es kann nicht außerhalb der Diskussion gelassen werden. Ich möchte hier kurz den Standpunkt vorstellen, der in dieser Sache von Erwin Schrödinger, einem der Begründer der Quantenmechanik [5.4], vertreten wurde. Die Rolle, die der Zufall in der Quantenmechanik spielt, hat, wie Schrödinger feststellt, die Hoffnung wachsen lassen, daß diese Mechanik besser als Laplaces Determinismus mit unseren Ideen über den freien Willen übereinstimmt. Aber eine solche Hoffnung, sagt er, ist eine Illusion. Zunächst bemerkt Schrödinger, daß der freie Wille *anderer* Leute kein Problem darstellt: Wir können eine vollkommmen deterministische Erklärung aller *ihrer* Entscheidungen akzeptieren. Was die Schwierigkeiten erzeugt, ist der offensichtliche Widerspruch zwischen Determinismus und *unserem* freien Willen, der introspektiv durch die Tatsache charakterisiert ist, daß *mehrere Möglichkeiten* offen sind und daß wir unsere *Verantwortung* ausüben, indem wir eine wählen. Wenn wir Zufall in die physikalischen Gesetze einführen, dann hilft uns das keineswegs, diesen Widerspruch aufzulösen. Denn könnten wir etwa sagen, daß wir unsere Verantwortung ausüben, indem wir eine Wahl zufällig treffen? Die Freiheit unserer Wahl ist in der Tat häufig illusorisch. Nehmen Sie an, sagt Schrödinger, daß Sie an einem formalen Abendessen mit wichtigen und langweiligen Leuten teilnehmen. (Offensichtlich war er mehr als genug dieser Art von Unterhaltung ausgesetzt.) Sie können dann daran denken, sagt er, auf den Tisch zu springen und zu tanzen, Gläser und Teller zu zerbrechen, aber Sie würden es nicht tun, und Sie können nicht sagen, daß Sie Ihren freien Willen ausüben. In anderen Fällen ist eine Wahl wirklich getroffen worden, mit Verantwortung und vielleicht unter Schmerzen; eine solche zeigt sicherlich nicht die Züge einer Wahl, die zufällig getroffen wurde. Man muß schließen, daß der Zufall uns nicht hilft, den freien Willen zu verstehen, und Schrödinger sieht keinen Widerspruch zwischen dem freien Willen und weder dem Determinismus der klassischen Mechanik noch dem der Quantenmechanik.

Das alte theologische Problem der *Prädestination* steht im Zusammenhang mit dem freien Willen. Hat Gott im voraus entschieden, welche Seelen gerettet und welche verdammt werden? Dies ist ein ernsthaftes Problem für die christlichen Religionen. Was hier dem freien Willen gegenübersteht, ist nicht der Determinismus, sondern die Allwissenheit und Allmacht Gottes. Lehnt man Prädestination ab, dann scheint man die Kräfte des Allmächtigen zu beschneiden, akzeptiert man sie aber, so scheint moralische Anstrengung vergeblich. Die Doktrin der Prädestination wurde vom heiligen Augustinus (354 - 430), vom heiligen Thomas von Aquin (1225 - 1274), von dem protestanischen Reformator Jean Calvin (1509 -1564) und von den Jansenisten des 17. Jahrhunderts vertreten. Die katholische Kirche war, offiziell wenigstens, klug und stets vorsichtig bei der Unterstützung einer harten Linie in der Prädestinationstheorie. Und jetzt rücken für uns die Diskussionen über Prädestination, die einst so zentral für das geistige Leben waren, in die Vergangenheit zurück. Die Zeit vergräbt im Sand des Vergessens die vielen tausend Seiten theologischen Disputs im mittelalterlichen Latein. Die Probleme wurden nicht gelöst, aber ihr Sinn verflüchtigt sich, sie werden vergessen, sie verschwinden . . .

Meine eigenen Ansichten über den freien Willen fügen sich ein in das Problem der *Berechenbarkeit*, das in späteren Kapiteln besprochen wird. Um die Frage auf den Punkt zu bringen, denke ich gerne an das Paradox von dem sogenannten *Vorhersager*, der den Determinismus physikalischer Gesetze benutzt, um die Zukunft vorherzusagen, und der dann seinen freien Willen einsetzt, um seinen eigenen Vorhersagen zu widersprechen. Dieses Paradox macht sich besonders in Zukunftsromanen bemerkbar, wo es Vorhersager gibt, die in der Lage sind, die Zukunft unglaublich genau zu analysieren. Wie werden wir mit diesem Paradox fertig? Wir könnten entweder den Determinismus aufgeben oder den freien Willen, aber es gibt auch eine dritte Möglichkeit: Wir können in Frage stellen, daß irgendein Vorhersager fähig ist, seine Aufgabe so gut zu erfüllen, daß ein Paradox auftritt. Wir sollten anmerken, daß ein Vorhersager, wenn er ein Paradox schaffen will, indem er seine Vorhersagen über ein gewisses System verletzt, um auf das System einzuwirken, selbst Teil des in Frage stehenden Systems sein muß. Dies bedeutet, daß das System zweifelsohne ziemlich kompliziert ist. Aber dann ist die genaue Vorhersage der Zukunft des Systems vermutlich nur mit enormer Rechenkapazität möglich, und die Aufgabe wird so die Fähigkeiten unseres Vorhersagers überschreiten. Dieses ist ein etwas ungenaues Argument zu einem ungenau formulierten Problem, aber ich glaube, daß es den Grund (oder einen der Gründe) angibt, warum wir die Zukunft nicht kontrollieren können. Die Lage ist ähnlich wie im Gödelschen Unvollständigkeitstheorem. Auch dort führt die Betrachtung eines Paradoxons zu einem Beweis, daß die Wahrheit oder Falschheit gewisser Aussagen nicht entschieden werden kann, weil die Aufgabe, eine Entscheidung zu treffen, unmöglich lang wäre. Kurz, was unseren freien Willen erklärt und ihn zu einem sinnvollen Begriff macht, ist die Komplexität des Universums oder, etwas genauer, unsere eigene Komplexität.

6. Spiele

Normalerweise haben Spielwürfel sechs äquivalente Seiten, die von 1 bis 6 durchnumeriert sind. Will man nun Zufallszahlen erzeugen, dann wäre es bequem, Würfel mit zehn äquivalenten Seiten zu haben, die man von 0 bis 9 numeriert. Nun gibt es aber kein reguläres Polyeder mit 10 Seiten, aber man findet eines mit 20 Seiten (das Ikosaeder), und man kann dann dieselbe Ziffer auf einander gegenüberliegende Seiten malen. Ein Wurf dieses Spielikosaeders wird eine Zahl von 0 bis 9 produzieren, und jede Zahl tritt mit derselben Wahrscheinlichkeit 1/10 auf. Darüber hinaus können wir es so einrichten, daß einander folgende Würfe unabhängig sind, und auf diese Weise eine Folge von unabhängigen Ziffern erhalten. Die Wahrscheinlichkeitstheorie dieses Würfelspiels erlaubt es uns, verschiedene Wahrscheinlichkeiten zu berechnen, wie oben ausgeführt wurde. Beispielsweise ist die Wahrscheinlichkeit 6/1000 dafür, daß drei aufeinanderfolgende Ziffern die Summe 2 ergeben.

Alles das ist nicht sehr aufregend. Es mag Sie also überraschen, wenn Sie erfahren, daß es gedruckte Listen von "Zufallszahlen" gibt, d.h. zufällige Ziffernfolgen wie oben beschrieben, beispielsweise 7213773850327 333562180647 ... Es mag nun den Anschein haben, daß eine solche Liste ein bemerkenswert unnützer Besitz ist. In diesem Kapitel möchte ich einen kleinen Exkurs in die *Spieltheorie* machen und dabei genau das Gegenteil beweisen.

Hier ist ein Spiel, das Sie kennen. Ich habe eine Glaskugel, die ich (hinter meinem Rücken) in die rechte oder linke Hand nehme, dann zeige ich Ihnen meine Fäuste, und Sie haben zu raten, in welcher sich die Kugel befindet. Das machen wir mehrere Male, und wir schreiben das Ergebnis auf. Am Ende zählen wir, wie oft Sie gewonnen oder verloren haben, und begleichen die Differenz mit Geld, Bier oder in irgendeiner anderen Weise. Ich nehme an,

daß beide von uns zu gewinnen versuchen und daß beide extrem
klug sind. Wenn ich immer die Kugel in dieselbe Hand nehme oder
wenn ich einfach abwechsle, dann werden Sie es bald bemerken
und gewinnen. Bestimmt werden Sie früher oder später jede solche
mechanische Strategie, die ich mir ausdenken mag, durchschauen.
Bedeutet das, daß Sie notwendigerweise gewinnen müssen? Nein!
Wenn ich die Kugel zufällig mit Wahrscheinlichkeit 1/2 in eine
der beiden Hände nehme und wenn meine aufeinander folgenden
Entscheidungen unabhängig sind, dann werden Sie in ungefähr
der Hälfte der Fälle richtig raten und im Mittel werden Sie weder
gewinnen noch verlieren.

Es ist ziemlich offensichtlich, daß Sie zur Hälfte (d.h. mit
Wahrscheinlichkeit 1/2) richtig raten werden. Das kann überzeugend belegt werden durch die Bemerkung, daß meine Wahl der
Hand und ihr Vermuten, in welcher sich die Kugel befindet, *unabhängige Ereignisse* sind. Sie sollten sich auch klarmachen, daß
es für mich nicht gut genug ist, wenn ich die Glaskugel "ziemlich
zufällig" in meine linke oder rechte Hand nehme. Jede Bevorzu-
gung einer Hand oder jede Korrelation zwischen meinen aufeinanderfolgenden Auswahlen würde gegen mich verwendet werden,
und Sie würden auf lange Sicht gewinnen.

Natürlich könnte ich auch schlau vorgehen und Sie dazu ver-
führen, falsche Entscheidungen zu treffen, so daß Sie verlieren
würden; Sie könnten dann leicht dagegenhalten, indem Sie Ihre
Vermutungen zufällig machen.

Jetzt stellt sich die Frage: Wie mache ich unabhängige aufeinanderfolgende Entscheidungen zugunsten der rechten oder der
linken Hand mit der Wahrscheinlichkeit 1/2? Nun gut, wenn ich
eine Liste von Zufallszahlen habe, kann ich mich dafür entscheiden, daß eine gerade Ziffer der rechten Hand, eine ungerade der
linken Hand entspricht, und mit diesem Trick erreiche ich das
Gewünschte. Sie dürfen aber etwas Wesentliches nicht vergessen:
Meine Wahl einer Hand und Ihre Vermutung sollten unabhängige
Ereignisse sein. Deshalb sollten Sie keine Kenntnis meiner Liste
von Zufallszahlen haben, und ich darf Ihnen keinen Hinweis auf
die Hand, in die ich die Glaskugel stecke, geben. Insbesondere
sollte ich Ihnen keine telepathische Botschaft übermitteln, die Sie

für Ihr Raten benutzen könnten. Was letzteres betrifft, so wurden Experimente gemacht (präzise von der Art des Spiels, mit dem wir uns gerade beschäftigen), und diese legen definitiv nahe, daß es Telepathie nicht gibt.

Also ist tatsächlich eine private Liste von zufälligen Ziffern ein nützlicher Besitz. Zugegeben, man müßte jetzt noch wissen, wie man sich eine solche Liste verschaffen kann, aber darauf werden wir später noch genug Zeit verwenden. Für den Augenblick kümmern wir uns ein wenig mehr um Spiele.

Daß das Zufallsverhalten bei Spielen nützlich ist, ist philosophisch und praktisch eine wichtige Erkenntnis (die im wesentlichen von dem Franzosen Emil Borel und dem Ungaroamerikaner John von Neumann stammt). Wenn Sie mit jemandem zusammenarbeiten, dann ist es natürlich in der Regel gut, in vorhersehbarer Weise zu agieren. Aber in der kompetitiven Situation ist die beste Strategie häufig zufälliges, unvorhersehbares Verhalten.

Denken wir uns ein "Spiel", wo jeder Spieler die Wahl zwischen verschiedenen Zügen hat, und wo jeder über seinen Zug entscheidet, ohne zu wissen, was der andere getan hat; das Ergebnis des Spiels (d.h. wieviel ich Ihnen oder Sie mir zu zahlen haben) soll durch diese beiden Züge entschieden werden. Beispielsweise ist mein Zug die Auswahl einer Hand, in die ich eine Glaskugel stecke, und Ihr Zug ist das Erraten einer Hand. Raten Sie richtig, gebe ich Ihnen eine Mark, und wenn Sie sich täuschen, dann geben Sie mir etwas (eine Mark oder was auch immer).

In einem anderen Spiel wäre ich jemand, der sich in einem Unterstand auf einem Schlachtfeld verstecken möchte, und Sie derjenige, der in einem kleinen Flugzeug darüber kreist und in der Absicht, mich zu treffen, Bomben abwirft. Für mich wäre es das Natürlichste, den besten Unterstand weit und breit zu wählen und mich dort zu verstecken. Für Sie wäre es die naheliegendste Idee, den besten Unterstand zu finden und ihn zu bombardieren ... Wäre es daher für mich nicht besser, mich in dem zweitbesten Bunker zu verstecken? Beide sollten wir aber, wenn wir schlau sind, probabilistische Strategien verwenden. Ich sollte für die Wahrscheinlichkeiten, mich in den verschiedenen zur Verfügung stehenden Bunkern zu verstecken, die Werte berechnen, die mir insgesamt die beste Überlebenschance ergeben, und dann sollte ich eine Münze werfen (oder eine Tabelle von Zufallszahlen benutzen), um zu entscheiden, wo ich mich verstecken werde. Ähnlich können Sie an den Zufall appellieren, um herauszufinden, wo Sie insgesamt mit der größten Trefferwahrscheinlichkeit Ihre Bomben auf mich werfen können. Das hört sich verrückt an, aber es ist gerade das, was wir tun sollten, wenn wir beide sehr schlau sind und "rational" handeln. Natürlich können Sie besser abschneiden, wenn ich meine Versteckstrategie nicht geheimhalte, und Sie sollten unter allen Umständen verhindern, daß ich etwas über Ihre Absicht erfahre, wohin Sie Ihre Bomben werfen wollen.

Im täglichen Leben werden Sie herausfinden, daß Ihr Chef, Ihr Geliebter oder Ihre Regierung häufig versuchen, Sie zu manipulieren. Sie schlagen Ihnen ein "Spiel" in Form eines Auswählens vor, wo eine der Alternativen definitiv bevorzugenswert erscheint. Haben Sie diese Alternative gewählt, dann stehen Sie vor einem neuen Spiel, und bald werden Sie herausfinden, daß Ihre vernünftigen Entscheidungen Sie dorthin gebracht haben, wohin Sie niemals gewollt haben: Sie sind in der Falle. Um das zu verhindern, sollten Sie daran denken, daß es die beste Strategie sein kann, etwas erratisch zu handeln. Was Sie bei einer weniger optimalen Wahl verlieren, gewinnen Sie wieder dadurch, daß Sie sich eine größere Freiheit erhalten.

Natürlich ist die Idee dabei nicht, daß Sie nur erratisch handeln, sondern daß Sie dies tun in Übereinstimmung mit einer speziellen probabilistischen Strategie, die präzise definierte Wahrscheinlichkeiten benutzt, die wir jetzt berechnen wollen. Ein bestimmtes Spiel ist durch eine *Gewinntabelle* wie folgt festgelegt (s. Abbildung 6.1).

Ich habe verschiedene Wahlmöglichkeiten (beispielsweise 3), Sie haben verschiedene Wahlmöglichkeiten (etwa 4), und wir machen unsere Auswahl unabhängig. (Diese Wahlmöglichkeiten entsprechen dem Typus des Schutzsuchens in einem bestimmten Unterstand oder des Ausspielens einer bestimmten Karte in einem Kartenspiel.) Wenn wir beide unsere Wahl getroffen haben, dann gibt die abgebildete Tabelle einen gewissen Auszahlungsbetrag. Beispielsweise geben meine Wahl einer 2 und Ihre einer 4 einen

Ihre Wahl

		1	2	3	4
	1	0	1	3	1
meine	2	−1	10	4	2
Wahl	3	7	−2	3	7

Abb. 6.1. Beispiel für eine Gewinntabelle eines Zweipersonenspiels

Betrag von 2 Mark, den Sie an mich zu zahlen hätten. Wähle ich 3 und Sie 2, dann ist der Betrag minus 2 Mark, d.h. ich muß 2 Mark an Sie bezahlen.

Angenommen ich machte meine drei Auswahlentscheidungen mit gewissen Wahrscheinlichkeiten und Sie Ihre vier ebenso. Alle diese Wahrscheinlichkeiten bestimmen meinen gewissen mittleren Gewinn (oder erwarteten Gewinn), den Sie zu minimieren versuchen werden und den ich möglichst maximal machen möchte. J. von Neumann hat 1928 bewiesen, daß mein Maximum Ihres Minimums dasselbe ist wie Ihr Minimum von meinem Maximum (das ist das berühmte *Minimaxtheorem* [6.1]). Was das bedeutet, ist, daß wir, die wir beide sehr schlaue Spieler sind, uns genau darüber, wie weit wir uns uneinig sind, einig sind.

Ich gehe nicht auf die mathematischen Einzelheiten ein, die Wahrscheinlichkeiten Ihrer und meiner Wahlmöglichkeiten und meinen zufälligen Gewinn zu berechnen. Dieses Problem ist von dem Typus, den man unter *linearer Programmierung* zusammenfaßt, und es ist nicht schwer zu lösen, wenn es nur wenige Ihnen und mir offenstehende Wahlmöglichkeiten gibt. Wenn die Gewinntabelle sehr groß wird, dann wird das Problem viel schwieriger. Wir werden darüber diskutieren, wie schwierig genau lineare Programmierung ist.

Fassen wir zusammen. Die Spieltheorie ist, wie wir gesehen haben, eine hübsche mathematische Theorie, die uns zeigt, daß es nützlich ist, eine geheime Quelle von zufälligen Ziffern zu besitzen. Aber vielleicht leben wir in einem deterministischen Universum, wo nichts zufällig ist. Was können wir dann tun? Wir können würfeln oder eine Münze werfen und festlegen, daß dies unter gewissen operational definierten Bedingungen gute Zufallsfolgen liefert. Aber an irgendeinem Punkt werden wir herausfinden müssen, wie der Zufall in diese Folgen hineinkommt. Dies ist eine etwas komplizierte Geschichte, und wir werden mehrere Kapitel brauchen, um sie aufzuklären.

7. Die empfindliche Abhängigkeit von den Anfangsbedingungen

Sie erinnern sich an die Geschichte des weisen Mannes, der das Schachspiel erfand. Als Belohnung erbat er sich vom König, daß dieser ein Reiskorn auf das erste Feld des Schachbretts lege, zwei auf das zweite, vier auf das dritte, und immer so weiter, stets die Anzahl der Reiskörner in jedem Feld verdoppelnd. Erst dachte der König, daß dieses eine sehr bescheidene Belohnung wäre, bis er herausfand, daß er dafür eine solch riesige Menge Reis benötigen würde, daß weder er noch irgendein anderer König in der Welt sie zur Verfügung stellen könnte. Das kann leicht nachgeprüft werden: Wenn Sie eine Größe 10mal verdoppeln, dann multiplizieren Sie sie mit 1024, und wenn Sie es 20mal machen, dann multiplizieren Sie sie schon mit mehr als einer Million, usw. ...

Eine Menge, die nach einer gewissen Zeit verdoppelt wird und dann nach demselben Zeitintervall wieder verdoppelt wird und das wieder und wieder, von der sagt man, daß sie *exponentiell* anwächst. Wir haben gerade gesehen, daß sie bald riesig groß sein wird. Exponentielles Wachstum nennt man auch *Wachstum mit konstanter Zuwachsrate*: Wenn Sie Geld mit einer konstanten Zuwachsrate von 5% auf eine Bank legen, dann wird es sich in etwa 14 Jahren verdoppeln, sofern Sie Steuern und Inflation ignorieren. Dieser Typ des Wachsens ist ziemlich natürlich und tritt üblicherweise in der realen Welt auf, ... aber er hält niemals lange an.

Wir wollen diese Idee vom exponentiellen Wachstum benutzen, um zu verstehen, was passiert, wenn Sie versuchen, einen Bleistift auf seine Spitze ins Gleichgewicht zu stellen. Wenn Sie nicht schwindeln, dann werden Sie keinen Erfolg haben. Das liegt

daran, daß Sie den Bleistift niemals genau ins Gleichgewicht bringen können und daß jede Abweichung den Bleistift veranlassen
wird, auf die eine oder andere Seite zu fallen. Wenn man den Fall
des Bleistifts mit Hilfe der Gesetze der klassischen Mechanik (was
wir nicht tun wollen) studiert, findet man, daß er exponentiell
schnell fällt (jedenfalls ungefähr und wenigstens am Anfang des
Falles). Also wird die Abweichung des Bleistifts von der Gleichgewichtslage in einem Zeitintervall mit 2 multipliziert, dann wieder
mit 2 während des nächsten Zeitintervalls, und immer so weiter,
und sehr bald wird der Bleistift flach auf dem Tisch liegen.

Unsere Diskussion des Bleistifts stellt ein Beispiel von *empfindlicher Abhängigkeit von den Anfangsbedingungen* dar. Darunter
verstehen wir, daß eine kleine Veränderung am Zustand des Systems zur Zeit Null (der anfänglichen Lage oder Geschwindigkeit
des Bleistifts) eine spätere Abweichung, die mit der Zeit exponentiell anwächst, hervorbringt. Eine kleine Ursache (ein Stoß auf den
Bleistift ein bißchen nach rechts oder links) hat dann eine große
Wirkung. Es mag nun den Anschein haben, als benötigte das Auftreten dieser Situation (eine kleine Ursache zieht eine große Wirkung nach sich) einen außergewöhnlichen Zustand zur Zeit Null,
wie das unstabile Gleichgewicht eines Bleistifts auf seiner Spitze.
Das Gegenteil ist wahr: *Viele physikalische Systeme zeigen für
beliebige Anfangsbedingungen eine empfindliche Abhängigkeit von
diesen Anfangsbedingungen.* Anders gesagt, wie auch immer zur
Anfangszeit der Zustand des Systems sein möge, wenn man ihn ein
wenig "nach rechts oder links stößt", wird das auf lange Sicht zu
wichtigen Effekten führen. Dies geht etwas gegen unsere Intuition,
und es hat die Mathematiker und Physiker einige Zeit gekostet,
gut zu verstehen, wie dies passieren kann.

Ich gebe Ihnen ein anderes Beispiel: das eines Billardspiels mit
runden oder konvexen Hindernissen. Wie Physiker es immer tun,
idealisieren wir das System ein wenig: wir ignorieren die von der
Rotation herrührenden "Effets", wir vernachlässigen die Reibung
und wir nehmen an, daß die Stöße *elastisch* sind. Wir interessieren uns für die Bewegung des Mittelpunkts, die geradlinig und
gleichförmig ist, solange keine Stöße auftreten. Wenn es zu einer Kollision des Billardballs mit einem Hindernis kommt, dann

stellen wir uns statt dessen vor, daß das Zentrum des Balles von einem größeren Hindernis (größer genau um den Radius des Balles — s. Abbildung 7.1) reflektiert wird. Die Bahn des Zentrums des Billardballs wird von einem Hindernis genauso reflektiert wie der Weg eines Lichtstrahls von einem Spiegel zurückgeworfen wird. (Das gerade ist es, geometrisch gesprochen, was wir unter einem elastischen Stoß verstehen.) Mit der Analogie dieses Spiegels sind wir in einer guten Lage, die Änderungen der Anfangsbedingungen für das Billardproblem zu diskutieren.

Also angenommen wir hätten auf demselben Billardtisch einen *realen* und einen *imaginären* Ball, beide anfangs an derselben Stelle. Wir stoßen sie gleichzeitig, so daß sie dieselbe Geschwindigkeit, aber geringfügig verschiedene Bewegungsrichtungen haben. Die Bahnen des realen und des imaginären Balls bilden also einen gewissen Winkel — den wir pompös den Winkel *alpha* nennen —, und der Abstand der beiden Bälle wächst proportional zur Zeit. Beachten Sie, daß dieses Wachstum proportional zur Zeit nicht das explosive *exponentielle* Wachstum der Abstände ist, das wir oben diskutiert haben. Wenn nach einer Sekunde die Zentren des realen und des imaginären Balls einen Abstand von einem Mikron ($\frac{1}{1000}mm$) haben, dann werden Sie nach 20 Sekunden einen Abstand von nur 20 Mikrons (was immer noch sehr klein ist) haben.

Ein bißchen Nachdenken zeigt, daß die Reflexion an den geraden Banden des Billardtisches die Sachlage nicht verändern wird: die reflektierten Bahnen bilden denselben Winkel *alpha* wie zuvor, und der Abstand des realen und des imaginären Balls bleibt proportional zur Zeit. Erinnern Sie sich, daß die Reflexion des Balls an der Bande des Billardtisches denselben Gesetzen gehorcht wie die Lichtreflexion an einem Spiegel, d.h. solange der Spiegel glatt ist, erwarten wir nicht, daß irgendetwas sehr Interessantes passiert.

Aber wir haben gesagt, daß es auf dem Billardtisch runde Hindernisse gibt, und diese entsprechen konvexen Spiegeln. Wenn Sie sich jemals in einem konvexen Spiegel betrachtet haben, wissen Sie, daß er etwas anderes als ein ebener Spiegel reflektiert. Was passiert, wird in Optikvorlesungen diskutiert und ist im wesentlichen das folgende: Wenn Sie ein Lichtbündel mit Öffnungswinkel *alpha* auf einen konvexen Spiegel werfen, dann hat das reflektierte

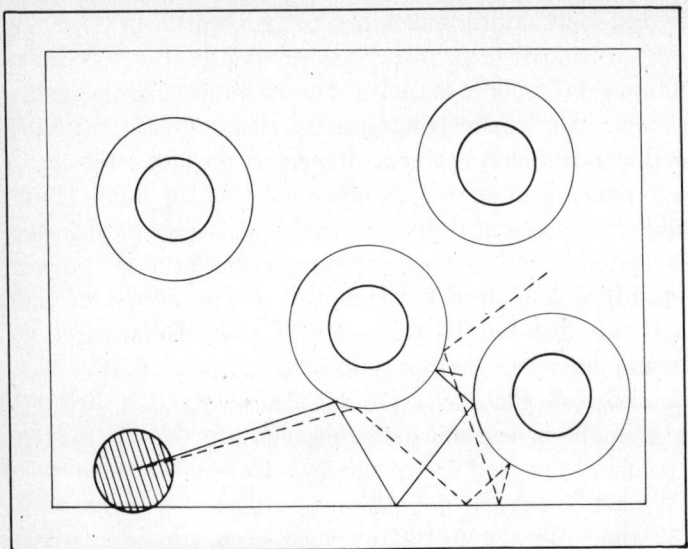

Abb. 7.1. Ein Billardtisch mit konvexen Hindernissen. Der Ball startet in der linken unteren Ecke, und die daraus entstehende Bahn seines Zentrums ist angegeben (durchgezogene Linie). Ein imaginärer Ball startet in einer ganz wenig unterschiedlichen Richtung (gestrichelte Linie). Nach wenigen Stößen haben die beiden Bahnen nichts mehr miteinander gemein.

Lichtbündel einen anderen Winkel – den wir *gestrichenes alpha* nennen wollen – , der größer als *alpha* ist. Um die Sache zu vereinfachen, wollen wir annehmen, daß der neue Winkel *gestrichenes alpha* zweimal so groß ist wie der Winkel *alpha*. (Später werden wir sehen, daß dies eine zu weit gehende Vereinfachung ist.)

Lassen Sie uns zurückkommen auf unseren Billardtisch mit den runden Hindernissen und auf unsere zwei Billardbälle, einer real und einer imaginär. Zu Anfang haben die Bahnen der beiden Bälle einen Winkel *alpha* zueinander, und das ändert sich nicht durch Reflexion an den glatten Banden des Billardtisches. Haben die Bälle aber ein rundes Hindernis getroffen, dann gehen ihre Bahnen auseinander und bilden einen Winkel *gestrichenes alpha*, der doppelt so groß wie der ursprüngliche Winkel *alpha* ist. Ein weiterer Stoß an einem runden Hindernis führt zu Bahnen, die gerade um einen Winkel 4 *alpha* auseinandergehen. Nach 10 Stößen ist der Winkel mit 1024 multipliziert, usw. Wenn wir einen Stoß pro Sekunde haben, dann wächst der Winkel zwischen den Bahnen des realen und des imaginären Balls mit der Zeit exponentiell an. In der Tat ist es leicht, mathematisch zu zeigen (vgl. [7.1]), daß der Abstand zwischen den beiden Bällen ebenfalls mit der Zeit exponentiell anwächst, solange er nur klein bleibt: *Wir haben es mit einer empfindlichen Abhängigkeit von den Anfangsbedingungen zu tun.*

Nehmen Sie also an, daß die Dinge so eingerichtet sind, daß der Abstand zwischen den Zentren des realen und des imaginären Balls jede Sekunde verdoppelt wird. Dann ist nach 10 Sekunden ein ursprünglicher Abstand von einem Mikron auf 1024 Mikron, etwa einen Millimeter, angewachsen. Nach 20 (oder 30) Sekunden wäre der Abstand auf mehr als einen Meter (oder einen Kilometer) angewachsen! Aber das ist Unsinn: der Billardtisch ist nicht so groß. Der Grund für diesen Unsinn ist unsere zu große Vereinfachung anzunehmen, daß nach der Reflexion an einem runden Hindernis der Winkel zwischen den Bahnen unserer zwei Billardbälle mit zwei multipliziert wurde, aber dabei klein blieb. Während dies ungefähr richtig sein mag, solange die beiden Bahnen nahe beieinander liegen, so wird es später falsch sein: Während die eine Bahn ein Hindernis treffen wird, wird es die andere gänzlich verfehlen.

Lassen Sie mich nun zusammenfassen, was wir über die Bewegung eines Balls auf einem Billardtisch mit runden Hindernissen herausgefunden haben. Wenn wir gleichzeitig die Bewegung des realen Balls und eines imaginären Balls mit geringfügig unterschiedlichen Anfangsbedingungen beobachten, sehen wir, daß die beiden Bewegungen *üblicherweise* exponentiell mit der Zeit für eine Weile auseinanderlaufen, dann ein Ball ein Hindernis, welches der andere Ball verfehlt, trifft; und von da ab haben die beiden Bewegungen nichts mehr miteinander zu tun. Um ehrlich zu sein, muß ich erwähnen, daß es außergewöhnliche Anfangsbedingungen für den "imaginären" Ball gibt, so daß die Bewegungen der beiden Bälle nicht exponentiell auseinanderlaufen; beispielsweise könnte der imaginäre Ball dem realen auf derselben Bahn, aber einen Millimeter dahinter, folgen. Dies ist aber außergewöhnlich, und normalerweise laufen die beiden Bahnen, wie behauptet, auseinander.

Bevor ich das Thema wechsle, lassen Sie mich betonen, daß ich oben nur eine *heuristische* Diskussion des Billards vorgestellt habe. Das bedeutet, daß ich die Dinge plausibel gemacht, aber keinen Beweis gegeben habe. Man kann – und das ist wichtig – mit Hilfe derselben Überlegung eine vollständig strenge mathematische Analyse des Billards mit konvexen Hindernissen durchführen. Diese Analyse (die wir dem russischen Mathematiker Yakub G. Sinai [7.2], und in der Folge auch einigen anderen, verdanken) ist ganz sicher schwierig. Allgemein ist die mathematische Behandlung von Systemen mit empfindlicher Abhängigkeit von den Anfangsbedingungen nicht leicht, und das mag eine Erklärung dafür sein, warum das Interesse der Physiker an solchen Systemen relativ jungen Datums ist.

8. Hadamard, Duhem und Poincaré

Ich hoffe, daß ich Sie im vorigen Kapitel überzeugt habe, daß irgendetwas Eigenartiges beim Billard mit konvexen Hindernissen vorgeht. Angenommen, ich modifiziere geringfügig die Anfangsbedingung, indem ich die wahre Lage des Balles und die Richtung des Stoßes durch eine geringfügig unterschiedliche imaginäre Lage und Richtung ersetze. Dann werden die realen und die imaginären Bahnen, die anfänglich sehr nahe beieinander liegen, später schneller und schneller divergieren, bis sie nichts mehr miteinander gemein haben. Das ist es, was wir empfindliche Abhängigkeit von den Anfangsbedingungen genannt haben. Begrifflich ist dies eine sehr wichtige Entdeckung. Die Bewegung unseres Billardballs ist genau durch die Anfangsbedingung bestimmt, und doch ist da für uns eine fundamentale Einschränkung, die Bahn vorherzusagen. Es liegt Determinismus vor und gleichzeitig eine Langzeit-Unvorhersagbarkeit. Das liegt daran, daß wir die Anfangsbedingung nur mit einer gewissen Ungenauigkeit kennen: wir können nicht unterscheiden zwischen der wahren Anfangsbedingung und den vielen imaginären Anfangsbedingungen, die nahe dabeiliegen. Daher wissen wir nicht, welche der möglichen Vorhersagen korrekt ist. Was wissen wir aber über die Planetenbewegung, wenn schon die Bewegung eines Billardballs nicht vorhergesagt werden kann? Über die Entwicklung des Wetters? Das Schicksal großer Reiche? Dies sind interessante Fragen, und die Antworten sind, wie wir sehen werden, unterschiedlich. Die Planetenbewegung ist über Jahrhunderte vorhersagbar, aber die Entwicklung des Wetters kann in nützlicher Form höchstens für eine oder zwei Wochen vorhergesagt werden. Über das Schicksal großer Reiche und die Geschichte der Menschheit Schlüsse zu ziehen, ist in der Tat sehr anspruchsvoll, und doch sind einige Schlußfolgerungen selbst da möglich, und sie deuten auf eine Unvorhersagbarkeit hin. Man kann die Begeisterung der Naturwissenschaftler verstehen, als sie feststellten, daß solche Probleme in ihrer Reichweite lagen.

Und doch müssen wir mit Vorsicht vorgehen. Wenn Sie den kritischen Verstand eines Wissenschaftlers haben, dann werden Sie einiges über Billard klarstellen wollen, bevor Sie mir erlauben, mich auf Spekulationen über die Vorhersagbarkeit der Zukunft der Menschheit einzulassen.

Beispielsweise haben wir bei der Betrachtung der Bewegung eines Billardballs die Reibung vernachlässigt. Dürfen wir das tun? Diese Art von Frage taucht immer wieder in der Physik auf: Ist eine gewisse Idealisierung zulässig? Die Antwort hängt von der gestellten Frage ab. Hier bewirkt die Anwesenheit von Reibung, daß der Ball schließlich zur Ruhe kommen wird. Wenn das aber passiert, lange nachdem die Bewegung unvorhersagbar geworden ist, dann war die Idealisierung, daß keine Reibung vorhanden ist, nützlich. (In der Tat hatte die hier dargestellte Theorie des Billards den Vorteil, leicht analysierbar zu sein, aber ihre Anwendung auf ein wirkliches Billardspiel würde zu ernsthaften Schwierigkeiten führen.)

Nun müssen wir uns einer ernsthafteren Frage stellen: Wie allgemein ist die empfindliche Abhängigkeit von den Anfangsbedingungen? Wir haben ein spezielles System, nämlich das Billard mit konvexen Hindernissen, betrachtet, und wir haben dargelegt, daß eine kleine anfängliche Ungewißheit zu einer Langzeit-Unvorhersagbarkeit führt. Verhalten sich die meisten Systeme so, oder ist das eine außergewöhnliche Situation? Was ich hier unter einem *System* verstehe, ist entweder ein mechanisches System ohne Reibung oder ein System mit Reibung, das aber eine Energiequelle hat, die die durch Reibung dissipierte Energie ersetzt, oder aber auch allgemeiner ein System mit elektrischen oder chemischen Komponenten usw. Was wichtig ist, ist daß wir eine wohldefinierte *deterministische* Zeitentwicklung haben. Die Mathematiker sagen dann, daß wir es mit einem *dynamischen System* zu tun haben. Planeten, die um einen Stern kreisen, bilden ein dynamisches System (ein im wesentlichen reibungsfreies dynamisches

System). Eine viskose Flüssigkeit, die von einem Propeller durchgerührt wird, ist auch ein dynamisches System (in diesem Fall *dissipativ*, weil es Reibung gibt). Wenn wir eine geeignete Idealisierung der Menschheitsgeschichte als deterministische Zeitentwicklung finden könnten, dann wäre dies auch ein dynamisches System.

Aber lassen Sie uns zu unserer Frage zurückkommen. Ist empfindliche Abhängigkeit von den Anfangsbedingungen die Ausnahme oder die Regel bei dynamischen Systemen? Haben wir üblicherweise eine Langzeit-Vorhersagbarkeit oder nicht? In der Tat ist Verschiedenes möglich. In einigen Fällen gibt es keine empfindliche Abhängigkeit von den Anfangsbedingungen (man denke an ein Pendel mit Reibung, das in einer sehr gut vorhersagbaren Weise zur Ruhe kommt). In anderen Fällen gibt es diese empfindliche Abhängigkeit von den Anfangsbedingungen für alle Anfangsbedingungen (wie es bei unserem Billard mit konvexen Hindernissen der Fall war, und Sie werden mir glauben müssen, daß dies ganz bestimmt keine Ausnahmesituation ist). Schließlich sind viele dynamische Systeme von der Art, daß für einige Anfangsbedingungen Langzeit-Vorhersagbarkeit möglich ist, für andere nicht.

Auf der einen Seite mag es ein wenig enttäuschend klingen, daß alle diese Möglichkeiten vorkommen. Auf der anderen Seite nehmen wir einmal an, wir könnten sagen, welche Systeme eine empfindliche Abhängigkeit von den Anfangsbedingungen haben und für wie lange man den Vorhersagen über ihre Zukunft trauen kann. Dann haben wir wirklich etwas Nützliches über die Natur dieser Systeme gelernt.

Es mag jetzt der richtige Moment sein, sich von einem historischen Standpunkt die empfindliche Abhängigkeit von den Anfangsbedingungen anzusehen. Natürlich haben die Menschen schon vor Tausenden von Jahren bemerkt, daß kleine Ursachen große Wirkungen haben können und daß die Zukunft schwer vorherzusagen ist. Was relativ neu ist, ist, daß man zeigen kann, daß für einige Systeme kleine Veränderungen der Anfangsbedingung *üblicherweise* zu derartigen Veränderungen der Vorhersagen führen, daß Vorhersage in der Tat nutzlos wird. Dies wurde Ende des 19. Jahrhunderts von dem französischen Mathematiker Jacques Hadamard [8.1] (der damals etwa 30 Jahre alt war, später ein hohes Alter erreichte und 1963 starb) gezeigt.

Das von Hadamard betrachtete System war ein eigenartiges Billardspiel, wo der flache Tisch ersetzt wurde durch eine verwundene *Fläche negativer Krümmung*. Man studiert die reibungsfreie Bewegung eines Punktes auf der Fläche. Hadamards Billard wurde daher in der Fachsprache *geodätischer Fluß* auf einer Fläche negativer Krümmung genannt. Mathematisch kann man ganz gut mit diesem geodätischen Fluß umgehen [8.2], und Hadamard konnte als Theorem die empfindliche Abhängigkeit von den Anfangsbedingungen beweisen. (Der Beweis ist viel einfacher als der entsprechende für das Billard mit konvexen Hindernissen, der viel später in den 70er Jahren von Sinai gegeben wurde.)

Der französische Physiker Pierre Duhem war einer von denen, die die philosophische Bedeutung des Hadamardschen Resultats verstanden haben. (Duhem war mit seinen Ideen in vielen Bereichen seiner Zeit voraus, obwohl seine politischen Ansichten schlichtweg reaktionär waren.) In einem 1906 für einen breiten Leserkreis veröffentlichten Buch findet sich bei Duhem ein Abschnitt mit der Überschrift *Beispiel für eine für immer nutzlose mathematische Deduktion* [8.3]. Die mathematische Deduktion, von der die Rede ist, ist, wie er erklärt, die Berechnung einer Bahn auf Hadamards Billard. Sie ist "für immer nutzlos", weil eine kleine Unsicherheit, die notwendigerweise für die Anfangsbedingung auftritt, für die vorhergesagte Bahn zu einer großen Unsicherheit führen wird, wenn wir lange genug warten; und das macht die Vorhersage nutzlos.

Ein anderer französischer Wissenschaftler, der zu dieser Zeit Bücher über Wissenschaftsphilosophie schrieb, ist der berühmte Mathematiker Henri Poincaré. In seinem Buch *Wissenschaft und Methode*, das 1908 erschien [8.4], diskutiert er die Frage der Unvorhersagbarkeit in einer sehr verständlichen Sprache. Er zitiert Hadamard oder die dazu passende Mathematik nicht (aber man sollte sich erinnern, daß Poincaré die Theorie der dynamischen Systeme geschaffen hat und mehr als irgend jemand sonst über diesen Gegenstand wußte). Ein wesentlicher Gesichtspunkt, den

Poincaré vorbringt, ist, daß *Zufall* und *Determinismus* durch die Langzeit-Unvorhersagbarkeit versöhnt werden. So steht es da, in einem knackigen Satz: *Eine sehr kleine Ursache, die uns entgehen mag, bewirkt einen beachtlichen Effekt, den wir nicht ignorieren können, und dann sagen wir, daß dieser Effekt auf Zufall beruht.* Poincaré wußte sehr wohl, wie nützlich Wahrscheinlichkeiten bei der Beschreibung der physikalischen Welt sind. Er wußte, daß Zufall ein Teil des täglichen Lebens ist. Da er auch an den klassischen Determinismus glaubte (zu seiner Zeit gab es noch keine Quantenunschärfe), wollte er verstehen, wie der Zufall zustande kommt. Offensichtlich dachte er sehr viel über dieses Problem nach, und es kamen ihm mehrere Antworten. Mit anderen Worten, Poincaré sah verschiedene Möglichkeiten, wie eine klassische deterministische Beschreibung der Welt in natürlicher Weise zu einer probabilistischen Idealisation führen könnte. Eine dieser Möglichkeiten ist der Mechanismus der empfindlichen Abhängigkeit von den Anfangsbedingungen [8.5].

Poincaré diskutiert zwei Beispiele der empfindlichen Abhängigkeit von den Anfangsbedingungen. Das erste ist ein Gas, das aus vielen Molekülen besteht, die mit großer Geschwindigkeit in alle Richtungen fliegen und sich häufig stoßen. Poincaré behauptet, daß diese Stöße eine empfindliche Abhängigkeit von den Anfangsbedingungen hervorrufen. (Die Lage ist ähnlich wie bei dem Billardball, der ein konvexes Hindernis trifft.) Die Unvorhersagbarkeit der Stöße in dem Gas rechtfertigt eine probabilistische Beschreibung.

Poincarés zweites Beispiel ist die Meteorologie und er erörtert, daß die allseits bekannte Unzuverlässigkeit der Wettervorhersagen auf der Sensitivität gegenüber den Anfangsbedingungen beruht. Folglich scheint es uns – haben wir doch immer nur eine ungenaue Kenntnis von den Anfangsbedingungen – so zu sein, daß die Entwicklung des Wetters dem Zufall zugeschrieben werden muß.

Für einen Spezialisten unserer Tage ist das Überraschendste an Poincarés Analysis, wie modern sie ist. Gerade von dem Gesichtspunkt aus, den Poincaré eingenommen hatte, waren in den letzten Jahren die Dynamik eines aus harten Kugeln bestehenden

Gases einerseits und die Zirkulation der Atmosphäre anderseits die vordringlichsten Studienobjekte.

Ebenso verblüffend ist der große Zeitabstand zwischen Poincaré und den modernen Untersuchungen der empfindlichen Abhängigkeit von den Anfangsbedingungen durch die Physiker. Als die damit zusammenhängenden Ideen wieder zum Vorschein kamen und das entstand, was man heute *die Chaostheorie* nennt, da spielte die physikalische Einsicht von Hadamard, Duhem und von Poincaré keine Rolle in diesem Prozeß. Poincarés Mathematik (oder was daraus geworden ist) hat eine Rolle gespielt, aber seine Ideen zur Wettervorhersage mußten auf andere Weise entdeckt werden.

Ich glaube, es gibt zwei Gründe für diese rätselhafte historische Lücke. Der erste ist das Aufkommen der Quantenmechanik. Die neue Mechanik veränderte die wissenschaftliche Landschaft der Physiker und nahm für viele Jahre alle ihre Energien in Anspruch. Warum sollten sie sich den Kopf zerbrechen, beispielsweise um Zufall durch empfindliche Abhängigkeit von den Anfangsbedingungen in der klassischen Mechanik zu erklären, wo doch die Quantenmechanik eine neue – mehr intrinsische – Ursache für den Zufall einführte?

Ich sehe einen anderen Grund, warum die Ideen von Hadamard, Duhem und Poincaré in Vergessenheit gerieten: Diese Ideen sind zu früh gekommen. Die Werkzeuge, um sie auszuwerten, existierten nicht. Beispielsweise standen die Mathematik der *Maßtheorie* oder der *Ergodensatz* Poincaré nicht zur Verfügung, und deshalb konnte er seine brillanten intuitiven Ideen über den Zufall nicht in einer präzisen Sprache ausdrücken. Wenn ein heutiger Wissenschaftler Poincarés philosophische Schriften liest, dann hat er in seinem Hinterkopf ein ganzes System von Begriffen, mit denen er die dargestellten Ideen interpretiert; aber diese Begriffe standen Poincaré selbst nicht zur Verfügung! Man muß auch beachten, daß wir, wenn die Mathematik versagt, Zuflucht zur Computersimulation nehmen können. Dieses Werkzeug, das eine solche herausragende Rolle in der modernen Chaostheorie gespielt hat, existierte natürlich nicht im frühen 20. Jahrhundert.

9. Turbulenz: Moden

An einem regnerischen Tag des Jahres 1957 begleitete eine kleine Trauergemeinde die sterblichen Überreste von Professor Theophile De Donder auf einen belgischen Friedhof. Der Sarg wurde von einer berittenen Gendarmerieabteilung begleitet. Der Verstorbene hatte das Recht auf diese Ehrung, und die Witwe hatte es gewollt. Einige wenige trauernde Kollegen folgten dem Sarg.

Theophile De Donder war der geistige Vater der mathematischen Physik an der Freien Universität von Brüssel und so einer meiner eigenen geistigen Großväter. Zu seiner Zeit hatte er ausgezeichnete Forschungsarbeiten in der Thermodynamik und in der allgemeinen Relativitätstheorie gemacht (Einstein nannte ihn "Le petit Docteur Gravitique" [9.1]). Aber als ich ihn kannte, war er ein vertrockneter, kleiner alter Mann, schon lange über die Zeit hinweg, wo er wissenschaftlich gearbeitet hatte. Die intellektuelle Kraft hatte ihn für immer verlassen, aber nicht der Wissensdurst, die Faszination, die die Wurzel wissenschaftlichen Arbeitens ausmachen. Wenn er im Flur der Universität einen Kollegen stellen konnte, pflegte er dem Unglücklichen über seine Forschung über das "ds^2 der Musik" oder die "mathematische Theorie der Gestalt der Leber" zu erzählen. In der Tat sind Musik, Gestalten und Formen wiederkehrende Themen, die Wissenschaftler faszinieren [9.2]. Hier sind noch einige andere: die Zeit und ihre Irreversibilität, Zufall, das Leben. Es gibt ein Phänomen – die Bewegung von Flüssigkeiten –, das alle diese Themen widerzuspiegeln und zu kombinieren scheint. Man denke an Luft, die durch Orgelpfeifen fließt, an Wasser, das Strudel und Wirbel formt, die ewig wechseln und die sich bewegen, als hätten sie ihren eigenen freien Willen. Man denke an Vulkanausbrüche, man denke an Brunnen und Kaskaden ... Es gibt verschiedene Möglichkeiten, der Schönheit Ehrfurcht zu zollen. Wo ein Künstler malen würde, ein Gedicht schreiben oder ein Musikstück komponieren, schafft der Wissenschaftler eine wissenschaftliche Theorie. Der französische Mathematiker Jean Leray verbrachte seine Zeit, wie er mir erzählte, damit, Strudel und Wirbel in der Seine, dort wo sie an den Pfeilern des Pont Neuf in Paris vorbeifließt, zu beobachten. Diese Kontemplation war eine der Inspirationsquellen für seine große Arbeit über Hydrodynamik aus dem Jahre 1934 [9.3]. Viele große Wissenschaftler sind von der Bewegung von Flüssigkeiten fasziniert gewesen, speziell von der Art komplizierter, irregulärer und scheinbar erratischer Bewegung, die wir Turbulenz nennen. Was ist Turbulenz? Es gibt keine einleuchtende Antwort auf diese Frage, und sie wird bis in unsere Tage debattiert, und das, obwohl die Leute sich einig wären, daß sie eine turbulente Strömung erkennen würden, wenn sie eine solche sähen.

Turbulenz ist leicht zu sehen, aber schwer zu verstehen. Henri Poincaré hat über Hydrodynamik nachgedacht und eine Vorlesung über Wirbel gehalten [9.4], aber er hat den Schritt zu einer Theorie der Turbulenz nicht gewagt. Der deutsche Physiker Werner Heisenberg, Begründer der Quantenmechanik, hat eine Theorie der Turbulenz vorgeschlagen, die niemals so recht akzeptiert wurde. Es ist gesagt worden, daß *Turbulenz ein Friedhof von Theorien* ist. Natürlich gab es schöne Beiträge zur Physik und zur Mathematik der Flüssigkeitsbewegungen durch Leute wie Osborne Reynolds, Geoffrey I. Taylor, Theodore von Kármán, Jean Leray, Andrei N. Kolmogorov, Robert Kraichnan und andere, aber es hat nicht den Anschein, daß der Gegenstand seine letzten Geheimnisse entschleiert hat.

In diesem Kapitel und in dem folgenden möchte ich gerne eine Episode berichten von dem wissenschaftlichen Ringen, Turbulenz und die spätere Chaostheorie zu verstehen. Dies ist eine Episode, an der ich selbst teilgenommen habe, so daß ich hier mehr Einzelheiten beitragen kann, als zu den Ereignissen, an denen die für uns fast mythischen wissenschaftlichen Giganten des beginnenden Jahrhunderts beteiligt waren. Ich werde versuchen, etwas von der Atmosphäre der Forschung zu vermitteln, nicht aber eine ausgewogene historische Darstellung zu geben. Für diese ist es besser, den Leser auf die Originalarbeiten zu verweisen, von denen viele bequemerweise in zwei Bänden nachgedruckt und so leicht erreichbar gemacht wurden [9.5].

Man kann die Entdeckung neuer Ideen nicht programmieren. Das ist der Grund, warum Revolutionen und andere soziale Umstürze oft einen positiven Einfluß auf die Wissenschaft haben. Indem sie vorübergehend die Routine bürokratischer Langeweile unterbrechen und die Macher wissenschaftlicher Forschung außer Betrieb setzen, geben sie den Leuten die Gelegenheit nachzudenken. Sei es, wie es sei; die sozialen "Ereignisse" vom Mai 1968 in Frankreich waren mir sehr willkommen, weil sie die Postzustellung und die Kommunikationen unterbrachen und weil sie auch ein stimulierendes intellektuelles Klima hervorbrachten. Zu dieser Zeit versuchte ich, mir selber Hydrodynamik beizubringen, indem ich das Buch über *Hydromechanik* von Landau und Lifschitz las. Langsam bahnte ich mir meinen Weg durch die komplizierten Rechnungen, wie sie diese Autoren zu schätzen schienen, und plötzlich stolperte ich über etwas Interessantes: einen Abschnitt über das Einsetzen von Turbulenz, ohne komplizierte Rechnungen.

Um Lev D. Landaus Theorie über das Einsetzen der Turbulenz zu verstehen, sollten Sie sich erinnern, daß eine viskose Flüssigkeit wie Wasser schließlich zur Ruhe kommt, wenn nicht über Energiezufuhr irgendetwas getan wird, sie in Bewegung zu halten. In Abhängigkeit davon, wieviel Kraft benutzt wird, die Flüssigkeit in Bewegung zu halten, werden Sie unterschiedliche Dinge sehen. Um ein konkretes Beispiel zu wählen: denken Sie an Wasser, das durch einen Wasserhahn fließt. Die Kraft, die auf die Flüssigkeit wirkt (die letztendlich auf Gravitation beruht), wird dadurch reguliert, daß man den Hahn mehr oder weniger weit öffnet. Wenn Sie den Hahn ein klein bißchen öffnen, dann können Sie einen *gleichmäßigen* Wasserstrahl zwischen dem Hahn und dem Abfluß erreichen: Die Wassersäule erscheint bewegungslos (obwohl das Wasser natürlich fließt). Indem Sie den Hahn ein bißchen weiter öffnen, können Sie (manchmal) ein reguläres Pulsieren der Flüssigkeitssäule erreichen: Man sagt, daß die Bewegung *periodisch* anstatt stationär ist. Wenn der Hahn weiter geöffnet wird, dann wird das Pulsieren irregulär. Schließlich, wenn der Hahn weit offen ist, dann sehen Sie eine sehr irreguläre Strömung, das ist die *Turbulenz*. Eine solche Abfolge des Geschehens ist typisch für eine Flüssigkeit, die durch eine zunehmend größere äußere Kraftquelle angetrieben wird. Landau interpretiert das, indem er sagt, daß, wenn die angewandte Kraft anwächst, mehr und mehr *Moden* des Flüssigkeitssystems angeregt werden.

Wir müssen jetzt einen Sprung in die Physik machen und zu verstehen versuchen, was eine Mode ist. Viele Objekte in unserer Umgebung beginnen zu oszillieren oder zu vibrieren, wenn wir sie anstoßen: ein Pendel, ein Metallstab, die Saite eines Musikinstruments sind schnell in periodische Bewegung versetzt. Eine solche periodische Bewegung ist eine *Mode*. Man spricht auch von Vibrationsmoden einer Luftsäule in einer Orgelpfeife, Oszillationsmoden einer Hängebrücke usw. Oft hat ein gegebenes physikalisches Objekt viele verschiedene Moden, die wir bestimmen und über die wir Kontrolle haben möchten. Denken Sie beispielsweise an eine Kirchenglocke. Wählt man eine ungünstige Form, dann entsprechen die verschiedenen Vibrationsmoden der Glocke nicht zusammenstimmenden Frequenzen, und dann ist der Ton nicht angenehm. Ein wichtiges Beispiel für Moden liefert uns die Vibration der Atome in einem Stück fester Materie rund um ihre Mittellage; die entsprechenden Moden werden dann *Phononen* genannt. Aber lassen Sie uns auf Landau zurückkommen. Sein Vorschlag war, daß eine Anzahl von Moden der Flüssigkeit angeregt werden, wenn diese durch eine äußere Kraftquelle in Bewegung gesetzt wird. Wenn keine Mode angeregt wird, dann haben wir einen stationären Zustand der Flüssigkeit. Wird eine einzige Mode angeregt, dann haben wir periodische Oszillationen. Werden aber mehrere Moden angeregt, dann wird der Fluß irregulär, und wenn schließlich viele Moden angeregt sind, dann ist er turbulent. Landau hat seinen Vorschlag auf mathematische Argumente, die ich hier nicht wiedergeben kann, gestützt. (Unabhängig von Landau hat der deutsche Mathematiker Eberhard Hopf eine ähnliche Theorie publiziert, aber mit einer etwas größeren mathematischen Raffinesse [9.6].) Wenn man sich auf das Feld physikalischer Experimente begibt, kann man eine Frequenzanalyse der Oszillationen einer turbulenten Flüssigkeit machen, d.h. man kann nach den Frequenzen, die vorliegen, suchen. Man findet, daß viele Frequenzen auftreten, in der Tat ein Kontinuum von Frequenzen, die folglich sehr vielen angeregten Moden der Flüssigkeit entsprechen sollten.

So wie ich es dargestellt habe, scheint die Landau-Hopf-Theorie eine befriedigende Beschreibung des *Einsetzens der Turbulenz* zu geben: die gibt an, auf welche Art und Weise eine Flüssigkeit turbulent wird, wenn die auf sie angewandte äußere Kraft verstärkt wird. Und doch, als ich Landaus Erklärung las, war ich sofort unzufrieden damit. Meine Unzufriedenheit hatte mathematische Gründe, die ich gleich erklären werde.

An dieser Stelle sind aber noch ein paar weitere Worte über Moden angebracht. In vielen Fällen kann man ein physikalisches System veranlassen, in mehreren verschiedenen Moden gleichzeitig zu schwingen, wobei sich die verschiedenen Oszillationen gegenseitig nicht beeinflussen. Zugegeben, das ist keine sehr präzise Aussage. Um ein etwas genaueres Bild zu haben, denken Sie sich die Moden als Oszillatoren, die irgendwie in unserem physikalischen System enthalten sind und unabhängig schwingen. Bei Physikern ist diese nützliche Vorstellung in der Tat sehr populär gewesen.

Benutzt man die Terminologie von Thomas Kuhn [9.7], dann können wir sagen, daß die Interpretation großer Bereiche der Physik durch Moden, konzipiert als unabhängige Oszillatoren, ein *Paradigma* ist. Wegen seiner Einfachheit und Allgemeinheit ist dieses Modenparadigma bemerkenswert nützlich gewesen. Es funktioniert, solange man Moden definieren kann, die unabhängig oder fast unabhängig sind. Beispielsweise sind die Oszillationsmoden der Atome in einem Festkörper, die sogenannten *Phononen*, nicht ganz unabhängig: Es gibt Phonon-Phonon-Wechselwirkungen, aber sie sind relativ klein, und die Physiker können damit (bis zu einem gewissen Grade) umgehen.

Warum ich Landaus Beschreibung der Turbulenz durch Moden gleich nicht mochte, hatte seinen Grund darin, daß sie mit mathematischen Ideen, die ich in Seminaren von René Thom gehört und die ich in einer grundlegenden Veröffentlichung von Steve Smale [9.8] über *differenzierbare dynamische Systeme* studiert habe, nicht harmonierte. Der Franzose René Thom und der

Amerikaner Steve Smale sind beide hervorragende Mathematiker. Jener ist mein Kollege am Institut des Hautes Etudes Scientifiques in der Nähe von Paris, wo dieser häufig zu Besuch war. Von beiden hatte ich die moderne Entwicklung der Ideen Poincarés über dynamische Systeme gelernt, und von diesen Entwicklungen her war es klar, daß die Anwendbarkeit des Modenparadigmas bei weitem nicht universell ist. Beispielsweise kann eine Zeitentwicklung, die durch Moden beschrieben wird, keine empfindliche Abhängigkeit von den Anfangsbedingungen haben. Diese Behauptung werde ich im nächsten Kapitel rechtfertigen, und ich werde zeigen, daß die Zeitentwicklung, die durch Moden gegeben wird, ziemlich uninteressant ist, verglichen mit den Zeitentwicklungen, die von Smale diskutiert wurden. Je mehr ich über das Problem nachdachte, um so weniger glaubte ich an Landaus Vorstellung: Gäbe es in einer viskosen Flüssigkeit Moden, dann würden sie stark anstatt schwach wechselwirken; man müßte die Beschreibung durch Moden aufgeben und sie durch etwas anderes ersetzen. Durch irgend etwas Reichhaltigeres und Interessanteres.

Also was macht ein Wissenschaftler, wenn er glaubt, er hat etwas Neues entdeckt? Er produziert ein "Papier", einen Artikel, geschrieben in einem kodifizierten Jargon, das er bei einem Herausgeber einer wissenschaftlichen Zeitschrift einreicht, damit der seine Veröffentlichung erwäge. Der Herausgeber benutzt einen oder mehrere Kollegen als "Referenten", denen er die Beurteilung des Papiers überantwortet, und es wird, wenn es akzeptiert ist, schließlich in dem in Frage stehenden wissenschaftlichen Journal mehr oder weniger schnell gedruckt. Suchen Sie solche Journale nicht an Ihrem Zeitungsstand, denn sie stehen dort nicht zum Verkauf. Sie werden an Forschungseinrichtungen verschickt, füllen die Schränke von Universitätsprofessoren, und sie werden kilometerweise in großen wissenschaftlichen Bibliotheken gehortet.

Gemeinsam mit Floris Takens, einem holländischen Mathematiker, der seine mathematischen Fachkenntnisse einbrachte, und der sich nicht fürchtete, sich die Hände schmutzig zu machen und seinen guten Ruf als Mathematiker aufs Spiel zu setzen, wenn er ein Problem aus der Physik anpackt, verfaßte ich einen Artikel "Über die Natur der Turbulenz". Darin erklärten wir, warum wir der Meinung waren, daß Landaus Auffassung von Turbulenz falsch war, und wir haben etwas anderes vorgeschlagen, was die *seltsamen Attraktoren* ins Spiel brachte. Diese seltsamen Attraktoren stammten aus dem Artikel von Steven Smale, aber der Name war neu und heute erinnert sich niemand mehr, ob Floris Takens oder ich oder irgend jemand sonst ihn erfunden hat. Wir legten unser Manuskript einem geeigneten wissenschaftlichen Journal vor, und bald kam es zurück: abgelehnt. Der Herausgeber mochte unsere Ideen nicht und verwies uns auf seine eigenen Veröffentlichungen, damit wir lernen sollten, was Turbulenz wirklich sei.

Für den Augenblick möchte ich "Über die Natur der Turbulenz" seinem ungewissen Schicksal überlassen und mich einem faszinierenderen Gegenstand zuwenden: den seltsamen Attraktoren.

10. Turbulenz: seltsame Attraktoren

Mathematik ist nicht nur eine Sammlung von Formeln und Lehrsätzen, sie enthält auch Ideen. Eine der wohl durchdringendsten Ideen der Mathematik ist die der *Geometrisierung*. Im Grunde handelt es sich dabei um Visualisierung dieser oder jener Klasse mathematischer Objekte als Punkte eines Raums.

Es gibt viele praktische Anwendungen der Geometrisierung in Form von grafischen Darstellungen und Diagrammen. Angenommen, Sie wären an dem Abkühlungseffekt des Windes interessiert, dann wäre es für Sie bequem, von einem Temperatur-Luftgeschwindigkeits-Diagramm wie Abbildung 10.1(a) Gebrauch zu machen.

Ein Vorteil dieser Darstellung ist, daß sie nicht an bestimmte Einheiten gebunden ist. Sind Sie ein Flieger, wird eine Darstellung wie in Abbildung 10.1(b) nützlich sein: Sie gibt sowohl die Richtung des Windes als auch seine Geschwindigkeit an. Es wäre möglich, die Richtung, die Windgeschwindigkeit und auch die Lufttemperatur im selben dreidimensionalen Diagramm zu haben; dieses Diagramm kann man sich leicht vorstellen, aber nur eine zweidimensionale Projektion davon kann auf einem Blatt Papier gezeichnet werden. Will man dann noch den Luftdruck und die relative Feuchtigkeit darstellen, dann benötigt man einen fünfdimensionalen Raum, und vielleicht glauben Sie, daß jetzt ein geometrisches Bild unmöglich oder nutzlos ist. Wurde nicht gesagt, daß die einzigen Menschen, die "in vier Dimensionen sehen", in Narrenhäusern eingesperrt sind? Also, die Wahrheit ist, daß viele Mathematiker und andere Wissenschaftler routinemäßig Dinge in vier, fünf ... oder gar unendlich vielen Dimensionen visualisieren können. Zum Teil besteht der Trick darin, daß man verschiedene zwei- oder dreidimensionale Projektionen visualisiert, zum Teil,

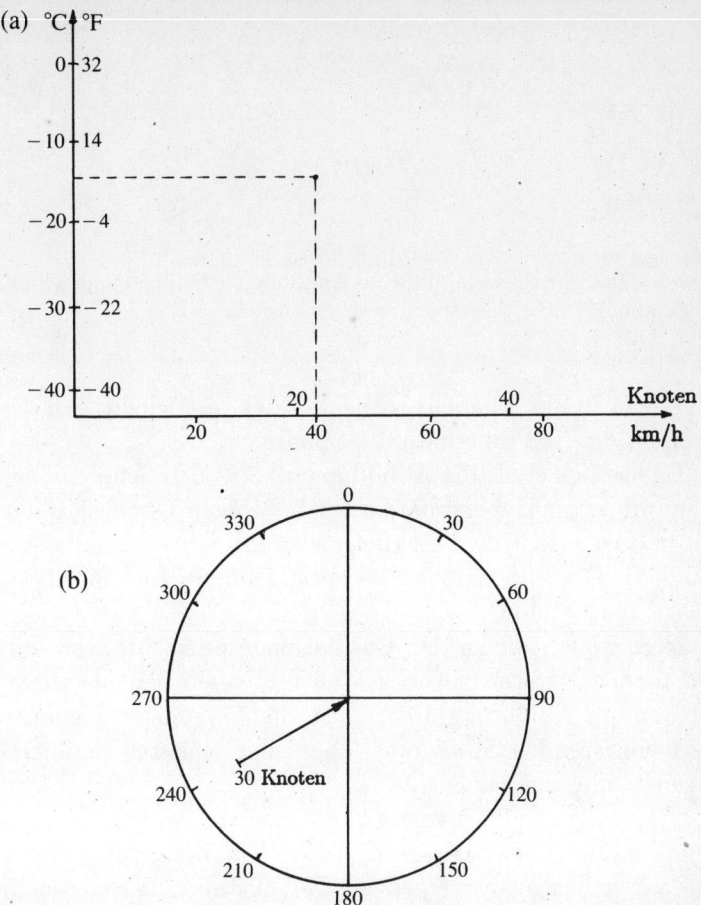

Abb. 10.1. Die Diagramme stellen (a) Luftgeschwindigkeit und Temperatur oder (b) Windgeschwindigkeit und Richtung dar.

daß man einige Theoreme im Kopf hat, die aussagen, wie die Dinge sich verhalten sollten. Beispielsweise lebt Abbildung 10.2(a) in zehn Dimensionen und zeigt eine Gerade, die in zwei Punkten eine neundimensionale Kugelfläche (diese 9-Sphäre oder *Hyper-sphäre* besteht aus Punkten, die einen bestimmten festen Abstand

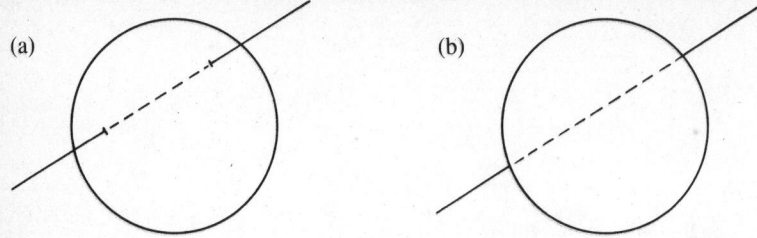

Abb. 10.2. (a) Eine Gerade, die eine Kugeloberfläche im zehndimensionalen Raum schneidet. (b) Dasselbe im zweidimensionalen Raum.

von einem Punkt 0 haben) schneidet; der gestrichelte Teil der Geraden ist der Teil innerhalb der Sphäre.

Tatsächlich stellt die Abbildung 10.2(a) den Schnitt einer Geraden mit einer Hypersphäre einer beliebigen Dimension dar, die größer oder gleich drei ist (beispielsweise einer unendlichdimensionalen). Die Situation ist für zwei Dimensionen in Abbildung 10.2(b) dargestellt.

Jetzt wollen wir zu den Oszillationen oder "Moden" des vorangehenden Kapitels zurückkehren und versuchen, sie zu geometrisieren. In Abbildung 10.3(a) ist die Lage eines Pendels oder eines vibrierenden Stabs oder aber eines anderen oszillierenden Gegenstandes aufgetragen.

Diese Lage oszilliert von links (L) nach rechts (R), dann zurück von R nach L, usw. Dieses Bild ist nicht besonders informativ, aber wir haben etwas vergessen: Der Zustand unseres oszillierenden Systems ist nicht wohlbestimmt durch seine Lage, wir müssen auch seine Geschwindigkeit wissen. In Abbildung 10.3(b) sehen wir die Bahn, die unseren Oszillator in der Lage-Geschwindigkeits-Ebene darstellt. Die Bahn ist eine Schleife (wenn Sie wollen, ein Kreis) und der Punkt, der den Zustand unseres Oszillators darstellt, umläuft die Schleife mit einer bestimmten Periodizität.

Kehren wir jetzt zurück zu einem Flüssigkeitssystem wie dem rinnenden Wasserhahn, den wir vorhin betrachtet haben. In unserer Diskussion konzentrieren wir uns auf das Langzeitverhalten des Systems, indem wir *Transiente*, die beispielsweise in dem Augenblick, wo wir den Hahn öffnen, auftreten, ignorieren. Um

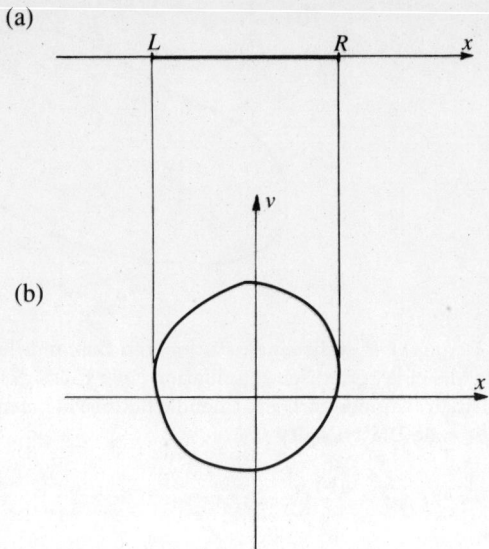

Abb. 10.3. (a) Die Lage x eines oszillierenden Punktes. (b) Die Lage x und die Geschwindigkeit v desselben Punktes.

unser System darzustellen, brauchen wir einen unendlichdimensionalen Raum, weil wir die Geschwindigkeit in allen Raumpunkten, die von der Flüssigkeit belegt sind, spezifizieren müssen, und von solchen Punkten gibt es unendlich viele. Aber das soll uns nicht stören. Abbildung 10.4(a) zeigt einen stationären Zustand der Flüssigkeit: der Punkt P, der das System darstellt, bewegt sich nicht. Abbildung 10.4(b) zeigt periodische Oszillationen der Flüssigkeit: die Bahn des repräsentativen Punkts P ist jetzt eine Schleife, um die P periodisch kreist.

Es ist üblich, das Bild 10.4(b) "auszurichten", so daß die Schleife ein Kreis wird und die Bewegung darauf eine mit gleichförmiger Geschwindigkeit. (Dies erreicht man durch einen, wie die Mathematiker das nennen, nichtlinearen Koordinatenwechsel: Das ist so als würde man auf dasselbe Bild durch eine verzerrende Brille blicken.) Unsere periodische Oszillation oder "Mode" wird jetzt durch Abbildung 10.5(a) beschrieben.

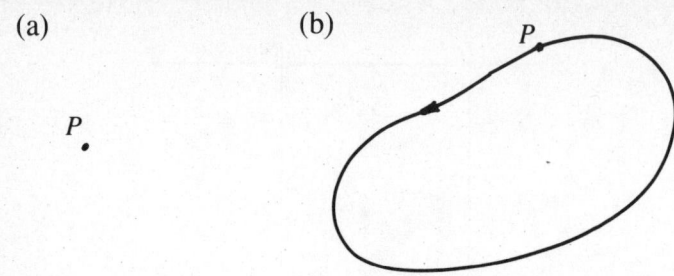

Abb. 10.4. (a) Der Fixpunkt P stellt einen stationären Zustand dar. (b) Eine periodische Schleife, die eine periodische Oszillation einer Flüssigkeit darstellt. Die abgebildeten Dinge befinden sich im Unendlichdimensionalen, projiziert auf das zweidimensionale Blatt Papier.

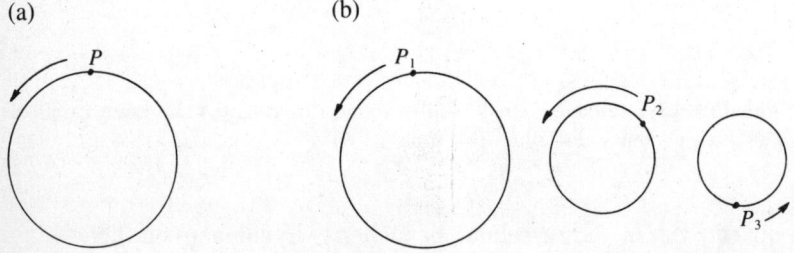

Abb. 10.5. (a) Eine periodische Oszillation (Mode), die von einem Punkt P, der sich mit konstanter Geschwindigkeit um einen Kreis bewegt, beschrieben wird. (b) Eine Überlagerung von mehreren Moden, die in mehreren verschiedenen Projektionen beschrieben wird.

Soweit also haben wir alle Ideen, die man benötigt, um eine Überlagerung von mehreren Moden zu visualisieren: Wie in Abbildung 10.5(b) gezeigt ist, erscheint der Punkt P, der das System darstellt, in verschiedenen unterschiedlichen Projektionen, als würde er um Kreise mit verschiedenen Winkelgeschwindigkeiten, die den verschiedenen Perioden entsprechen, laufen. (Die Projektionen müssen geeignet gewählt werden, und dafür macht man von nichtlinearen Koordinatenwechseln Gebrauch.) Der interessierte Leser kann nachprüfen, daß diese Zeitentwicklung *keine*

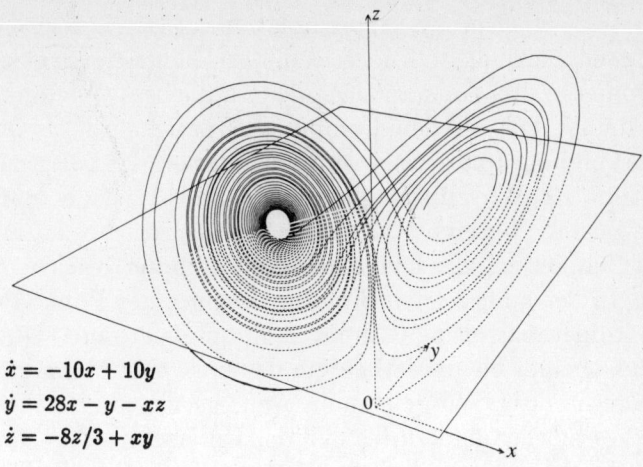

$$\dot{x} = -10x + 10y$$
$$\dot{y} = 28x - y - xz$$
$$\dot{z} = -8z/3 + xy$$

Abb. 10.6. Der Lorenz Attraktor. Ein Computerbild, das von Oscar Lanford programmiert wurde (s. Lecture Notes in Mathematics 615, p. 114, Springer, Berlin, 1977).

empfindliche Abhängigkeit von den Anfangsbedingungen hat [10.1].

Und nun schauen Sie sich Abbildung 10.6 an! Dies ist eine perspektivische Sicht einer Zeitentwicklung in drei Dimensionen. Die Bewegung verläuft auf einer komplizierten Menge, die ein seltsamer Attraktor genannt wird, genauer der *Lorenzattraktor* [10.2].

Eduard Lorenz ist ein Meteorologe, der am Massachusetts Institute of Technology arbeitete. Als Meteorologe war er am Phänomen der atmosphärischen Konvektion interessiert. Hier ist das Phänomen: Die Sonne wärmt den Boden, und infolgedessen werden die unteren Schichten der Atmosphäre warm und leichter als die oberen Schichten. Das bewirkt eine Aufwärtsbewegung der leichten warmen Luft und eine Abwärtsbewegung der dichten kalten. Diese Bewegungen machen die *Konvektion* aus. Luft ist eine Flüssigkeit, wie das vorhin besprochene Wasser, und sie sollte durch einen Punkt im unendlichdimensionalen Raum beschrieben werden. In ziemlich grober Approximation ersetzte Lorenz die korrekte Zeitentwicklung im Unendlichdimensionalen durch eine Zeitentwicklung in drei Dimensionen, die er auf einem Computer studieren konnte. Was aus dem Computer herauskam, ist das Objekt, das in Abbildung 10.6 gezeigt wird und jetzt als der Lorenzattraktor bekannt ist. Wir müssen uns vorstellen, daß sich der Punkt P, der den Zustand unserer Atmosphäre in Konvektion repräsentiert, mit der Zeit entlang der Kurve, die der Computer gezeichnet hat, bewegt. In der aufgezeigten Situation beginnt der Punkt P nahe am Koordinatenursprung 0, dreht dann um das rechte "Ohr" des Attraktors, dann mehrere Male um das linke Ohr, dann zweimal um das rechte usw. Würde man die Anfangslage von P nahe 0 nur ein kleines bißchen ändern (so daß der Unterschied für das bloße Auge nicht sichtbar wäre), dann würden sich die Einzelheiten von Abbildung 10.6 vollständig verändern. Der allgemeine Eindruck bliebe derselbe, aber die Anzahl der aufeinanderfolgenden Umrundungen um das rechte und linke Ohr wäre ziemlich verschieden. Das ist so, wie Lorenz erkannte, weil die Zeitentwicklung aus Abbildung 10.6 eine empfindliche Abhängigkeit von den Anfangsbedingungen hat. Die Anzahl der aufeinanderfolgenden Umrundungen um das rechte und linke Ohr ist also erratisch, offensichtlich zufällig, und schwer vorherzusagen.

Lorenz' Zeitentwicklung ist keine realistische Beschreibung der atmosphärischen Konvektion, aber trotzdem hat ihr Studium ein starkes Argument zugunsten der Unvorhersagbarkeit der Bewegungen der Atmosphäre ergeben. Als Meteorologe konnte Lorenz so eine gute Entschuldigung dafür geben, daß seine Berufskollegen nicht fähig sind, zuverlässige Langzeit-Wettervorhersagen zu machen: ihre empfindliche Abhängigkeit von den Anfangsbedingungen. Wie wir gesehen haben, hat Poincaré genau dieselbe Bemerkung viel früher gemacht (was Lorenz nicht wußte). Aber die Art, wie Lorenz die Sache angepackt hat, hat den großen Vorteil, daß sie sehr spezifisch ist und erweiterbar auf realistische Studien der Atmosphärenbewegung. Ehe ich Lorenz verlasse, lassen Sie mich anmerken, daß die Physiker, obwohl seine Arbeit Meteorologen bekannt war, nur sehr spät davon Kenntnis bekamen.

Lassen Sie mich nun auf das Papier "Über die Natur der Turbulenz", das ich mit Floris Takens verfaßte und das wir im vorigen Kapitel verlassen haben, zurückkommen. Schließlich wurde das Papier in einem wissenschaftlichen Journal veröffentlicht [10.3]. (In Wahrheit war ich einer der Herausgeber der Zeitschrift und habe selbst den Artikel zur Publikation angenommen. Im allgemeinen ist das kein empfehlenswertes Vorgehen, aber ich meinte, daß es in diesem speziellen Fall gerechtfertigt war.) "Über die Natur der Turbulenz" enthält einige eben der Ideen, die Poincaré und Lorenz früher entwickelt hatten (wovon wir nichts wußten). Aber wir waren nicht an Atmosphärenbewegungen und ihrer Bedeutung für die Wettervorhersage interessiert. Statt dessen hatten wir etwas über das allgemeine Problem der hydrodynamischen Turbulenz zu sagen. Wir unterstellten, daß die turbulente Strömung *nicht* durch eine Überlagerung von vielen Moden (wie Landau und Hopf vorgeschlagen hatten) beschrieben wird, sondern durch *seltsame Attraktoren.*

Was ist ein Attraktor? Er ist die Menge, auf der sich ein Punkt P, der das betrachtete deterministische dynamische System repräsentiert, nach langer Zeit (d.h. nachdem die sogenannten *Transienten* abgeklungen sind) bewegt. Damit diese Definition Sinn macht, ist es wichtig, daß die äußeren Kräfte, die auf das System wirken, zeitunabhängig sind (andernfalls könnten wir erreichen, daß der Punkt P sich auf jede Weise, ganz wie wir es wünschen, bewegt). Es ist auch wichtig, daß wir dissipative Systeme (d.h. Systeme, die Energie in Wärme umwandeln; z.B. viskose Flüssigkeiten dissipieren durch Eigenreibung mechanische Energie) betrachten. Die Dissipation ist der Grund dafür, daß Transienten abklingen. Aufgrund der Dissipation ist im unendlichdimensionalen Raum, der das System darstellt, nur eine kleine Menge (der Attraktor) wirklich interessant.

Der Fixpunkt und die periodische Schleife in Abbildung 10.4 sind Attraktoren, und an ihnen ist nichts seltsam. Der *quasiperiodische* Attraktor, der eine endliche Anzahl von Moden darstellt, ist auch nicht seltsam (mathematisch ist er ein *Torus*; vergleiche [10.1]). Aber der Lorenzattraktor ist seltsam, und das sind auch viele Attraktoren, die Smale eingeführt hat (und die schwieriger grafisch darzustellen sind). Die Seltsamkeit kommt von den folgenden Eigenheiten, die mathematisch nicht äquivalent sind, aber üblicherweise in der Praxis gemeinsam auftreten.

Erstens sehen seltsame Attraktoren seltsam aus: Sie sind keine glatten Kurven oder Flächen, sondern haben eine *nicht ganzzahlige Dimension* oder, wie Benoit Mandelbrot es formuliert, sie sind *fraktale* Objekte [10.4]. Des weiteren, und viel wichtiger, hat die Bewegung auf einem seltsamen Attraktor eine *empfindliche Abhängigkeit von den Anfangsbedingungen.* Schließlich offenbart eine Zeitfrequenzanalyse, wo doch seltsame Attraktoren nur endliche Dimension haben, ein *Kontinuum von Frequenzen.*

Der letzte Punkt verdient etwas mehr Erklärung. Ein Attraktor, der die Strömung einer viskosen Flüssigkeit repräsentiert, ist Teil eines unendlichdimensionalen Raums, hat aber selbst nur endliche Dimension und ist daher gut dargestellt durch die Projektion in einen endlichdimensionalen Raum. Nach dem Modenparadigma kann ein endlichdimensionaler Raum nur eine endliche Anzahl von Moden beschreiben. (Mathematisch ausgedrückt, kann ein endlichdimensionaler Raum nur einen endlichdimensionalen Torus enthalten.) Und trotzdem offenbart die Frequenzanalyse ein Kontinuum von Frequenzen, das man als ein Kontinuum von Moden interpretieren möchte. Ist so etwas möglich? Kann das etwas mit Turbulenz zu tun haben?

11. Chaos: ein neues Paradigma

Wissenschaftler schreiben wissenschaftliche Artikel, aber sie machen auch für ihre Ideen und Ergebnisse Reklame, indem sie wissenschaftliche Vorträge halten, häufig in sogenannten *Seminaren.* Ein Dutzend Kollegen oder mehr (oder weniger) versammeln sich und sitzen da für ungefähr eine Stunde, hören zu und schauen auf Gleichungen und Diagramme. Einige machen Notizen, oder tun wenigstens so, arbeiten aber in Wahrheit an ihren eigenen Problemen. Einige scheinen einzudösen, wachen aber plötzlich mit einer ganz schlauen Frage auf. Einige Seminarvorträge sind hoffnungslos unklar, weil der oder die Vortragende nach einer halben Stunde bemerkt, daß es da etwas Wichtiges gibt, was er am Anfang zu sagen vergessen hat, oder weil sie sich total in ihren Rechnungen verheddert, oder aber weil er sich in einem balkanischen oder asiatischen Englisch ausdrückt, das von niemandem verstanden wird. Trotzdem, Seminare sind ziemlich nahe am Herzschlag des wissenschaftlichen Lebens. Einige sind brillant und erhellend, einige hochgradig durchgearbeitet, aber fade, und andere, die schlecht aufgemacht und katastrophal zu sein scheinen, sind, wenn man versteht, worum es geht, in der Tat sehr interessant.

Nachdem Takens und ich mit dem Aufschreiben unseres Papiers über Turbulenz fertig waren, hielt ich darüber und über spätere Arbeiten eine Reihe von Vorträgen an amerikanischen Universitäten und Forschungsinstituten. (Während des akademischen Jahres 1970 bis 1971 habe ich das Institute for Advanced Study in Princeton besucht.) Die Aufnahme war unterschiedlich, aber insgesamt ziemlich kühl. Nach einem Seminar, zu dem er mich eingeladen hatte, amüsierte sich, wie ich mich erinnere, der Physiker C.N. Yang über meine "kontroversen Ideen über Turbulenz":

Das war zu jener Zeit eine gerechte Beschreibung der Sachlage und der geringen Anziehungskraft der von mir vertretenen Ideen. Was war der Grund für das Unbehagen der Physiker? Nun, wenn eine Flüssigkeit zunehmend angeregt wird, indem man die darauf wirkenden äußeren Kräfte steigert, dann erwartet man nach der akzeptierten Theorie ein allmähliches Anwachsen der Anzahl der unabhängigen Frequenzen, die in der Flüssigkeit vorliegen. Die Theorie der seltsamen Attraktoren sagt einen ganz anderen Effekt voraus: Ein Kontinuum von Frequenzen sollte ganz plötzlich erscheinen.

In der Physik kann man glücklicherweise eine Theorie der Überprüfung durch das Experiment aussetzen. Tatsächlich kann hier der Unterschied getestet werden, indem man eine Frequenzanalyse eines Signals, das von einer mäßig angeregten Flüssigkeit erzeugt wird, durchführt. Eine numerische Studie wurde von Paul Martin in Harvard gemacht. Dann wurde ein Experiment von Jerry Gollub und Harry Swinney am City College, New York, aufgebaut [11.1]. In beiden Fällen begünstigten die Resultate das Bild von Ruelle und Takens anstatt das von Landau und Hopf über das Einsetzen der Turbulenz.

Das war der Wendepunkt. Nicht, daß das jeder schon zu dieser Zeit erkannt hätte, aber nach dem Experiment von Gollub und Swinney wurden die kontroversen Ideen zunehmend interessante Ideen, schließlich wohlbekannte Ideen. Anfänglich begannen wenige, dann aber viele Physiker und Mathematiker über seltsame Attraktoren und die empfindliche Abhängigkeit von den Anfangsbedingungen zu arbeiten. Die Wichtigkeit der Ideen von Edward Lorenz ist anerkannt worden. Ein neues Paradigma entstand, und es erhielt einen Namen – *Chaos* – von Jim Yorke, einem Angewandten Mathematiker an der Universität von Maryland [11.2]. Was wir heute Chaos nennen, ist eine Zeitentwicklung mit empfindlicher Abhängigkeit von den Anfangsbedingungen. Die Bewegung auf einem seltsamen Attraktor ist danach chaotisch. Man spricht auch von *deterministischem Rauschen*, wenn die irregulären Oszillationen, die beobachtet werden, als zufällige erscheinen, aber der Mechanismus, der sie produziert, deterministisch

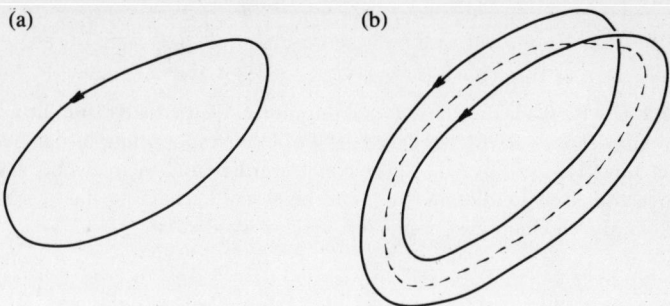

Abb. 11.1. Periodenverdopplung. (a) Projektion einer periodischen Bahn. (b) Diese Bahn wird durch eine andere ersetzt, die näherungsweise zweimal so lang ist.

ist. In chaotischen Phänomenen erzeugt also die deterministische Ordnung die Unordnung des Zufalls.

In der Chaostheorie ragt ein Resultat wegen seiner besonderen Schönheit und Bedeutung heraus. Es ist Feigenbaums Kaskade der Periodenverdopplung. Ohne in die technischen Einzelheiten zu gehen, möchte ich versuchen, eine Vorstellung von Mitchell Feigenbaums Entdeckung zu geben. Wenn man die Kräfte, die auf ein physikalisches dynamisches System wirken, ändert, dann sieht man oft eine Periodenverdopplung wie in Abbildung 11.1 dargestellt. Eine periodische Bahn wird durch eine andere in ihrer Nähe ersetzt, wo man aber zwei Umläufe machen muß, ehe man exakt an den Anfangspunkt zurückkommt. Die Zeit, die benötigt wird, um zurückzukommen, *Periode* genannt, hat sich deshalb annähernd verdoppelt. Periodenverdopplung wird in gewissen Konvektionsexperimenten beobachtet: Eine von unten erwärmte Flüssigkeit erfährt eine gewisse periodische Bewegung; eine Veränderung der Wärmezufuhr kann einen anderen Typus einer periodischen Bewegung mit einer zweimal so langen Periode bewirken. Periodenverdopplung wurde auch an einem periodisch tropfenden Wasserhahn beobachtet: Wenn der Hahn weiter geöffnet wird, dann verdoppelt sich die Periode (unter gewissen Bedingungen). Es gibt viele weitere Beispiele.

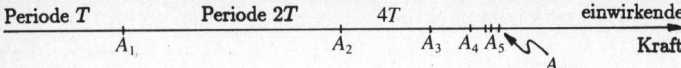

Abb. 11.2. Die Kaskade der Periodenverdopplung. Wenn die Kräfte, die auf das System einwirken, variiert werden, tritt Periodenverdopplung in den Werten auf, die mit A_1, A_2, A_3, ..., bezeichnet werden und sich in A_∞ häufen. Man beachte, daß in diesem Bild zur besseren Lesbarkeit das Verhältnis 4.66920... durch einen kleineren Wert ersetzt worden ist.

Interessanterweise kann die Periodenverdopplung wieder und wieder auftreten, was zu einer Periode führt, die 4mal so lang oder 8-,16-,32-,64- usw. mal so lang ist. Diese Kaskade der Periodenverdopplung wird in Abbildung 11.2 sichtbar gemacht. Die horizontale Achse mißt die Kräfte, die auf das physikalische System wirken, und die Stellen, wo die sukzessive Periodenverdopplung auftritt, sind A_1, A_2, A_3, ..., und sie häufen sich in einem Punkt, der mit A_∞ bezeichnet wird.

Schauen wir jetzt auf die Intervalle A_1A_2, A_2A_3, A_3A_4, A_4A_5 usw. Sie haben die Eigenschaft, daß die aufeinanderfolgenden Verhältniszahlen nahezu konstant sind:

$$\frac{A_1A_2}{A_2A_3} \approx \frac{A_3A_4}{A_4A_5} \approx \frac{A_4A_5}{A_5A_6} \ldots$$

Genauer gilt die folgende bemerkenswerte Formel:

$$\lim_{n\to\infty} \frac{A_nA_{n+1}}{A_{n+1}A_{n+2}} = 4.66920\ldots$$

Mitchell Feigenbaum, damals ein junger Physiker in Los Alamos, ging, nachdem er diese Formel numerisch entdeckt hatte (er spielte Tag und Nacht mit seinem Computer, rauchte und trank starken Kaffee), daran, sie zu beweisen. Dazu benutzte er Ideen des Physikers Kenneth Wilson (damals in Cornell) über die *Renormierungsgruppe*. Es fiel ihm auf, daß die sukzessiven Periodenverdopplungen im wesentlichen stets dasselbe Phänomen sind, wenn man sie geeignet reskaliert (d.h. bei geeignetem Wechsel der Einheiten, die man für die verschiedenen Parameter des Problems benutzt). Es ist keine leichte Sache, die notwendigen Reskalierungen auszuarbeiten, und Mitchell Feigenbaum gab keine vollständige mathematische Behandlung der Frage. Diese wurde später von Oscar Lanford (damals in Berkeley) nach Feigenbaums Ideen nachgeliefert. Es ist übrigens interessant, daß Lanford einen computergestützten Beweis gegeben hat. Das bedeutet, daß der Beweis einige extrem lange numerische Verifikationen benötigt, die mit der Hand kaum machbar wären, und die – in voller Strenge – vom Computer schnell verrichtet werden.

Von großem Interesse an der Kaskade der Periodenverdopplung ist, daß Sie sie, wenn Sie sie in einem Experiment sehen, kaum mit etwas anderem verwechseln können. Man weiß auch, daß jenseits der Kaskade (rechts von A_∞ in Abbildung 11.2) Chaos vorliegt. Die Beobachtung der Feigenbaum-Kaskade in der Hydrodynamik war daher ein besonders überzeugender Beweis, daß das Denkmuster der Moden dem Paradigma des Chaos weichen muß.

Ich vergaß, etwas zu sagen. Als Mitchell Feigenbaum seine Arbeit über die Kaskade der Periodenverdopplung zur Veröffentlichung einem wissenschaftlichen Journal vorlegte, wurde sie zurückgewiesen. Aber dann fand er einen aufgeklärteren Herausgeber, der sie für eine andere Zeitschrift annahm [11.3].

Wir wollen zu den seltsamen Attraktoren in der Turbulenz zurückkommen und bemerken, daß wir nichts Spezielles aus der Hydrodynamik in unserer Diskussion verwenden, nur die Tatsache, daß eine viskose Flüssigkeit ein dissipatives System ist. Wir können also erwarten, daß wir seltsame Attraktoren und Chaos (oder deterministisches Rauschen) in jeder Art von dissipativen dynamischen Systemen sehen können. Und tatsächlich gibt es jetzt zahllose Experimente, die das belegen.

Lassen Sie mich noch ein wenig auf meine eigene Rolle in der Chaosgeschichte zurückkommen. Ich wußte, daß einige chemische Reaktionen ein oszillatorisches zeitliches Verhalten haben und daß ein Artikel von Kendall Pye und Britton Chance solche Oszillationen in chemischen Systemen aus der Biologie beschrieben hat [11.4]. Deshalb fuhr ich Anfang 1971 nach Philadelphia, wo ich Professor Chance und eine Gruppe seiner Mitarbeiter traf, und ich erklärte ihnen, daß sie erwarten sollten, sowohl nichtperiodische "turbulente" Oszillationen als auch periodische zu sehen. Unglücklicherweise beurteilte der "mathematische Experte" der Gruppe dies negativ, und Chance verwarf die Idee. Als ich die Angelegenheit später mit Pye diskutierte, zeigte er mehr Verständnis, aber er erklärte, daß er das Experiment, sollte er eine Reaktion aufzeichnen und eine "turbulente" anstatt einer periodischen Aufzeichnung bekommen, als Fehlschlag bezeichnen, die Aufzeichnung zerreißen und in den Papierkorb werfen würde. Im Rückblick zeigt diese Geschichte, wie Chaos in der Wissenschaft eingeschlagen hat. Wenn man heute eine turbulente oder chaotische Aufzeichnung erhält, dann wird sie als das erkannt, was sie ist, und sorgfältig studiert.

Ich schrieb meine Ideen über chemische Reaktionen in einem kleinen Artikel auf, den ich einer wissenschaftlichen Zeitschrift zur Veröffentlichung einreichte. Er wurde abgelehnt, aber später von einem anderen Journal akzeptiert [10.5]. Chaotische chemische Reaktionen wurden später beobachtet und führten in der Tat zur ersten expliziten Rekonstruktion eines seltsamen Attraktors im Experiment durch eine Gruppe von Chemikern in Bordeaux [10.6].

Wenige Jahre nach den Anfängen, die ich so beschrieben habe, wie ich sie gesehen und miterlebt habe, wurde Chaos modisch, und internationale Konferenzen wurden über diesen Gegenstand organisiert. Dann wurde Chaos zur Würde der *nichtlinearen Wissenschaft* erhoben, und es wurden unter diesem neuen Namen verschiedene Institute für seine Untersuchung geschaffen. Neue Zeitschriften entstanden, zur Gänze der nichtlinearen Wissenschaft gewidmet. Die Erfolgsstory des Chaos erreichte die Dimension eines Medienereignisses, und jetzt sollten alle Wissenschaftler aus diesem Arbeitsgebiet vor Enthusiasmus auf- und abspringen. Einige tun es und einige tun es nicht. Lassen Sie mich erklären, warum.

Heutzutage spielen Modeerscheinungen in der Wissenschaft, in der Physik und in andereren Naturwissenschaften (die Mathematik ist relativ verschont davon) eine verheerende Rolle. Sie wirken sich im sozialen Umfeld und bei der Finanzierung der Forschung aus. Ein spezielles Thema (wie Chaos, Stringtheorie oder Hochtemperatur-Supraleiter) kommt für wenige Jahre in Mode und wird dann aufgegeben. In der Zwischenzeit ist das Fachgebiet von Schwärmen von Leuten, die mehr durch den Erfolg und die Geldmittel als durch die darin enthaltenen Ideen angezogen wurden, überrannt worden. Und dies verändert die intellektuelle Atmosphäre zu ihrem Nachteil.

Ich gebe nur ein kleines persönliches Beispiel für diese Veränderung. Nach der Veröffentlichung meiner Anmerkung über chemische Oszillationen, über die ich oben berichtet habe, erzählte mir ein Kollege: "Das ist ein ziemlich erfolgreicher Artikel, ich versuchte ihn in der Universitätsbibliothek einzusehen, und er war aus der Zeitschrift mit einer Rasierklinge herausgeschnitten worden." Ich habe mir nicht viel dabei gedacht, bis ich einen Brief von einer anderen Universitätsbibliothek erhielt, der einen anderen meiner Artikel ([11.7]), der durch das Wegschneiden der ersten Seite verstümmelt worden war, betraf. In diesem Fall handelte es sich also nicht darum, billig eine Kopie eines Artikels zu bekommen, sondern es ging darum, ihn für andere unbrauchbar zu machen.

Diese Sorte von Vandalismus bleibt eine Ausnahme. Sie ist allerdings charakteristisch für eine neue Sachlage. Das Hauptproblem ist nicht mehr, andere Wissenschaftler davon zu überzeugen, daß ihre kontroversen Ideen die physikalische Wirklichkeit repräsentieren, sondern daß sie vor den Konkurrenten mit allen verfügbaren Mitteln eine Vorsprung bekommen – auf Kosten der Forschung.

Im Falle des Chaos hat die mathematische Theorie der differenzierbaren dynamischen Systeme durch das Hinzukommen "chaotischer" Ideen gewonnen, und im ganzen hat sie nicht unter der negativen Entwicklung der Forschungsatmosphäre gelitten (die Schwierigkeit der Mathematik macht das Täuschen schwer). Dagegen hat die Chaosphysik, trotz häufiger triumphierender

Ankündigungen "neuer" Durchbrüche, einen zurückgehenden Aus-
stoß interessanter Entdeckungen. Wenn die Tollerei vorüber ist,
wird hoffentlich eine nüchterne Wertschätzung der Schwierigkeiten
dieses Gegenstandes zu einer neuen Welle hochwertiger Resultate
führen.

12. Chaos: Folgerungen

Im elften Kapitel habe ich erwähnt, daß viele neuere Untersuchungen über das Chaos von geringem Wert sind. Das hat unglücklicherweise den Gegenstand für viele Naturwissenschaftler, einschließlich der Mathematiker, die Entscheidendes zur frühen Forschung auf diesem Gebiet beigetragen haben, in Verruf gebracht. Wenn wir aber ungerechtfertigte Ansprüche sogenannter Entdeckungen beiseite lassen und wenn wir die Masse nutzloser Rechnungen ignorieren, finden wir, daß Chaos einige bemerkenswert interessante Konzepte und Einsichten gebracht hat. Ich werde nun einige Beispiele von Anwendungen von Chaos diskutieren und versuchen, ein Gefühl dafür zu vermitteln, wozu die neuen Ideen gut sind.

Erinnern Sie sich zunächst daran, daß die Mathematiker seit Hadamards Studien zum Ende des 19. Jahrhunderts (und dieses Wissen ist niemals vergessen worden) von der empfindlichen Abhängigkeit von den Anfangsbedingungen gewußt haben. Die Computerbilder von neuen, von niemandem erwarteten, seltsamen Attraktoren haben dagegen die Experten verblüfft und ihnen etwas zum Kauen gegeben. Diese Bilder, feine und oft sehr schöne Strukturen, regen unsere Vorstellung an und stellen die Mathematiker vor neue, harte Probleme, die die Fachleute in Atem halten. Ich wollte, ich könnte mich über diesen faszinierenden Gegenstand verbreiten, aber die Fragen, die darin stecken, sind wirklich zu technisch, um hier diskutiert zu werden. Gleichermaßen muß ich eine Diskussion einer Reihe interessanter technischer Problemkreise aus Physik und Chemie weglassen.

Kehren wir also zum Problem der Turbulenz in bewegten Flüssigkeiten zurück. Die Hydrodynamiker hätten gern eine Theorie der *vollentwickelten Turbulenz*. Sie träumen von einem sehr großen Kasten voller turbulenter Flüssigkeit. Sie träumen auch, daß man dasselbe sieht, egal ob man einen Kubikmeter oder einen Kubikzentimeter der Flüssigkeit betrachtet! Genauer, wenn man die Längenskala ändert, sollte man, bis auf einen Wechsel der Zeitskala, dasselbe sehen. Hier treffen wir wieder (wie beim Studium von Feigenbaums Kaskade) auf die Idee der *Skaleninvarianz*, die die moderne Physik durchdringt. Gehorcht wirkliche Turbulenz der Skaleninvarianz? Wir wissen es nicht. Es gibt eine gute approximative Turbulenztheorie, die Theorie von Kolmogorov, und sie ist skaleninvariant. Aber diese Theorie kann nicht ganz korrekt sein, weil sie annimmt, daß Turbulenz räumlich homogen ist. In Wirklichkeit zeigt eine turbulente Flüssigkeit immer Klumpen intensiver Turbulenz in einem relativ stillen Untergrund (und das ist in allen Skalen wahr!). Und die Hydrodynamiker suchen immer noch nach der korrekten Theorie, diese räumliche Inhomogenität zu beschreiben.

Seltsame Attraktoren und Chaos haben das Problem des Einsetzens der Turbulenz geklärt, aber nicht das der vollentwickelten Turbulenz. Wenn wir auch keine gültigen Turbulenztheorien haben, so wissen wir doch jetzt, daß jede Turbulenztheorie die empfindliche Abhängigkeit von den Anfangsbedingungen enthalten muß. Beispielsweise brauchen wir in der Kolmogorov-Theorie nicht mehr länger nach der *Periode der Moden* zu suchen, sondern nach der *charakteristischen Zeit* für das Auseinanderlaufen zweier zeitlicher Entwicklungen des Systems mit benachbarten Anfangsbedingungen. Begrifflich ist das ein wichtiger Fortschritt.

Folgt man den frühen Ideen von Edward Lorenz, dann hat die Meteorologie von dem Begriff der empfindlichen Abhängigkeit von den Anfangsbedingungen beträchtlich profitiert. In der Tat wird der Flügelschlag eines Schmetterlings nach Lorenz den Zustand der Atmosphäre nach einiger Zeit vollständig verändern (und das ist es, was man den "Schmetterlingseffekt" genannt hat).

Heutzutage, wo wir Satellitenbilder haben, die uns die Wolken zeigen, ist es relativ einfach (kennt man die Windrichtung) das Wetter einen Tag oder zwei im voraus vorherzusagen. Um darüber hinauszugehen, haben die Meteorologen Modelle der *allgemeinen Zirkulation der Atmosphäre* entwickelt. Die Idee ist dabei, die Erde mit einem Gitter zu belegen und jedem Gitterpunkt eine bestimmte Anzahl meteorologischer Parameter (barometrischer Druck, Temperatur usw.) zuzuordnen und dann die Zeitentwicklung dieser Daten auf einem Computer zu simulieren. Die Anfangsdaten (d.h. die Werte der meteorologischen Parameter zu einer Anfangszeit) werden mit Hilfe von Satelliten-, Luft- und Bodenbeobachtungen gesammelt. Dann benutzt der Computer diese Daten, die bekannte Lage von Gebirgsketten und eine Menge anderer Informationen, um die Werte der meteorologischen Parameter zu einer späteren Zeit zu erhalten, und dann werden diese Vorhersagen mit der Wirklichkeit verglichen ... Schlußendlich stellt man fest, daß es ungefähr eine Woche dauert, bis die Fehler unakzeptabel werden. Könnte es sein, daß dies seinen Grund in der empfindlichen Abhängigkeit von den Anfangsdaten hat? Nun gut, wenn wir alles noch einmal mit ein bißchen verschiedenen Anfangswerten versuchen, finden wir, daß die zwei berechneten Zeitentwicklungen ungefähr genauso schnell voneinander abweichen wie sie von der Zeitentwicklung, die in der Natur realisiert ist, abweichen. Um ehrlich zu sein, die Abweichung im Vergleich von Natur gegen Berechnetes, geht ein Stück schneller als die von Berechnetem gegen Berechnetes. Es gibt also genügend Raum für Verbesserungen (am Computerprogramm, an der Dichte des benutzten Gitters und an der Genauigkeit der Messungen der Anfangsdaten). Aber wir wissen schon, daß wir nicht in der Lage sein werden, für mehr als eine oder zwei Wochen im voraus das Wetter akurat vorherzusagen. Im Laufe ihrer Studien haben die Meteorologen einige Situationen (man nennt sie *Packlage*) gefunden, wo man das zukünftige Wetter besser als üblich vorhersagen kann. Die Kontrolle der Vorhersagbarkeit, die man so erreicht, ist sowohl konzeptuell wie praktisch keine schlechte Errungenschaft.

Vielleicht machen Sie sich jetzt Gedanken, daß irgendein kleines Teufelchen sich von der empfindlichen Abhängigkeit von den Anfangsbedingungen einen Vorteil verschafft und durch eine unmerkliche Manipulation Ihren sorgfältig geplanten Lebenslauf durcheinanderbringt. Ich werde jetzt abschätzen, wieviel Zeit das beanspruchen würde. Die Abschätzungen, die ich vorlegen werde, sind notwendigerweise etwas provisorisch und ungenau, aber Diskussionen mit Kollegen weisen darauf hin, daß sie vermutlich nicht sehr falsch sind.

Die Gravitation, die Sie zur Erde zieht, und die Erde zur Sonne, wirkt auch zwischen den Luftmolekülen, die wir atmen und jedem anderen Teilchen auf der Erde. Unser kleines Teufelchen, einer Anregung des britischen Physikers Michael Berry folgend, wird für einen Augenblick die anziehende Wirkung eines Elektrons, das irgendwo an den Grenzen des bekannten Universums sitzt, auf unsere Luftmoleküle außer Kraft setzen. Davon werden Sie natürlich nichts merken. Aber diese winzige Ablenkung der Luftmoleküle bedeutet einen Wechsel der Anfangsbedingung. Lassen Sie uns die Luftmoleküle als elastische Kugeln idealisieren und uns fragen, indem wir uns auf eine davon konzentrieren, nach wievielen Stößen (idealisiert als elastisches Billard) diese ein anderes Molekül verfehlt, das sie getroffen hätte, wäre die Gravitationswirkung des weit entfernten Elektrons in Aktion gewesen. Michael Berry (der damit eine frühere Berechnung des französischen Mathematikers Emile Borel aufgriff) hat ausgerechnet, daß man nur ca. 50 Stöße benötigen würde [12.1]! Also wären die Zusammenstöße der Luftmoleküle nach einem winzigen Bruchteil einer Sekunde sehr verschieden geworden, aber der Unterschied ist für Sie nicht sichtbar. Noch nicht.

Nehmen wir an, daß die Luft, die wir betrachten, in turbulenter Bewegung ist (alles was Sie brauchen, ist ein bißchen Wind), dann wird die empfindliche Abhängigkeit von den Anfangsbedingungen, die in der Turbulenz vorhanden ist, auf die mikroskopischen Fluktuationen von der Art, wie sie das kleine Teufelchen hergestellt hat (sogenannte thermische Fluktuationen) wirken und sie vergrößern. Das Nettoergebnis ist dann, daß nach ungefähr einer Minute das Aussetzen der Gravitationswirkung eines Elektrons am Rande unseres Universums einen makroskopischen Effekt hervorgebracht hat: Die Feinstruktur der Turbulenz (bei einer Skala in Millimetern) ist nicht mehr länger genau dieselbe. Allerdings merken Sie immer noch nichts. Noch nicht.

Aber eine Veränderung in der kleinskaligen Turbulenzstruktur wird Veränderung in der großskaligen Struktur nach sich ziehen. Dafür gibt es Mechanismen, und man kann die Zeit, die sie benötigen, mit Hilfe der Kolmogorov-Theorie abschätzen. (Wie gesagt, diese Theorie kann nicht ganz korrekt sein, aber sie wird wenigstens eine vernünftige Größenordnung liefern.) Nehmen Sie an, daß wir in einem turbulenten Teil der Atmosphäre sind (ein Sturm wäre ideal). Dann können wir erwarten, daß in wenigen Stunden oder in einem Tag die unmerkliche Manipulation des kleinen Teufelchens eine Veränderung der atmosphärischen Turbulenz auf einer Skala von Kilometern hervorgebracht hat. Diese ist jetzt sehr gut sichtbar. Die Gestalt der Wolken ist verschieden und die Windstöße folgen einem ganz anderen Muster. Aber Sie werden vielleicht sagen, daß dies nicht wirklich Ihren sorgfältig geplanten Lebenslauf ändert. Noch nicht.

Vom Standpunkt der allgemeinen atmosphärischen Zirkulation ist das, was das kleine Teufelchen erreicht hat, immer noch eine ziemlich unbedeutende Veränderung der Anfangsbedingung. Aber wir wissen, daß nach ein paar Wochen die Veränderung globale Proportionen angenommen haben wird [12.2].

Nehmen Sie dann noch an, daß Sie ein Wochenendpicknick mit Ihrem Herzliebsten oder mit Ihrer Chefin geplant haben. Gerade als Sie Ihr Tischtuch auf dem Gras ausgebreitet haben, beginnt ein wirklich bösartiger Hagel, arrangiert von dem kleinen Teufelchen mit Hilfe ihrer sorgfältigen Manipulation der Anfangsbedingungen (ja, ich habe vergessen zu sagen, das kleine Teufelchen ist ein Mädchen). Sind Sie jetzt überzeugt, daß der sorgfältig geplante Verlauf Ihres Lebens verändert werden kann? Tatsächlich wollte das kleine Teufelchen ein Flugzeug, in dem Sie fliegen wollten, zum Absturz bringen, aber ich habe es ihr aus Sorge um Ihre Mitreisenden ausgeredet.

Kehren wir zu den Anwendungen von Chaos auf die Naturwissenschaften zurück. Sie wissen, daß die Erde ein Magnetfeld hat, das auf Kompaßnadeln wirkt. Ab und zu verändert dieses magnetische Feld seine Polarisierung. Es gibt also Perioden, wo der magnetische Nordpol nahe am geografischen Südpol liegt und umgekehrt. Die Wechsel des Erdmagnetfelds passieren erratisch in

Intervallen von der Größenordnung von einer Million Jahren. (Wir wissen von diesen Umklappungen, weil sie in Form von Magnetisierung gewisser herausgeschleudeter Vulkanfelsen, die datiert werden können, aufgezeichnet sind.) Die Geophysiker sind sich darin einig, daß die Materiebewegung durch Konvektion innerhalb der Erde elektrische Ströme aufrechterhält und auf diese Weise das beobachtete Magnetfeld über einen *Dynamomechanismus*, ähnlich dem eines elektrischen Generators, hervorbringt. Aber die Vermutung ist, daß dieser seltsame Dynamo eine chaotische Zeitentwicklung durchläuft, was die Erklärung für die gelegentlichen Umklappungen der magnetischen Polarität sein dürfte. Leider haben wir keine gute Theorie, die diese chaotische Interpretation ganz schlüssig machen würde.

Eine ziemlich schöne und überzeugende Anwendung von Chaos verdanken wir dem Astronomen Jack Wisdom; sie betrifft *Lücken* im asteroiden Gürtel zwischen Mars und Jupiter. Der Gürtel besteht aus kleinen Himmelskörpern, die um die Sonne kreisen. Aber in gewissen Abständen von der Sonne gibt es keine Asteroiden, da sind Lücken, und diese Lücken haben die, die Himmelsmechanik studieren, seit langer Zeit verblüfft. Die meisten Theorien, die eine Lücke an der richtigen Stelle auf der Grundlage irgendeiner Art von *Resonanz* vorhersagen würden, würden andere Lücken auch dort, wo keine gesehen werden, vorhersagen. Glaubt man sorgfältigen Computerstudien, dann scheint folgendes die Erklärung zu sein. Asteroiden haben in resonanten Bereichen eine sich chaotisch verändernde Bahngestalt. Bei gewissen Resonanzen bringt diese Veränderung den Asteroiden in die Marsbahn, und dann kommt es zu einer Kollision, und der Asteroid wird verschwinden. Auf diese Weise werden einige resonante Bereiche leergefegt und durch Lücken ersetzt, aber andere nicht; und das kann nur auf der Basis detaillierter Computerberechnungen entschieden werden [12.3].

Jetzt wenden wir uns kurz der Biologie zu. Hier ist ein Bereich, wo wir alle möglichen Arten von Oszillationen sehen: chemische Oszillationen, wie in den obenerwähnten Experimenten von Pye

und Chance, zirkadische Rhythmen (der Wechsel von Tagesaktivität und Ruheperioden), Herzschläge, Wellen in Elektroenzephalogrammen usw. Das augenblickliche Interesse an dynamischen
Systemen hat viele Studien angeregt, aber die Präzision, die man
in biologischen Experimenten erreichen kann, ist sehr viel geringer
als die, die in der Physik oder der Chemie schon erreicht wurde,
und deshalb ist die Interpretation weniger sicher. Wenn nun Chaos
auftritt, wäre es dann nützlich oder nur ein pathologisches Symptom? Beide Vorstellungen wurden im Falle des Herzschlags vorgebracht. Es ist offenbar eine gute Idee, biologische Systeme als
dynamische Systeme zu untersuchen, und sie hat einige hervorragende Arbeiten angeregt. Viele Studien sind veröffentlicht worden, die aber zu nichts Brauchbarem geführt haben, und es sieht
so aus, daß wir einfach warten müssen, bis solide Ergebnisse über
biologisches Chaos zum Vorschein kommen.

Lassen Sie mich das Kapitel mit einigen allgemeinen Betrachtungen schließen, die die Schwierigkeiten erklären, will man Chaos
in der Biologie, der Ökologie, der Ökonomie und in den Sozialwissenschaften studieren. Quantitative Studien von Chaos in einem System verlangen ein quantitatives Verstehen der Dynamik
des Systems. Dieses Verstehen beruht oft auf einer guten Kenntnis der Grundgleichungen seiner zeitlichen Entwicklung, die mit
hoher Genauigkeit mit Computerunterstützung integriert werden
können. So ist die Lage in der Astronomie des Sonnensystems, der
Hydrodynamik und selbst in der Meteorologie. In einigen anderen
Fällen, wie beispielsweise den oszillierenden chemischen Reaktionen, kennen wir die Grundgleichungen für die Bewegungen nicht,
aber wir können das System als eine Funktion der Zeit aufzeichnen
und erhalten lange Zeitreihen mit hervorragender Präzision. Aus
diesen Zeitreihen kann man die Dynamik rekonstruieren, wenn
sie einfach genug ist (das ist für oszillierende chemische Reaktionen, nicht aber für die Meteorologie, der Fall). In der Biologie
und in den "weichen" Wissenschaften kennen wir gute grundlegende Bewegungsgleichungen nicht (und Modelle, die qualitativ mit den Daten übereinstimmen, sind nicht gut genug). Es ist
schwierig, lange Zeitreihen mit guter Genauigkeit zu bekommen,
und üblicherweise ist die Dynamik nicht einfach. Darüber hinaus

verändern sich in vielen Fällen (Ökologie, Ökonomie, Sozialwissenschaften) die grundlegenden Evolutionsgleichungen, was auch immer diese sind, langsam mit der Zeit (weil das System "lernt"). Die Auswirkung von Chaos auf solche Systeme bleibt also für den Augenblick mehr auf dem Niveau wissenschaftlicher Philosophie als auf dem einer quantitativen Wissenschaft [12.4]. Aber Fortschritt ist möglich. Denken Sie daran, daß Poincarés Überlegungen über die Vorhersagbarkeit in der Meteorologie nur wissenschaftliche Philosophie waren und daß dieser Bereich heute quantitative Wissenschaft geworden ist.

13. Ökonomie

Wie wir gesehen haben, ist die Vorhersage des zukünftigen Verhaltens eines chaotischen Systems – definitionsgemäß – stark eingeschränkt, obwohl das System deterministisch ist. Die Untersuchungen der letzten Jahre, vor allem die Computersimulationen, haben gezeigt, daß viele Naturerscheinungen zu chaotischen Zeitentwicklungen Anlaß geben. Chaos ist ein ziemlich durchschlagendes Merkmal von Naturphänomenen. Von daher wollen wir gerne seine Rolle, wenigstens qualitativ, für die Ökonomie, für die Soziologie und die Geschichte der Menschheit kennenlernen. Es finden sich in diesen Disziplinen Probleme, die für uns von größerer Bedeutung sind als die Lücken in den Asteroidengürteln und selbst Wettervorhersagen. Aber die Analyse dieser Probleme wird notwendigerweise etwas unscharf und qualitativ sein. Um diese Analyse vorzubereiten, verschaffen wir uns jetzt einen Überblick über einige prinzipielle Fragen.

Sie mögen sich, wenn wir zu allererst zu den Manipulationen des kleinen Teufelchens im vorigen Kapitel zurückkehren, Gedanken darüber machen, daß es ganz unmöglich ist, die Gravitationswirkung zwischen Teilchen auszusetzen, selbst nur für den Bruchteil einer Sekunde und selbst wenn sie sehr weit auseinanderliegen. Sie mögen sich auch Gedanken darüber machen, daß die Welt in der wir leben, vermutlich die einzige mögliche Welt ist und daß es ein Sakrileg und etwas Unvorstellbares ist, sie irgendwie zu verändern; das macht einfach überhaupt keinen Sinn. Diese Bedenken werden verschwinden, wenn Sie sich daran erinnern, daß das, was wir diskutieren, nur eine *Idealisierung* unserer Welt ist. In dieser idealisierten Beschreibung führt eine anfängliche absurd kleine Veränderung nach ein paar Wochen zu beträchtlichen Effekten. Selbst wenn Sie dabei bleiben, daß dies nichts Interessantes über die "reale Welt" aussagt, so sagt es sicherlich etwas Wichtiges über die intellektuelle Kontrolle aus, die wir darüber haben, wie sich das Universum entwickelt.

In welchen Systemen tritt Chaos auf? Nehmen wir an, Sie haben ein Modell einer idealisierten Zeitentwicklung für ein System Ihrer Wahl zusammengebraut. Wie wissen Sie, ob es eine empfindliche Abhängigkeit von den Anfangsbedingungen hat? Wenn Ihre idealisierte Beschreibung hinreichend explizit ist, um auf einem Computer zu laufen, dann sollten Sie sie unbedingt auf einem Computer laufen lassen und nachsehen, ob sie chaotisch ist. Außer diesem gibt es leider nur sehr vage Kriterien für das Vorliegen von Chaos. Um diese Kriterien zu beschreiben, gehen wir für einen Augenblick zu dem *Moden*bild, das wir schon lang und breit diskutiert haben, zurück. Haben wir mehrere Moden, die unabhängig oszillieren, dann ist die Bewegung, wie wir gesehen haben, nicht chaotisch. Jetzt nehmen wir an, daß wir eine *Kopplung* oder *Wechselwirkung* zwischen den verschiedenen Moden einführen. Das bedeutet, daß die Entwicklung jeder einzelnen Mode, oder Oszillators, in einem gewissen Augenblick nicht nur durch den Zustand dieses Oszillators in diesem Moment, sondern außerdem auch durch die Zustände der anderen Oszillatoren bestimmt wird. Wann haben wir dann Chaos? Nun ja, damit die Wechselwirkung Chaos hervorbringt, *benötigt man mindestens drei Oszillatoren.* Darüber hinaus gilt: *Je mehr Oszillatoren es gibt und je mehr Kopplung zwischen ihnen vorliegt, um so eher können Sie erwarten, Chaos zu sehen.*

Für die Art von dynamischen Systemen, die wir betrachten (Systeme mit kontinuierlicher Zeit), kommt es zu chaotischer Zeitentwicklung nur in einem Raum von wenigstens drei Dimensionen. Das ist ein Lehrsatz, der beispielsweise auf den chaotischen Lorenzattraktor, der ja in einem dreidimensionalen Raum vorliegt, zutrifft. Außerdem kann man das Auftreten von Chaos eher erwarten, wenn man Wechselwirkungen zwischen unabhängigen Systemen einführt, speziell wenn die Kopplung stark ist (sie sollte nicht zu stark sein). Das ist ganz sicherlich eine vage Feststellung, die aber in der Praxis recht nützlich ist.

Hier ist ein anderer Gesichtspunkt, den der Leser sorgfältig überdenken sollte. Selbst wenn ein System eine empfindliche Abhängigkeit von den Anfangsbedingungen zeigen mag, so bedeutet das nicht, daß alles darüber unvorhersagbar ist. In der Tat ist es ein schwieriges und wichtiges Problem herauszufinden, was vor einem Hintergrund von Chaos vorhersagbar ist (was bedauerlicherweise bedeutet, daß es ungelöst ist). Um mit diesem schwierigen und wichtigen Problem fertigzuwerden und mangels eines besseren Zugangs wollen wir den gesunden Menschenverstand benutzen. Im besonderen sollten Sie beachten, daß lebende Organismen eine bemerkenswerte Fähigkeit haben, sich an Veränderungen in der Umgebung mit Hilfe von Regulationsmechanismen anzupassen. Man kann demzufolge über sie bessere Vorhersagen machen, als das sie umgebende Chaos nahelegen würde. Ich kann beispielsweise vorhersagen, daß Ihre Körpertemperatur ungefähr 37 Grad ist, nicht viel weniger, nicht viel mehr, oder andernfalls würden Sie jetzt nicht dieses Buch lesen.

Eine letzte allgemeine Bemerkung: Die Standardtheorie vom Chaos behandelt Zeitentwicklungen, die wieder und wieder nahezu dorthin zurückkommen, wo sie früher waren. Systeme, die diese "ewige Wiederkehr" zeigen, sind im allgemeinen nur mäßig komplex. Evolutionsgeschichte von sehr komplexen Systemen dagegen ist typisch einseitig gerichtet: Geschichte wiederholt sich nicht. Für diese sehr komplexen Systeme mit einseitig ablaufender Evolution ist es normalerweise klar, daß eine empfindliche Abhängigkeit von den Anfangsbedingungen vorliegt. Die Frage ist dann, ob sie durch Regulationsmechanismen eingeschränkt ist oder ob sie zu nach langer Zeit wichtig werdenden Konsequenzen führt.

Mutig (oder vielleicht frech) wollen wir uns jetzt der Ökonomie zuwenden und fragen, ob wir interessante Zeitentwicklungen isolieren können; solche, die mäßig komplex und vielleicht recht chaotisch sind. Es wird lehrreich sein, gemäß den Vorstellungen von dynamischen Systemen ein Szenario für die Entwicklung der Ökonomie zu prüfen und dann das, was wir gefunden haben, kritisch zu diskutieren. In unserem Szenario versuchen wir, die Ökonomie einer Gesellschaft in den verschiedenen Stadien der technologischen Entwicklung in Parallelität zu einem dissipativen physikalischen System, das verschiedenen Niveaus äußerer Kräfte unterworfen ist, zu setzen. Beispielsweise könnte das dissipative System eine Schicht einer viskosen Flüssigkeit sein, die von unten erhitzt wird, und das Niveau der äußeren Kraft wäre der Grad der Aufheizung. Natürlich erwarten wir nur eine qualitative Ähnlichkeit zwischen dem ökonomischen und dem physikalischen System.

Auf einem niedrigen Niveau technologischer Entwicklung sollte die Ökonomie im stationären Zustand, der dem stationären Zustand einer schwach von unten aufgeheizten Flüssigkeitsschicht entspricht, verharren. (Ein stationärer Zustand ist zeitunabhängig, d.h. vom Standpunkt der Dynamik ist er ein ziemlich langweiliger Zustand.) Auf höherem Niveau der technologischen Entwicklung (oder des Aufheizens) erwarten wir, daß periodische Oszillationen auftreten könnten. In der Tat wurden *ökonomische Zyklen*, auch *Wirtschaftszyklen* genannt, beobachtet, und sie sind, grob gesehen, periodisch. Auf noch höherem technologischem Niveau könnten wir eine Überlagerung von zwei oder mehr verschiedenen Periodizitäten haben, und tatsächlich haben Wirtschaftsanalytiker solche Dinge gesehen. Schließlich könnten wir bei hinreichend hohem Niveau der technologischen Entwicklung eine turbulente Ökonomie mit irregulären Schwankungen und einer empfindlichen Abhängigkeit von den Anfangsbedingungen haben. Man könnte argumentieren, daß wir gegenwärtig in einer solchen Ökonomie leben.

Das ist doch ganz schön überzeugend, oder? Qualitativ ja. Aber wenn wir eine quantitative Analyse versuchen, merken wir sofort, daß Zyklen und andere Fluktuationen der Ökonomie vor einem allgemeinen Hintergrund des *Wachstums* stattfinden. Es gibt eine einseitig ausgerichtete historische Entwicklung, die wir nicht ignorieren können. Wirtschaftszyklen haben ihre historischen Eigenheiten; jeder einzelne ist anders, sie sind nicht einfach monotone Wiederholungen desselben dynamischen Phänomens. Wenn man versucht, eine dynamische Interpretation der ökonomischen Phänomene zu geben, fallen einem die Ideen von John M. Keynes und seinen Nachfolgern ein. Inzwischen würden aber die meisten

Ökonomen darin übereinstimmen, daß diese ansonsten interessanten Ideen keinen großen Wert für Vorhersagen haben. Mit anderen Worten, man kann die Ökonomie (speziell die Makroökonomie) nicht überzeugend als ein mäßig komplexes dynamisches System analysieren, obwohl sie einige Züge eines solchen Systems zeigt. Trotzdem glaube ich, daß unser Szenario nicht völlig falsch ist, und daß es mehr als nur metaphorischen Wert hat. Der Witz ist, daß wir nicht subtile Eigenschaften dynamischer Systeme benutzen, sondern eher robuste Grundtatsachen. Eine Grundtatsache ist, daß ein komplexes System, d.h. ein System bestehend aus mehreren stark wechselwirkenden Teilsystemen, weit eher eine komplizierte Zeitentwicklung durchmacht als ein einfaches System. Dies sollte unter anderem auf ökonomische Systeme Anwendung finden, und technologische Entwicklung ist eine Möglichkeit, Komplexität auszudrücken. Eine andere Grundtatsache ist, daß der einfachste Typus einer Zeitentwicklung der stationäre Zustand ist: es gibt keine Zeitentwicklung, das System bleibt immer selbstähnlich. Wenn wir "ewige Wiederkehr" annehmen, besteht der nächsteinfache Typus einer zeitlichen Entwicklung aus periodischen Oszillationen. Dann kommt die Überlagerung von zwei oder mehr Oszillationen (oder Moden), dann Chaos. Hat man einmal den Hintergrund eines allgemeinen Wachstums beseitigt, dann kann man hoffen, daß diese Bemerkungen auf ein ökonomisches System anwendbar sind. So mag unser Szenario, selbst wenn es wenig quantitativen Wert hat, qualitativ vernünftig sein. Wir wollen eine seiner Konsequenzen überprüfen.

Ein fester Bestandteil der ökonomischen Schulweisheit ist, daß es jedem besser gehen wird, wenn ökonomische Barrieren unterdrückt werden und man einen freien Markt etabliert. Man nehme an, daß die Länder A und B beide für ihren eigenen Gebrauch Zahnbürsten und Zahnpasta produzieren. Angenommen auch, daß das Klima von Land A es erlaubt, Zahnbürsten zu pflanzen und gewinnträchtiger als die von Land B zu ernten, daß aber dagegen Land B reichlich ausgezeichnete Zahnpasta abbaut. Wenn dann ein freier Markt eingerichtet ist, wird Land A billige Zahnbürsten produzieren und Land B billige Zahnpasta, die sich beide gegenseitig zu jedermanns Vorteil verkaufen werden. Die

Ökonomen zeigen allgemeiner (unter gewissen Annahmen), daß eine Ökonomie des freien Markts den Produzenten verschiedener Güter ein Gleichgewicht, das irgendwie ihr Wohlergehen optimieren wird, verschaffen wird. Aber, wie wir gesehen haben, ist es sehr gut möglich, daß das komplizierte System, das man durch das Zusammenkoppeln verschiedener lokaler Ökonomien erhält, eher eine komplizierte, chaotische Zeitentwicklung hat, als daß es sich in einem annehmbaren Gleichgewicht einpendelt. (Technisch gesprochen erlauben die Ökonomen einem Gleichgewicht, daß es ein zeitabhängiger Zustand ist, aber nicht, daß es eine unvorhersagbare Zukunft hat.) Kommen wir auf die Länder A und B zurück, sehen wir, daß die Verbindung ihrer Ökonomien untereinander und mit denen der Länder C, D usw. unkontrollierte ökonomische Oszillationen hervorbringen kann, die die Zahnbürsten- und Zahnpastaindustrie schädigen – und also für zahllose Löcher in den Zähnen verantwortlich sind. Neben vielem anderen trägt Chaos deshalb auch zum Kopfweh der Ökonomen bei.

Lassen Sie mich die Dinge etwas brutaler ausdrücken. Die Lehrbücher der Ökonomen beschäftigen sich weithin mit Gleichgewichtssituationen zwischen ökonomischen Wirkmechanismen, die zu perfekter Voraussage der Zukunft in der Lage sind. Die Lehrbücher könnten Ihnen den Eindruck geben, daß es die Rolle der Legislatoren und Regierungsbeamten ist, das Gleichgewicht, das besonders günstig für die Gesellschaft ist, zu finden und zu implementieren. Die Beispiele für Chaos in der Physik lehren uns dagegen, daß gewisse dynamische Situationen nicht Gleichgewicht, sondern eher eine chaotische, unvorhersagbare zeitliche Entwicklung hervorbringen. Gesetzgeber und Beamte stehen daher vor der Möglichkeit, daß ihre Entscheidungen, deren Absicht es war, ein besseres Gleichgewicht herzustellen, faktisch zu wilden und unvorhersagbaren Fluktuationen mit möglicherweise ziemlich verheerenden Wirkungen führen werden. Die Komplexität der heutigen Wirtschaft begünstigt solch chaotisches Verhalten, und unser theoretisches Verständnis auf diesem Gebiet bleibt sehr begrenzt.

Es gibt wenig Zweifel, daß uns die Ökonomie und die Finanz Beispiele für Chaos und unvorhersagbares Verhalten (in einem technischen Sinn) geben. Aber es ist schwer, mehr zu sagen, weil wir es hier nicht mit der Art von sorgfältig kontrollierten Systemen, mit denen die Physiker gerne experimentieren, zu tun haben. Ereignisse von außen, die die Ökonomen *Schocks* nennen, können nicht vernachlässigt werden. Es sind ernste Anstrengungen gemacht worden, Finanzdaten (solche sind mit besserer Genauigkeit bekannt als ökonomische Daten) zu analysieren in der Hoffnung, ein mäßig kompliziertes dynamisches System zu isolieren. Solche Anstrengungen sind, meiner Meinung nach, fehlgeschlagen. Wir verbleiben daher in der quälenden Situation, daß wir zeitliche Entwicklungen sehen, die in gewissem Sinne denen eines chaotischen physikalischen Systems ähneln, aber andererseits hinreichend verschieden sind, so daß wir sie nicht analysieren können [13.1].

14. Geschichtliche Entwicklungen

Die Vorstellungen von Chaos lassen sich am natürlichsten auf Zeitentwicklungen mit "ewiger Wiederkehr" anwenden. Dies sind Zeitentwicklungen von Systemen, die wieder und wieder in die Nähe derselben Situation zurückkommen. Mit anderen Worten, wenn das System zu einer bestimmten Zeit in einem bestimmten Zustand ist, wird es zu einer späteren Zeit wieder beliebig nahe an diesen bestimmten Zustand herankommen.

Ewige Wiederkehr ist etwas, was Sie in mäßig komplizierten Systemen sehen werden, nicht aber in sehr komplizierten Systemen. Warum? Lassen Sie mich ein Experiment vorschlagen, um diesen Punkt zu beweisen. Nehmen Sie einen Floh und setzen Sie ihn auf ein bestimmtes Quadrat eines Damespiels, das von einem Zaun, der den Floh an der Flucht hindert, umgeben ist . Ihr Floh wird heftig herumspringen, und nach einer Weile wird er wieder das Quadrat, von dem er startete, aufsuchen. Dies war der Fall eines mäßig komplizierten Systems. Jetzt nehmen Sie hundert Flöhe und versehen sie mit einem Namens- oder Nummernschild. Setzen Sie einen Floh auf jedes Quadrat des Damespiels und passen Sie auf. Wie lange dauert es, bis alle Flöhe gleichzeitig zu den Quadraten, von denen sie gestartet sind, zurückkommen? Die Intuition (und die Rechnungen) deuten an, daß es so ungeheuer lange dauern wird, daß Sie es niemals erleben werden. Noch werden Sie jemals erleben, daß alle Flöhe gleichzeitig in die Lage, die sie zu einer früheren Zeit eingenommen haben, zurückkommen. Während jeder vernünftigen Beobachtungsperiode werden Sie dieselbe Flohkonfiguration nicht zweimal sehen.

Wenn Sie keine hundert Flöhe zur Verfügung haben, könnten Sie eine Computersimulation des Experiments machen unter vernünftigen Annahmen darüber, wie Flöhe herumspringen. Dann könnten Sie einen Fachartikel über das, was Sie gefunden haben, schreiben etwa mit dem Titel "Eine neue Theorie der Irreversibilität". Wenn Sie ihn zur Publikation bei einem Physikjournal einreichen, sollten Sie nicht schüchtern sein. Beginnen Sie mutig mit "Wir haben einen neuen Mechanismus für Irreversibilität entdeckt usw." oder irgendetwas von dieser Art und reichen Sie ihn zur Veröffentlichung bei *Physical Review* ein. Selbstverständlich wird er abgelehnt werden, und man wird Ihnen Kopien der Berichte von drei Referenten zuschicken, die sagen, daß es dummes Zeug ist und erklären warum. Lassen Sie sich nicht aus der Fassung bringen, schreiben Sie Ihr Papier um, unter Berücksichtigung der Bemerkungen der Referenten, und reichen Sie es wieder ein mit einem mäßig gekränkt klingenden Brief an die Herausgeber, indem Sie auf die Widersprüche zwischen den Berichten der verschiedenen Referenten hinweisen. Nachdem Ihr Artikel noch einige Male mehr hin- und hergeschickt worden ist, dabei einige Referenten in den Wahnsinn getrieben hat, wird er in *Physical Review* publiziert, und wenn Sie nicht schon ein Physiker waren, werden Sie damit einer geworden sein.

Kommen wir auf die ewige Wiederkehr zurück. Warum ist plötzlich das Wort "Irreversibilität" hochgekommen? Nun, wenn Sie die Vorstellung von ewiger Wiederkehr mögen, dann ist das gewöhnliche Leben voller Enttäuschung: Autos werden verbeult nicht entbeult, Leute werden älter nicht jünger, und im allgemeinen ist die Welt heute verschieden von dem, was sie einst war. Kurz gesagt, die Welt verhält sich irreversibel. Ein Teil der Erklärung ist einfach: Wenn ein System hinreichend kompliziert ist, so ist die Zeit, die es braucht, um zu einem bereits durchlaufenen Zustand zurückzukommen, riesig (denken Sie an die hundert Flöhe auf dem Damespiel). Deshalb ist, wenn Sie Ihr System über einen bescheidenen Zeitraum betrachten, ewige Wiederkehr irrelevant, und Sie hätten besser eine andere Idealisierung wählen sollen.

Nehmen Sie für den Augenblick an, daß Sie zu Ihren hundert Flöhen zurückgehen und sie anfangs alle auf dasselbe Quadrat des Damespiels setzen. Sie würden begeistert herumspringen und bald das ganze Spielbrett besetzen. So könnten Sie die Theorie vorbringen, daß Flöhe die Tendenz haben, den Raum, der Ihnen zur Verfügung steht, gleichförmig zu besetzen. Das ist eine ziemlich gute Theorie, trotz der ewigen Wiederkehr und trotz der Tatsache, daß die Flöhe tatsächlich nicht daran interessiert sind, das Spielbrett gleichförmig zu besetzen. Alles, was sie wollen, ist herumzuspringen.

Wenn wir jetzt auf die komplizierte Welt um uns blicken, auf die Evolution von Leben, auf die Geschichte der Menschheit, sollten wir nicht erwarten, ewige Wiederkehr zu sehen. Ewige Wiederkehr wird man vielleicht für Teilaspekte der Welt, für kleine Teilsysteme, aber nicht für das globale Bild finden. Das globale Bild folgt einer einseitig gerichteten historischen Entwicklung, für die wir zur Zeit keine nützliche mathematische Idealisierung haben. (Es gibt jedoch einige interessante Ideen, die später diskutiert werden.) Lassen Sie uns jetzt zu dem Hauptgegenstand dieses Buches, dem Zufall, zurückkehren. Wir wollen versuchen abzuschätzen, wie sehr die historische Entwicklung der Welt durch winzigste Veränderungen der Anfangsbedingung, wie diejenigen, die das kleine Teufelchen aus dem 12. Kapitel verschuldet hatte, verändert werden mag. Es gibt da einige Punkte, die sorgfältig diskutiert werden sollten und die wir der Reihe nach betrachten wollen.

Wie wir gesehen haben, hat unser kleines Teufelchen keine Schwierigkeiten, das Wetter zu ändern und Pollen und Samen hierhin oder dahin zu blasen. Das Schicksal der einzelnen Pflanzen ist somit sehr stark vom Zufall bestimmt. Wie verhält es sich mit Tieren? Nun gut, ist (wie Sie hoffentlich wissen) an der Art und Weise, wie Tiere ins Leben kommen, eine phantastische Anzahl von kleinen Spermatozoen beteiligt, aber nur eines davon vereinigt sich schließlich nach einer Art Wettrennen mit der weiblichen Eizelle. Ich überlasse es Ihnen, die Einzelheiten des Problems zu durchdenken, aber ich glaube, daß Sie zu einer schmerzlichen Schlußfolgerung kommen werden. Nämlich, daß Sie es nur den Manipulationen der kleinen Teufelin verdanken, daß Sie ins Leben gekommen sind, und nicht irgendein kleiner Bruder oder eine Schwester von Ihnen mit einem etwas unterschiedlichen Genvorrat.

Aber selbst wenn die Individuen verschieden sind, könnte das globale Bild ziemlich das gleiche sein. Wir könnten in der Lage sein, akkurat vorherzusagen, daß ein bestimmter Boden in einem bestimmten Klima einen Eichenwald tragen wird, obwohl wir nicht die Standorte der Bäume vorhersagen können. Kurz, es gibt viele Mechanismen biologischer Regulation, evolutionärer Konvergenz und historischer Notwendigkeit, und diese versuchen, die Exzentrizitäten, die unser kleines Teufelchen organisiert hat, auszulöschen. Wie erfolgreich sind diese Mechanismen? Führen sie zum historischen Determinismus, d.h. zu einem Determinismus auf der Ebene der Geschichte größerer Gruppen von Individuen?

Vielleicht ist es besser, von einem partiellen historischen Determinismus zu sprechen, weil die Wirkungen von manchen "Zufallsereignissen", wie sie von unserem kleinen Teufelchen organisiert werden, nicht durch die nachfolgende Entwicklung ausgelöscht, sondern anscheinend eher für immer fixiert werden. Nehmen wir ein Beispiel. Alle bekannten lebenden Organismen sind miteinander verwandt und benutzen im wesentlichen denselben *genetischen Code*. Um genauer zu sein, die genetische Information ist als eine Folge von Symbolen (oder *Basen*), die Elemente eines Vierbuchstabenalphabets sind, geschrieben, und jede Gruppe von drei aufeinanderfolgenden Basen steht (im Prinzip) für einen bestimmten Proteinbaustein, d.h. eine Aminosäure. Die Kodierung von Basistripeln zu den zwanzig verschiedenen Aminosäuren ist zufällig. Wenn sich Leben unabhängig auf einem anderen Planeten entwickelte, würde niemand erwarten, daß es vom selben genetischen Code Gebrauch macht. Die Struktur lebender Organismen hat sich im Laufe der Evolution durch den Prozeß von Mutation und Selektion ein gutes Stück verändert, aber der genetische Code ist so grundlegend, daß er im wesentlichen derselbe geblieben ist, vom Bakterium bis zum Menschen. Ohne Zweifel gab es während der ersten zögernden Schritte des Lebens eine Entwicklung des genetischen Codes. Als sich irgendwann ein effizientes System entwickelt hatte, eliminierte es die anderen und überlebte allein.

Das war ein Beispiel, wie ein beliebiges charakteristisches Merkmal für immer durch die historische Evolution ausgewählt werden konnte, danach aber unveränderlich blieb. Es gibt andere Beispiele. Im besonderen zeigt die technische Evolution viele Einzelfälle, wo ziemlich zufällig eine Auswahl getroffen wurde und diese dann eine im wesentlichen irreversible Langzeitwirkung hat. Brian Arthur [14.1] hat eine ganze Reihe solcher Situationen diskutiert. Beispielsweise stellt er fest, daß die frühen Automobile entweder durch Verbrennungsmotoren oder Dampfmotoren angetrieben wurden; beide waren in vergleichbarer Weise erfolgreich. Wegen eines zufälligen Mangels der Wasserversorgung für Dampfmaschinenautos begannen diese zurückzufallen, so daß der Verbrennungsmotor von immer mehr technischen Verbesserungen profitierte und die Dampfmaschine verdrängte. Es ist ein wenig schwierig, eine solche Theorie zu begründen, aber Brian Arthurs Ansatz ist zweifelsohne korrekt: Wenn von zwei wettstreitenden Technologien eine einen Vorsprung gewinnt, wird sie aus mehr Forschung und Entwicklung ihren Vorteil ziehen und wahrscheinlich bald die andere beseitigen. (Das hört sich wie eine empfindliche Abhängigkeit von den Anfangsbedingungen an, obwohl es mathematisch etwas anderes ist.) Allgemeiner betrachtet, ist es klar, daß ziemlich zufällige Entscheidungen, wie etwa auf der rechten anstatt der linken Seite der Straße zu fahren, nicht leicht rückgängig gemacht werden können.

Der historische Determinismus muß also (zumindest) durch die Bemerkung korrigiert werden, daß einige historisch unvorhersagbare Ereignisse oder Entscheidungen wichtige Langzeitfolgen haben. Ich glaube, man kann in der Tat mehr sagen. Ich glaube, daß *die Geschichte systematisch unvorhersagbare Ereignisse mit wichtigen Langzeitfolgen hervorbringt.* In der Tat, vergessen Sie nicht, daß oft einzelne politische Führer Augenblicksentscheidungen treffen. In vielen Fällen handeln diese politischen Gestalten recht vorhersagbar unter dem Druck des Augenblicks. Aber wenn sie intelligent sind und rational handeln, dann wird die Spieltheorie (wie wir in Kapitel 6 gesehen haben) sie oft zwingen, ein zufälliges Element in ihre Entscheidung einzubauen. Natürlich ist nicht jede Art von erratischem Verhalten rational, aber das rationale Verhalten ist oft erratisch in einer ganz bestimmten Art und Weise. Die Entscheidungen, die die Geschichte formen, beinhalten deshalb, wenn sie rational getroffen werden, ein zufälliges, unvorhersagbares Element.

Das soll nicht heißen, daß der Kanzler dem Bundestag erklären könnte, er hätte wichtige Entscheidungen durch Münzwerfen getroffen. Vielleicht war es gerade das, was er getan hat, und vielleicht war es sogar das Vernünftigste, was er tun konnte, aber er wird sich für die Journalisten etwas anderes ausdenken müssen und irgendwie erklären, daß es zu seiner Entscheidung keine vernünftige Alternative gegeben hat. In den alten Zeiten waren die politischen und militärischen Führer weniger gehemmt und führten ein Element der Nichtvorhersagbarkeit in ihre Entscheidungen ein, indem sie Orakel befragten. Zugegebenermaßen ist blinder Glaube an Orakel dumm und kann leicht katastrophale Folgen haben. Aber eine schlaue Ausnutzung der Nichtvorhersagbarkeit im Orakel durch einen intelligenten Führer mag ein ganz guter Weg gewesen sein, optimale probabilistische Strategien auszuführen.

15. Quanten: der begriffliche Rahmen

Wir haben gerade mehrere Kapitel darauf verwendet, die empfindliche Abhängigkeit von den Anfangsbedingungen und Chaos zu diskutieren. Für unsere Diskussion haben wir eine bestimmte Idealisierung der physikalischen Wirklichkeit benutzt, die klassische Mechanik genannt wird und weitestgehend auf Newton zurückgeht. Ich habe des öfteren angedeutet, daß es eine bessere Idealisierung, nämlich die Quantenmechanik, gibt; deren Ursprünge gehen auf Max Planck, Albert Einstein, Niels Bohr, Louis de Broglie, Max Born, Werner Heisenberg, Erwin Schrödinger und andere zurück. Für gewisse Aspekte der Realität (die sich hauptsächlich mit kleinen Systemen wie Atomen beschäftigen) ist die klassische Mechanik nicht geeignet und muß durch Quantenmechanik ersetzt werden. Aber für das tägliche Leben ist Newtons Mechanik gut genug, und deshalb brauchen wir auf diesem Niveau unsere Diskussion von Chaos nicht zu revidieren.

Das große philosophische Interesse an einer quantenmechanischen Beschreibung der Welt liegt an folgendem: Der *Zufall* spielt in ihr eine wesentliche Rolle. Ich werde versuchen zu zeigen, wie dies zustande kommt.

Quantenmechanik besteht wie andere physikalische Theorien aus einem mathematischen Teil und einem operationellen Teil, der Ihnen sagt, wie ein bestimmtes Stück der physikalischen Wirklichkeit durch die Mathematik beschrieben wird. Sowohl die mathematische wie die operationelle Seite der Quantenmechanik können geradlinig und frei von logischen Paradoxa dargestellt werden. Des weiteren ist die Übereinstimmung zwischen Theorie und Experiment so gut, wie man es nur hoffen kann. Trotzdem hat die neue Mechanik zu vielen Kontroversen geführt, in die ihr probabilistischer Aspekt, die Beziehung ihrer operationellen Begriffe zu denen der klassischen Mechanik, und auch etwas, was man die Reduktion der Wellenpakete nennt, verwickelt sind. Diese Auseinandersetzungen sind bis zu einem gewissen Grade immer noch im Gange, und die technische Form der dazu benötigten Mathematik erschwert die Diskussion.

Wenn Sie keine Vorlesung über Quantenmechanik gehört haben, aber selbst wenn Sie es haben, dann empfehle ich, daß Sie Feynmans kleines Buch mit dem Titel QED lesen [15.1]. Es erzählt Ihnen so viel als möglich über die begriffliche Struktur des Gegenstands, ohne mathematische Techniken zu benutzen. Ich werde hier etwas bescheidener sein und nur ein Skelett der Theorie vorstellen. Dieses Skelett ist nicht besonders lustig. Schnallen Sie sich an und versuchen Sie, während Sie den Text der nächsten paar Seiten lesen, stark zu bleiben. Ich muß wenigstens so viel sagen, daß Sie verstehen, wie sich der Zufall in der neuen Mechanik manifestiert.

Erinnern Sie sich, daß wir in der klassischen Mechanik Lagen und Geschwindigkeiten als Grundbegriffe hatten und daß Newtons Gesetze uns sagten, wie Lagen und Geschwindigkeiten sich mit der Zeit entwickeln. Wir haben auch probabilistische Theorien betrachtet, wo die Grundobjekte Wahrscheinlichkeiten sind, und wir hätten Gesetze formulieren können, die festlegen, wie sich diese Wahrscheinlichkeiten in der Zeit entwickeln. Die Quantenmechanik hat als Grundobjekte sogenannte *Amplituden* (oder *Wahrscheinlichkeitsamplituden*, und wir werden gleich sehen warum). Diese Amplituden sind komplexe statt der vertrauteren reellen Zahlen [15.2]. Der mathematische Teil in der Quantentheorie schreibt vor, wie sich die Amplituden in der Zeit entwickeln: die Evolutionsgleichung heißt die Schrödingergleichung. Diese ist ein ziemlich durchschaubares, aber technisches Stück Mathematik, dem wir hier nur eine Anmerkung widmen können [15.3]. Beachten Sie, daß die Evolution der Amplituden deterministisch ist. Der mathematische Anteil der Quantentheorie enthält auch Objekte, die man *Observable* nennt. Technisch gesprochen handelt es sich um *lineare Operatoren*, und die ersten Physiker waren von ihrem abstrakten Charakter sehr stark beeindruckt. Hat man schließlich

eine Observable, nennen wir sie A, und eine Menge von Amplituden, dann kann man eine Zahl berechnen, die man *Mittelwert* von
A nennt und die wir mit $< A >$ bezeichnen wollen [15.4].

Die Quantenmechanik sagt uns zusammengefaßt, wie man die
Zeitentwicklung der Amplituden berechnet und wie man dann
diese Amplituden benutzt, um den Mittelwert $< A >$ einer Observablen A zu erhalten.

Wie bringen wir diese mathematischen Begriffe mit der physikalischen Wirklichkeit in Verbindung? Lassen Sie uns etwas bestimmter sein und annehmen, Sie seien ein experimentell arbei-
tender Teilchenphysiker. Sie möchten gerne Teilchen auf hohe Energien beschleunigen, sie auf ein Target richten und sehen, was
dabei herauskommt. Das Target haben Sie mit einer Reihe Detektoren I, II, III usw. umgeben, die ansprechen werden, wenn
ein Teilchen der richtigen Sorte sie zur richtigen Zeit trifft. (Die
"richtige Sorte" bedeutet: die richtige Ladung, die richtige Energie
usw. Die "richtige Zeit" bedeutet, daß beispielsweise Detektor II
nur aktiviert ist, wenn I geknackt hat, und auch dann nur für ein
bestimmtes Zeitintervall.) Sie beschließen, *Ereignis* A die Situation zu nennen, wo I und II knacken und III nicht anspricht. (Das
Ereignis A ist die Signatur eines speziellen Typs von Kollision, die
Sie in Ihrem Experiment zu sehen erwarten.)

Jetzt gehen Sie und befragen die Heiligen Schriften der Quantenmechanik, und diese werden sagen, welche Observable dem Ereignis A entspricht. (Ereignisse werden also als eine spezielle Sorte
von Observablen angesehen.) Die Heiligen Schriften werden Ihnen
auch sagen, wie die für Ihr Experiment relevanten Amplituden zu
berechnen sind. Dann werden Sie in der Lage sein, $< A >$ abzuschätzen. Ein fundamentales Dogma des Quantenglaubens ist
nun, daß $< A >$ gerade die Wahrscheinlichkeit dafür ist, daß Sie
das Ereignis A sehen werden. Genauer, wenn Sie Ihr Experiment
sehr oft wiederholen, ist $< A >$ der Anteil der Fälle, wo alle Detektoren wie verlangt klicken werden. Das ist die Beziehung zwischen der Mathematik der Quantentheorie und der operationell
definierten Wirklichkeit.

Lassen Sie mich im Vorübergehen anmerken, daß einige Kapitel der Heiligen Schriften der Quantenmechanik noch nicht geschrieben wurden – oder höchstens in vorläufiger Weise. Mit anderen Worten: Wir wissen nicht mit Sicherheit alle Einzelheiten der Wechselwirkungen zwischen Teilchen, und dies ist ein Grund, warum immer noch Experimente gemacht werden.

Später werden wir versuchen, etwas physikalische Intuition für die Quantenmechanik zu entwickeln, aber die eben dargestellte schematische Beschreibung ist für die Diskussion der Grundlagen angemessen. Lassen Sie mich wiederholen, was wir zusammengestellt haben: Es findet ein physikalischer Prozeß statt (eine Kollision zwischen Teilchen beispielsweise), den wir studieren, indem wir eine gewisse Anzahl von Messungen machen (etwa indem wir Detektoren benutzen). Die Gesamtheit der Messungen stellt ein Ereignis dar, und die Quantentheorie gestattet es uns, dessen Wahrscheinlichkeit zu berechnen. (Es steckt da keinerlei Magie in einem Experiment. Wenn Sie verstehen möchten, was in einem Detektor vorgeht, können Sie ihn mit anderen Detektoren umgeben, Messungen machen und darauf Quantenmechanik anwenden.) Auf diese Weise erhalten wir eine Beschreibung der Welt, tiefgehend verschieden von der Beschreibung, die die klassische Mechanik gibt, aber vollständig konsistent.

Falls Sie sagen wollten, daß Quantenmechanik deterministisch sei, nun – sie ist es: Die Schrödingergleichung sagt unzweideutig die Zeitentwicklung der Wahrscheinlichkeitsamplituden voraus. Wollten Sie sagen, daß Quantenmechanik probabilistisch ist, so können Sie das tun: Die einzigen Vorhersagen sind ja über Wahrscheinlichkeiten. (Die Wahrscheinlichkeiten sind manchmal 0 oder 1, und dann haben Sie Gewißheit; aber üblicherweise ist das nicht der Fall.)

Wiewohl Quantenmechanik probabilistisch ist, so ist sie doch keine probabilistische Theorie im üblichen Sinn, wie sie in Kapitel 3 diskutiert wurde. Nehmen Sie den Fall, daß ein Ereignis "A" und ein Ereignis "B" in einer üblichen probabilistischen Theorie definiert sind, dann ist auch ein Ereignis "A und B" definiert (mit der intuitiven Bedeutung daß "A und B" zutreffen, wenn "A" zutrifft und "B" zutrifft). In der Quantenmechanik ist "A und B" gewöhnlich nicht definiert. Es gibt keine Eintragung für "A und B" in den Heiligen Schriften der Quantenmechanik. Natürlich ist das sehr irritierend: Warum können wir nicht einfach sagen, daß "A und B" zutrifft, wenn "A" zutrifft und "B" zutrifft? Auf diese Frage gibt es eine doppelte Antwort: eine mathematisch- und eine physikalisch-operationelle. Was physikalisch passiert, ist, daß Sie (im allgemeinen) keinen passenden Detektor finden, um "A" und "B" gleichzeitig zu messen (d.h. zur selben Zeit zu prüfen, ob "A" zutrifft und "B" zutrifft). Sie können versuchen, zuerst "A" und dann "B" oder zuerst "B" und dann "A" zu messen, aber Sie erhalten dann verschiedene Antworten! Man drückt dies oft dadurch aus, daß man sagt, die erste Messung stört die zweite. Diese intuitive Interpretation ist nicht wirklich falsch, aber sie ist etwas irreführend. Sie legt nahe, daß das Ereignis "A und B" an sich Sinn macht, aber wir zu ungeschickt sind, um es zu messen. Dagegen ist die Mathematik der Quantentheorie unzweideutig: "A und B" macht in der Regel keinen Sinn. Das hat mit der Tatsache zu tun, daß die Observablen A und B nicht vertauschbar sind, und einige weitere Einzelheiten dazu werden in der Anmerkung [15.5] gegeben.

Alles Gerede über Ereignisse ist ein bißchen abstrakt. Was können wir über ein Teilchen sagen, daß sich entlang einer Geraden bewegt? Nach der klassischen Mechanik ist alles, was wir über es wissen wollen, seine Lage x und seine Geschwindigkeit v. Wie verhält sich das in der Quantenmechanik? Angenommen, Ihr Teilchen wird durch gewisse Wahrscheinlichkeitsamplituden beschrieben. Sie können die Wahrscheinlichkeiten, das Teilchen an verschiedenen Orten zu finden, bestimmen, indem Sie auf die Ereignisse "x ist hier", "x ist dort" schauen. (Es fügt sich so, daß die verschiedenen Ereignisse, die x betreffen, vertauschbare Observablen sind und Sie sie gleichzeitig beobachten können.) Fassen wir das, was Sie gefunden haben, zusammen, indem wir sagen, daß das Teilchen nahe x_0 ist, daß da aber eine Unsicherheit (oder ein wahrscheinlicher Irrtum) $\triangle_x$ über seine Lage vorliegt. In ähnlicher Weise können Sie die probabilistische Beschreibung der Teilchengeschwindigkeit zusammenfassen, indem Sie sagen, daß sie nahe v_0, mit einer Unsicherheit $\triangle_v$, ist. Wären die Teilchen durch

Wahrscheinlichkeitsamplituden so beschrieben, daß $\triangle_x$ und $\triangle_v$ beide null wären, dann wären deren Lage und Geschwindigkeit vollständig wohldefiniert. Dies aber ist unmöglich, weil "x" und "v" keine vertauschbaren Observablen sind, und weil Werner Heisenberg 1926 bewiesen hat, daß

$$m \triangle_x \cdot \triangle_v \geq h/4\pi,$$

wo m die Masse des Teilchens, $\pi = 3.14159 \ldots$ und h eine sehr kleine Größe, die man die *Plancksche Konstante* nennt, sind. Die Ungleichung oben ist die berühmte *Heisenbergsche Unschärferelation*. Sie bringt in sehr lebendiger Form den probabilistischen Charakter der Quantenmechanik zum Ausdruck.

Aber, wie wir gesagt haben, ist Quantenmechanik nicht eine gewöhnliche probabilistische Theorie. Der Physiker John Bell hat gezeigt, daß die Wahrscheinlichkeiten, die man einem einfachen physikalischen System zuschreiben kann, einige Ungleichungen erfüllen, die in der Tat mit einer üblichen probabilistischen Beschreibung unverträglich sind. Bells Ergebnis zeigt, wie weit weg Quantenmechanik von der üblichen Intuition ist [15.6].

Natürlich hat es da tapfere Anstrengungen (speziell durch den Physiker David Bohm) gegeben, die Quantenmechanik näher an die klassischen Vorstellungen heranzubringen. Solche Anstrengungen sind ehrenwert und notwendig. Aber was erreicht wurde, benötigt einigermaßen unnatürliche Konstruktionen und bleibt für die meisten Physiker nicht überzeugend. Ein Stück von diesen Anstrengungen, die Quantenmechanik näher an die übliche Intuition heranzuführen, hat seinen Weg in die Heiligen Schriften gefunden ... und dort eine Menge Ärger angerichtet. Das ist das heilige Dogma der Reduktion der Wellenpakete. Dies bezieht sich auf die aufeinanderfolgenden Messungen zweier Observablen A und B und versucht zu sagen, was die Wahrscheinlichkeitsamplituden nach der Messung von A und vor der Messung von B sind.

Aber dieses Dogma führt, wie gesagt, auf Schwierigkeiten und sollte am besten beiseite gelassen werden. (Vom Standpunkt der Physik ist alles, was zählt, daß Sie in der Lage sind, die Wahrscheinlichkeiten, die mit "A und dann B" assoziiert sind, abzuschätzen.)

In neuerer Zeit und mit vollem Respekt vor den Gründervätern, die die Heiligen Schriften geschrieben haben, ziehen es die Physiker vor, sich von der Reduktion der Wellenpakete fernzuhalten. Richard Feynman beispielsweise erwähnt diesen Gegenstand nur in einer kurzen Fußnote seines Buchs QED, und das nur um zu sagen, daß er darüber nichts hören möchte [15.7].

16. Quanten: Zählen von Zuständen

An dem begrifflichen Skelett der Quantenmechanik, das wir im letzten Kapitel untersuchten, hing nicht viel physikalisches Fleisch. Hier ist, in aller Kürze, das wir fanden: Die Quantenmechanik gibt Regeln, um die Wahrscheinlichkeiten für Ereignisse zu berechnen. Sie ist also eine probabilistische Theorie, aber keine der üblichen, weil das Ereignis "A und B", wenn die Ereignisse "A" und "B" gegeben sind, oft keinen Sinn macht.

Das Fleisch der Quantenmechanik steckt natürlich in den Regeln, in deren Anwendung auf spezifische Probleme und in der physikalischen Einsicht, die man so gewinnt. Hier ist nicht der Ort, in eine technische Diskussion über Quantenmechanik einzusteigen, aber es ist leicht und lohnend, ein wenig physikalische Intuition zu entwickeln. Vergessen Sie aber nicht, daß Physiker, wenn sie ein intuitives Argument entwickelt haben, es mit harten Rechnungen abstützen. Nichttechnische Darstellungen der Naturwissenschaften sind immer, weil sie solche harten Berechnungen vermeiden, etwas mystifizierend. Auf dem technischen Niveau sind die Dinge weniger einfach, aber auch weniger mysteriös.

Ich möchte jetzt eine kleine Rechnung vorstellen, die nicht mehr als die Mathematik- und Physikkenntnisse der Oberschule benötigt. Für das, was folgt, ist diese Berechnung nicht wirklich notwendig, aber es lohnt sich trotzdem, sie zu machen.

Wie im letzten Kapitel betrachten wir ein Teilchen der Masse m, das sich entlang einer Geraden bewegt, aber jetzt stellen wir das Teilchen in eine Kiste. Genauer gesagt, wir schränken die Lage x des Teilchens ein, indem wir sie auf ein Intervall der Länge L beschränken. Auch die Geschwindigkeit v des Teilchens beschränken wir durch $-v_{max}$ und v_{max} (das Teilchen hat höchstens die Geschwindigkeit v_{max} und kann nach links oder rechts laufen). Wenn

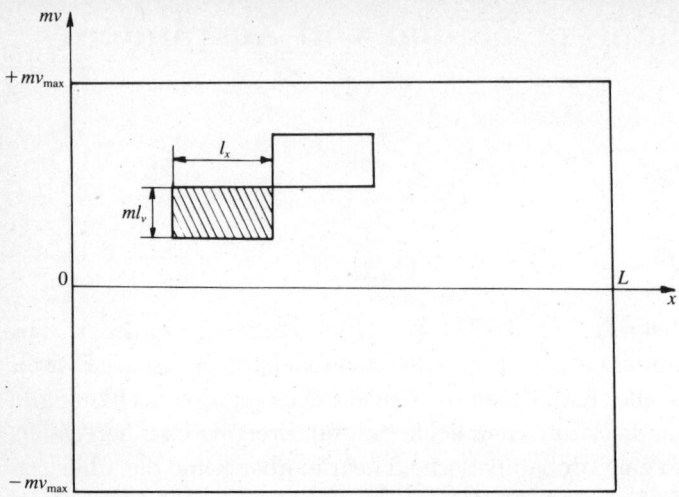

Abb. 16.1. Der Phasenraum eines Teilchens. Das große Rechteck ist das dem Teilchen zugängliche Gebiet. Das kleine Rechteck mißt die Unbestimmtheit, die die Quantenunschärfe auferlegt.

wir ein Diagramm von der Lage x und dem Produkt mv (Masse mal Geschwindigkeit) zeichnen, sehen wir, daß der für das Teilchen zulässige Bereich das große Rechteck in Abbildung 16.1 ist. Aber wir können auch einen Teilchenzustand wählen, so daß dieses auf einen kleineren Bereich konzentriert ist: das kleine gestrichelte Rechteck mit den Seiten l_x und ml_v. Für diesen Zustand ist die Lage x bekannt mit einer Unschärfe von etwa $\frac{1}{2}l_x$ und die Geschwindigkeit mit einer Unschärfe von etwa $\frac{1}{2}l_v$. In Übereinstimmung mit den Heisenbergschen Unschärferelationen müssen wir also l_x und l_v so wählen, daß $ml_vl_x \geq h/\pi$ wird. In der Tat zeigt eine sorgfältigere Untersuchung, daß das Beste, was man machen kann, ist,

$$ml_vl_x = h$$

zu nehmen, d.h. daß das gestrichelte Rechteck die Fläche h hat. Der Raum der Variablen x und mv heißt der *Phasenraum*. Wir haben noch ein kleines Rechteck im Phasenraum gezeichnet, das sich mit dem ersten nicht überlappt und daher einem vollständig verschiedenen Zustand unseres Teilchens entspricht. Wieviele vollkommen verschiedene Zustände gibt es? Die Anzahl ist die Fläche des großen Rechtecks geteilt durch die des kleinen, d.h.

$$\text{Anzahl der verschiedenen Zustände} = \frac{2mv_{\max} \times L}{h}.$$

Eine ernsthafte – mehr technische – Berechnung würde dieses Ergebnis bestätigen [16.1]. Beachten Sie: Während die Anzahl der unterschiedlichen Zustände wohldefiniert ist, können diese Zustände auf verschiedene Weise ausgewählt werden (zwar ist die Fläche der kleinen Rechtecke festgelegt und gleich h, aber ihre Gestalt kann in mannigfacher Weise gewählt werden).

Schauen wir auf die Energie des Teilchens; ich meine die Energie, die von seiner Geschwindigkeit herkommt und die man die kinetische Energie nennt. Wenn Sie einen Führerschein eines Landes mit hohem Bildungsniveau haben, dann haben Sie vermutlich für Ihre Führerscheinprüfung die Formel für die kinetische Energie gelernt. Wie dem auch sei, hier ist die Formel:

$$\text{Energie} = \frac{1}{2}mv^2 \ .$$

(Die kinetische Energie ist die halbe Masse mal dem Quadrat der Geschwindigkeit. Dies besagt, wieviel Energie zur Verfügung steht, falls Sie mit einem Wagen der Masse m und Geschwindigkeit v gegen eine Mauer donnern, um die Mauer und Ihren Wagen zu zertrümmern – und sich selbst ins Krankenhaus zu befördern.) Wenn wir sagen, daß unser Teilchen eine Geschwindigkeit zwischen $-v_{\max}$ und $v_{\max}$ hat, dann bedeutet das, daß es eine (kinetische) Energie von höchstens $E = \frac{1}{2}mv_{\max}^2$ hat.

Wir folgern, daß ein Teilchen, das wir in eine Kiste einschließen und das weniger als eine bestimmte Energie haben soll, nur eine endliche Anzahl unterschiedlicher Zustände haben kann. Es liegt eine gewisse Willkür vor, wie wir diese Zustände auswählen, aber eine mehr technische Untersuchung zeigt, daß man solche nehmen kann, die *genau definierte Energien* haben. Das drückt man auch dadurch aus, daß man sagt, die *Energie ist quantisiert*: sie kann nur diskrete Werte annehmen. Die Quantisierung der Energie ist eine charakteristische Eigenheit der Quantenmechanik und steht im Widerspruch zur Intuition der klassischen Mechanik.

Anstelle eines Teilchens auf einer Geraden können wir ein anständiges Teilchen, das sich im dreidimensionalen Raum bewegt und in einer anständigen Kiste vom Volumen V steckt, nehmen. Es ist dann möglich, die Anzahl der Teilchenzustände, deren Energie kleiner als ein Wert E ist, zu berechnen. (Dazu benötigt man drei Heisenbergsche Unschärferelationen für die drei Raumrichtungen.) Nun will ich Ihnen, auch noch die Formel geben, die man ableiten kann:

$$\text{Anzahl der Zustände} = \frac{1}{h^3}\frac{4}{3}\pi(2mE)^{3/2} \times V.$$

Der Wissenschaftler auf der Höhe seiner Zeit wird sofort erkennen, daß dies das zulässige Phasenraumvolumen ist, gemessen in Einheiten h^3. Hier hat der Phasenraum 6 Dimensionen; sie geben die räumliche Lage x des Teilchens und auch den Vektor mv (Masse mal Geschwindigkeit).

Die Vorstellung, daß Sie etwas Tiefes über das physikalische Universum durch Manipulieren weniger Symbole wie h oder π sagen können, erinnert an Hexerei. Das führt dazu, daß eine Formel wie die obige bei manchen Leuten heftigen Abscheu und bei anderen einen ungebremsten Enthusiasmus hervorruft. Die Physiker sind natürlich unter den Enthusiasten, wobei sie mit hingebungsvollem Professionalismus ihre Rolle als moderne Zauberer akzeptieren. Für die mit diesem Buch verfolgten Zwecke will ich aber den Professionalismus zurückstellen und meistens ohne Formeln vorgehen.

Aber ich sehe, daß Sie zum Zählen der Zustände zurückwollen. Sie wollen jetzt nicht eins sondern viele Teilchen in eine Kiste tun. Dabei denken Sie daran, Moleküle von Sauerstoff, Stickstoff, Helium oder irgendeinem anderen Gas als Teilchen zu benutzen und sich einen Liter des in Frage stehenden Gases anzusehen. Was kann man darüber aussagen? Bei normaler Temperatur und Druck sind dies ungefähr $2{,}7 \times 10^{22}$ Moleküle, d.h. 27000000000000000000000 (23 Ziffern). Ihr Taschenrechner mag die Bezeichnung 2,7E22 für diese Zahl benutzen. Sachbuchautoren lieben es Siebenundzwanzigtausendmillionenmillionenmillionen zu sagen, aber niemand sonst benutzt diese schwerfällige Sprache. Nun ja, Sie wollen wissen, wieviele unterschiedliche Zustände es für ein System von 2,7E22 Heliummolekülen in einem Literbehälter gibt. Da müssen Sie mir immer noch sagen, was die Gesamtenergie Ihres Liters Helium ist. Eine vernünftige Wahl ist die Gesamtenergie, die der Bewegung der Heliumteilchen bei Raumtemperatur entspricht. Mit anderen Worten, Sie wollen die Anzahl der Quantenzustände, in denen ein Liter Helium bei Raumtemperatur gefunden werden kann, abzählen. (Anstatt *bei Raumtemperatur* zu sagen, sollten wir wirklich *mit einer Gesamtenergie nicht größer als die, die in einem Liter Helium bei Raumtemperatur enthalten ist,* sagen. Aber, wie sich herausstellen wird, macht das für die Antwort keinen Unterschied.)

Hier ist die Antwort [16.2]:

Anzahl der Zustände = 1E5000000000000000000000000 .

Natürlich wird "5 gefolgt von 22 Nullen" besser 5 E22 geschrieben. Aber da ist oben ja schon ein "E"; ist das nicht ein Fehler? Nein. Die Zahl der Zustände hat eine Anzahl von Ziffern, die 5E22 ist, und die daher geschrieben werden kann, als 1E5E22. Wenn Sie diese Zahl in voller Länge auf ein Blatt Papier schreiben wollten, würden Sie ein sehr großes Blatt Papier brauchen und gestorben sein, ehe Sie mit Ihrer Schreibaufgabe zu Ende wären.

Zahlen wie 1E5E22, so weit entfernt von der gewöhnlichen Intuition, lösen bei manchen Leuten heftigen Abscheu und bei anderen einen ungebremsten Enthusiasmus aus. Eine vernünftige Einstellung ist es, die folgende Definition zu machen:

Entropie = Anzahl der Ziffern in der Zahl der Zustände

(= 5E22 in diesem Fall).

Eine mehr mathematische Definition wäre, daß Entropie der Logarithmus der Anzahl der Zustände ist, und einige Leute hätten noch gerne einen Proportionalitätsfaktor:

Entropie $= k \log$ (Anzahl der Zustände) .

Dies sind unwesentliche Einzelheiten. Benutzen Sie die Definition, die Sie am liebsten haben.

Wie ich es dargestellt habe, erscheint die Entropie nur als eine Möglichkeit, eine ansonsten unhandliche Zahl zu handhaben. Tatsächlich ist die Entropie sehr viel nützlicher als das; sie ist ein physikalischer und mathematischer Begriff von zentraler Bedeutung.

Die Schlüsselidee ist: *die Entropie mißt die Menge an Zufall, die in einem System vorliegt.* Speziell ist die Entropie von 2 l Helium 2mal die Entropie eines Liters, die Entropie von 10 l ist 10mal so viel (bei normaler Temperatur und Druck). Mit anderen Worten, die Entropie eines Systems ist proportional zu seiner Ausdehnung.

17. Entropie

Es gibt verschiedene Möglichkeiten, anstrengendes wissenschaftliches Denken zu betreiben. Einige Leute sitzen einfach an ihrem Schreibtisch und starren auf ein Blatt Papier. Andere rennen herum. Ich persönlich habe es gern, flach auf meinem Rücken zu liegen, mit geschlossenen Augen. Ein Wissenschaftler, der in Wahrheit hart arbeitet, mag sehr wohl wie einer aussehen, der ein kleines Schläfchen macht. Hartes wissenschaftliches Denken ist eine überaus befriedigende Erfahrung, aber es ist auch harte Arbeit. Man muß die Ideen erbarmungslos verfolgen, sich selbst erlauben, besessen zu werden. Wenn eine interessante Möglichkeit aufzutauchen scheint, muß sie scharf herausgearbeitet, verifiziert, manchmal beibehalten, aber meistens verworfen werden. Mutige und grobumrissene Ideen müssen entwickelt werden, aber dann müssen die Einzelheiten geprüft werden, und allzuoft werden katastrophale Mängel entdeckt. Dann muß die Konstruktion neu angeordnet werden, oder es müssen große Teile davon verworfen werden. Dieser Prozeß geht immer so weiter, Tag für Tag, Woche für Woche, Monat für Monat. Natürlich nicht alle, die sich als Wissenschaftler in Pose stellen, arbeiten hart; viele haben vor langer Zeit zu arbeiten aufgehört, andere haben niemals angefangen. Aber für die, die das Spiel wirklich spielen und nicht nur herumkasperln und so tun als ob, ist das Spiel hart, schmerzhaft, anstrengend, erschöpfend. Und wenn die Frucht dieser Arbeit, das Ergebnis dieser Anstrengung mit Arroganz und Geringschätzung aufgenommen wird, dann mag es zu einer Tragödie kommen. Stellen Sie sich einen Menschen vor, der die Bedeutung eines der fundamentalen Aspekte der Natur gefunden hat. Jahr um Jahr hat er seine Forschung betrieben, trotz der Angriffe und des Unverständnisses seiner Zeitgenossen. Jetzt wird er alt, krank und deprimiert.

Das ist es, was dem österreichischen Physiker Ludwig Boltzmann geschah. Am 5. September 1906 beging er Selbstmord; er war 62 Jahre alt.

Boltzmann und der Amerikaner J. Willard Gibbs waren die Schöpfer einer neuen Wissenschaft, die man statistische Mechanik nennt. Ihr Beitrag ist für die Physik des 20. Jahrhunderts nicht weniger wichtig als die Entdeckung der Relativitätstheorie oder der Quantenmechanik, aber sie ist von einer anderen Natur. Während Relativitätstheorie und Quantenmechanik vorhandene Theorien zerstörten und sie durch etwas anderes ersetzten, setzte die statistische Mechanik eine ruhige Revolution ins Werk. Sie baute auf existierenden physikalischen Modellen auf, etablierte aber neue Beziehungen und brachte neue Konzepte ein. Die begriffliche Maschinerie, die Boltzmann und Gibbs entwickelten, hat sich als außerordentlich machtvoll herausgestellt und wird heute auf allerlei Situationen weit jenseits der ursprünglich angesprochenen Probleme der Physik angewandt.

Für Boltzmann war der Ausgangspunkt die Atomhypothese: die Feststellung, daß Materie aus einer riesigen Zahl von kleinen herumtanzenden Kugeln zusammengesetzt ist. Im späten 19. Jahrhundert, als Boltzmann wirkte, war die Atomstruktur der Materie noch nicht bewiesen und bei weitem nicht allgemein akzeptiert. Ein Teil der Angriffe gegen Boltzmann hatten ihren Grund in seinem Glauben an Atome. Er beließ es nicht nur bei dem Glauben an ihre Existenz, sondern ging in einem weiteren Schritt daran, von der angenommenen atomistischen Struktur der Materie durchschlagende Folgerungen abzuleiten.

Zu Boltzmanns Zeit stand nur die klassische Mechanik zur Verfügung. Trotzdem hat es viel für sich, einige seiner Gedanken in der Quantensprache darzustellen. Schließlich besteht ja auch eine enge Beziehung zwischen klassischer und Quantenmechanik. Sie versuchen dieselbe physikalische Realität zu beschreiben und es entspricht, um ein Beispiel zu geben, eine *Zahl von Zuständen* in der Quantenmechanik einem *Phasenraumvolumen* in der klassischen Mechanik. So werde ich mich auf die Ideen konzentrieren und mir nicht zu sehr den Kopf über anachronistische Einzelheiten zerbrechen.

Die industrielle Revolution im 19. Jahrhundert hatte großes Interesse an der Dampfmaschine und an der Umwandlung von Wärme in mechanische Arbeit geweckt. Es war bekannt, daß man mechanische Energie freiweg in Wärme verwandeln kann (beispielsweise indem man zwei Steine aneinanderreibt), aber nicht umgekehrt. Wärme ist eine Form der Energie, aber ihr Gebrauch folgt ziemlich strengen Regeln: einige Prozesse verlaufen leicht, andere überhaupt nicht. Beispielsweise ist es leicht genug, ein Liter kaltes Wasser und ein Liter heißes Wasser zu mischen, um zwei Liter lauwarmes Wasser zu erhalten. Aber versuchen Sie, die zwei Liter zu entmischen, um ein Liter kaltes Wassers und ein Liter heißes Wasser zurückzugewinnen! Es klappt nicht: das Mischen von kaltem und heißem Wasser ist ein irreversibler Vorgang.

Ein Schritt in die Richtung, Irreversibilität zu verstehen, wurde gemacht, als *Entropie* definiert wurde. (Vergessen Sie für einen Augenblick, daß wir dieses Wort bereits im letzten Kapitel benutzt haben.) Ein Liter kaltes Wasser hat eine gewisse Entropie und ein Liter heißes Wasser hat eine andere Entropie. Diese Entropien können aus experimentellen Daten berechnet werden, aber wir wollen uns keine Sorgen machen, wie das genauer geht. Die Entropie von zwei Litern kalten Wassers ist 2mal die Entropie eines Liters, und dasselbe gilt für das heiße Wasser.

Wenn Sie ein Liter kaltes Wasser und ein Liter heißes Wasser nebeneinander stellen, dann hat die Summe ihrer Entropien einen gewissen Wert. Aber wenn Sie nun die beiden vermischen, dann hat die Entropie der zwei Liter lauwarmen Wassers, das Sie erhalten haben, einen größeren Wert. Indem Sie kaltes und heißes Wasser mischen, haben Sie die Entropie des Universums angehoben – in irreversibler Weise. Hier ist die Regel, die man als den *2. Hauptsatz der Thermodynamik* kennt [17.1]: In jedem physikalischen Prozeß bleibt die Entropie entweder konstant oder sie wächst an, und wenn sie anwächst, ist der Prozeß irreversibel.

Dies alles ist natürlich ziemlich mysteriös und keineswegs vollständig befriedigend. Was ist die Bedeutung der Entropie? Warum wächst sie immer und wird niemals kleiner? Das waren die Probleme, die Boltzmann zu lösen versuchte.

Wenn Sie an die "Atomhypothese" glauben, dann können die Moleküle, aus denen ein Liter kaltes Wasser zusammengesetzt ist, in allen möglichen verschiedenen Konfigurationen sein. In der Tat tanzen die Moleküle herum, und die Konfiguration ändert sich ständig. In der Quantensprache haben wir ein System von mehreren Teilchen, das in einer sehr großen Zahl verschiedener Zustände sein kann. Während aber diese Zustände, könnten Sie mikroskopische Details erkennen, verschieden aussehen würden, sehen sie für das bloße Auge alle gleich aus; in der Tat, sie sehen alle wie ein Liter kaltes Wasser aus.

Also, wenn wir auf einen Liter kaltes Wasser Bezug nehmen, beziehen wir uns tatsächlich auf etwas ziemlich Vieldeutiges. Boltzmanns Entdeckung ist, daß die Entropie ein Maß für diese Vieldeutigkeit ist. Technisch gesprochen ist die richtige Definition, daß die Entropie eines Liters kalten Wassers die Anzahl der Ziffern in der Anzahl der "mikroskopischen" Zustände ist, die diesem Liter kalten Wassers entsprechen. Diese Definition erstreckt sich natürlich auch auf heißes Wasser und auf viele andere Systeme. In der Tat entspricht dies unserer Definition der Entropie von einem Liter Helium im letzten Kapitel.

Aber die Definition im letzten Kapitel war nicht physikalisch motiviert. Boltzmanns Errungenschaft bestand darin, daß er einen natürlichen mathematischen Begriff und eine davor mysteriöse physikalische Größe in Beziehung gesetzt hat. Technisch gesprochen würde man lieber "Logarithmus" statt "Anzahl der Ziffern" sagen, lieber mit einer Konstanten k (k heißt tatsächlich Boltzmannkonstante) multiplizieren und vielleicht noch eine andere Konstante zu dem Resultat hinzuaddieren, aber dies ist nicht der Ort, solche Einzelheiten zu diskutieren.

Stellen wir nun Seite an Seite ein Liter kaltes Wasser und ein Liter heißes Wasser, ohne sie zu vermischen. Jeder Zustand des Liters kalten Wassers und jeder Zustand des Liters heißen Wassers gibt einen Zustand des zusammengesetzten Systems. Deshalb ist die Anzahl der Zustände des zusammengesetzten Systems das Produkt der Anzahl der Zustände der beiden zusammengesetzten Liter, und die Entropie ist die Summe der Entropien. Das

ist nicht erstaunlich; schließlich sind die Definitionen gerade so
gemacht worden.

Was aber passiert, wenn wir das kalte und das heiße Wasser mischen? Irgendwie erhalten wir lauwarmes Wasser, und die
Einzelheiten, wie dies genau vor sich geht, stellen die Wissenschaftler immer noch vor ein Rätsel. Gut gesichert ist, daß die
Anzahl der Zustände in zwei Litern lauwarmen Wassers größer ist
als die Anzahl der Zustände in einem Liter kalten Wassers und
einem Liter heißen Wassers [17.2]. Und bedenken Sie, daß alle die
Zustände lauwarmen Wassers für das bloße Auge gleich aussehen.
Es gibt keine Möglichkeit, die Zustände, die vom Mischen kalten
und heißen Wassers herkommen, zu erkennen. Deshalb wächst die
Entropie als Ergebnis des Mischens an.

Aber warum soll hier Irreversibilität vorliegen? Die Welt um
uns verhält sich sehr irreversibel, aber wie beweisen wir, daß sie
dies so machen muß? In der Wissenschaft ist es oft ein guter Gedanke, wenn Sie nicht sehen, wie etwas bewiesen werden kann,
zu versuchen, es zu widerlegen und zu sehen, was passiert. Also
lassen Sie mich versuchen, Reversibilität zu arrangieren.

Die Grundgesetze der klassischen Mechanik enthalten keinerlei Irreversibilität. Nehmen Sie an, daß Sie die Bewegungen und
Stöße eines Systems von Teilchen eine Sekunde lang beobachten,
und nehmen Sie an, daß Sie dann plötzlich die Geschwindigkeiten
aller Teilchen umkehren könnten. Sie würden dann zurücklaufen,
wieder in umgekehrter Reihenfolge zusammenstoßen und nach einer weiteren Sekunde wären sie zurück bei der Anfangsbedingung
(mit umgekehrten Geschwindigkeiten, aber diese könnten Sie wieder zurückdrehen, wenn Sie wollen). Aufgrund dieses Arguments
kann die Entropie, wenn sie anwächst, auch abfallen und Irreversibilität ist unmöglich. Hat Boltzmann sich geirrt? Oder haben wir
etwas übersehen?

Wir haben es so eingerichtet, daß die Zeit "rückwärts läuft",
indem wir zugleich die Geschwindigkeiten aller Teilchen in einem
großen System umgekehrt haben. Man kann natürlich argumentieren, daß dies in der Praxis unmöglich ist. Aber etwas Ähnliches
ist für einige Systeme (Spinsysteme) möglich. Und natürlich ist
es störend, wenn man ein allgemeines Gesetz der Physik wie die

Tatsache, daß die Entropie immer anwächst, auf einer praktischen Unmöglichkeit, die möglicherweise eines Tages behoben sein wird, aufbaut.

Es gibt allerdings eine subtilere Unmöglichkeit im Experiment der Geschwindigkeitsumkehrung, das wir gerade beschrieben haben, und das hat mit der empfindlichen Abhängigkeit von den Anfangsbedingungen zu tun. Wenn wir die Gesetze der klassischen Mechanik anwenden, um die Bewegungen und Stöße eines Systems aus Atomen oder Molekülen zu studieren, dann stellen wir uns vor, daß das System nicht mit dem Rest des Universums wechselwirkt. Aber das ist ziemlich unrealistisch. Selbst die Gravitationswirkung eines Elektrons am Rande des bekannten Universums ist wichtig und kann nicht vernachlässigt werden. Wenn wir die Geschwindigkeiten nach einer Sekunde umkehren, sehen wir nicht die Zeit rückwärts laufen. Nach einem Bruchteil einer Sekunde wird das Elektron am Rande des Universums den Lauf der Ereignisse verändert haben, und die Entropie wird, anstatt zu fallen, fortfahren anzuwachsen (aber den Grund für dieses allgemeine Anwachsen der Entropie werden wir noch verstehen müssen).

Die Rolle der empfindlichen Abhängigkeit von den Anfangsbedingungen beim Verständnis der Irreversibilität wurde allerdings zu Boltzmanns Zeiten nicht begriffen. Wiederum erlaubte ich mir einen kleinen Anachronismus in meiner Diskussion. Rückblickend sehen wir, daß Boltzmanns Ideen hübsch mit dem, was wir später als wahr erkannt haben, zusammenpassen. Aber zu Boltzmanns Zeiten waren die Dinge bei weitem nicht klar. Natürlich, er wußte, daß er recht hatte. Andere sahen, daß Boltzmanns Arbeit zur Gänze auf der zweifelhaften "Atomhypothese" beruhte. Sie sahen, daß er zweifelhafte Mathematik benutzte, um eine irreversible Zeitentwicklung aus den Gesetzen der klassischen Mechanik, die klar reversibel sind, abzuleiten. Sie waren nicht überzeugt.

18. Irreversibilität

Ich habe oben schon betont, daß es das Bestreben der Physik ist, genau zutreffende mathematische Beschreibungen von Teilen der physikalischen Wirklichkeit zu geben, und daß man sich nicht allzusehr über die "letzte Wahrheit", was auch immer das ist, den Kopf zerbrechen soll. Dies mag wenig ehrgeizig klingen, und Sie mögen denken, daß also das Studium der Physik eine ziemlich langweilige Angelegenheit sein muß. Gerade das Gegenteil ist aber wahr, weil die physikalische Wirklichkeit selbst bei weitem nicht langweilig ist. Die Physik ist interessant, weil ihr Objekt eine interessante Welt ist. Spricht man über Physik *in abstracto* und ohne auf die Welt, die sie zu erklären versucht, Bezug zu nehmen, dann riskiert man, sich in lästigen metaphysischen und nutzlosen Betrachtungen zu verirren.

Diese Bemerkungen treffen insbesondere auf das Werk Boltzmanns zu. Sein Ausgangspunkt war die *Thermodynamik*; das ist der Name der Theorie, die sich mit Entropie und Irreversibilität beschäftigt. Thermodynamik stimmte, und stimmt immer noch, sehr gut mit den Experimenten überein. Es war die große Aufgabe von Boltzmanns Leben, eine Interpretation der Thermodynamik im Rahmen der "Atomhypothese" zu geben, indem er *statistische Mechanik* betrieb. Wären Atome für immer flüchtige Schemen geblieben und hätte die statistische Mechanik niemals mehr Vorhersagekraft als zu Boltzmanns Zeiten gehabt, dann würde es für einen Physiker wenig Sinn machen zu sagen, seine Ideen wären "wahr". Aber Boltzmanns Vision ist wahr geworden, eben weil heute bewiesen ist, daß Materie aus Atomen zusammengesetzt ist, weil Boltzmanns Formel für die Entropie experimentell überprüft werden kann und weil statistische Mechanik eine enorme Vorhersagekraft erreicht hat (weitestgehend durch die Anstrengungen von Gibbs und späteren Physikern).

Wie es nun einmal ist, Boltzmanns Vorstellungen über Atome waren weit weg von der letztendlich gewonnenen Wahrheit: Atome sind nicht einfach kleine Kugeln, die herumtanzen; sie haben eine ziemlich komplizierte Struktur, und für ihre Beschreibung braucht man die Quantenmechanik. Boltzmanns vorgefaßte Meinungen haben ihm (und uns) gute Dienste geleistet, aber sie machen nur einen Schritt zu unserem Naturverständnis aus. Wird es einen letzten Schritt geben? Gibt es eine letzte Wahrheit in der Physik? Es ist zu hoffen, daß die Antwort positiv ist und eine letztlich abschließende physikalische Theorie der Materie zu unseren Lebzeiten entdeckt (und als korrekt bewiesen) wird. Aber es sollte klar sein, daß die Wichtigkeit von Boltzmanns Ideen nicht von der etwaigen Entdeckung der letztendlich gültigen physikalischen Theorie abhängt.

Boltzmanns Leben hat etwas Romantisches. Er hat sich selbst getötet, weil er, in einem gewissen Sinne, ein Versager war. Und trotzdem wird er heute als einer der größten Wissenschaftler seiner Zeit viel größer als diejenigen, die seine Widersacher waren, angesehen. Offensichtlich hat er zu früh recht gehabt. Aber wie richtet man es ein, früh recht zu haben? Ich glaube, ein Teil der Antwort ist es, ein Vorurteil zu haben. Man braucht einige vorgefaßte Ideen über die Physik, verschieden von dem allgemein anerkannten Dogma, und man muß diesen Ideen mit einer gewissen Beharrlichkeit folgen. Vielleicht sind dies dieselben Ideen, die sich bei früheren Gelegenheiten als falsch erwiesen, aber wenn Sie die richtige Einsicht haben und wenn Sie Glück haben, dann werden Ihnen diese Ideen den Schlüssel zu einem neuen Naturverständnis geben. Boltzmanns Vorurteil war definitiv mechanistisch. Descartes wurde viel früher durch ein ähnliches mechanistisches Vorurteil getrieben und gelangte nirgendwohin, während Newton, mit einem ganz anderen Vorurteil, die moderne Physik begründete. Aber zu Boltzmanns Zeit war das mechanistische Vorurteil das richtige, um Thermodynamik zu verstehen, und es funktionierte.

Hier sind einige andere Beispiele von Vorurteilen: daß die Mathematik die Sprache der Natur ist (Galilei), daß unsere Welt die beste aller möglichen Welten ist (Leibniz) oder daß die Naturgesetze ästhetischen Anforderungen genügen müssen (Einstein). Zu jeder Zeit sind einige vorgefaßte Ideen über Wissenschaft in Mode, andere sind nicht in Mode, könnten Sie aber nach Ihrem Tode berühmt machen ...

Ich werde jetzt diese Betrachtungen über posthumen Ruhm unterbrechen und zu unserer noch nicht abgeschlossenen Diskussion über Irreversibilität zurückkehren. Lassen Sie uns wieder auf die Zeitentwicklung eines komplizierten Teilchensystems, wie die Heliumatome in einem 1 l-Behälter oder die Moleküle in einen Liter Wasser, schauen. Wir wollen klassische Mechanik benutzen, um unsere Teilchen zu beschreiben, und wir nehmen an, daß sie ein isoliertes System bilden: es gibt keine Wechselwirkung mit der äußeren Welt, und deshalb wird keine Energie aufgenommen oder abgegeben. Boltzmann hatte die Idee, daß im Laufe der Zeit das System alle energetisch möglichen Konfigurationen aufsuchen würde. Mit anderen Worten, alle Konfigurationen von Lagen und Geschwindigkeiten der Teilchen, die die richtige Gesamtenergie haben, würden realisiert werden, und Sie könnten sie beobachten, wenn Sie lange genug warteten. Korrekter ausgedrückt, das System würde (wieder und wieder) nahe an jede energetisch mögliche Konfiguration herankommen; dies ist ein Beispiel dessen, was wir früher *ewige Wiederkehr* genannt haben. Die passende mathematische Formulierung der Boltzmannschen Idee, bekannt als die *Ergodenhypothese*, ist nicht sehr leicht und wurde erst nach seinem Tod zustande gebracht. Aber die Physik ist klar genug und sicher wert, verstanden zu werden.

Sie sollten sich erinnern, daß der klassische Physiker, wenn der Quantenphysiker von *der Anzahl der Zustände* spricht, vom *Volumen im Phasenraum* sprechen muß; das ist jetzt der zutreffende Ausdruck. In dem Beispiel von einem Liter Helium spezifiziert ein Punkt im Phasenraum alle Lagen und Geschwindigkeiten der Heliumatome. Wir wollen unser Interesse auf den Teil des Phasenraums beschränken, der aus Konfigurationen einer gegebenen Gesamtenergie (weil unser System weder Energie aufnimmt noch

abgibt) besteht. Wir wollen uns die Zeitentwicklung unseres komplizierten Systems durch die Bewegung eines Punktes im Phasenraum, der alle Lagen und Geschwindigkeiten der Heliumatome
repräsentiert, beschrieben denken.

Jetzt sind wir in der Lage, den physikalischen Gehalt der Ergodenhypothese auszudrücken: *Während seiner Bewegung durch den
Phasenraum verbringt der Punkt, der unser System beschreibt, in
jedem Gebiet eine Zeitspanne, die dem Volumen des Gebiets proportional ist* [18.1].

Akzeptieren wir die Ergodenhypothese, dann können wir jetzt
verstehen, warum wir, wenn wir zwei Liter lauwarmes Wasser in
einer Flasche haben, niemals sehen, daß sich die Flüssigkeit spon-
tan in eine Lage kalten Wassers und eine Lage heißen Wassers auf-
trennt. Wie wir vorher gesehen haben, ist in der Tat die Entropie
von zwei Liter lauwarmem Wasser größer als die von einem Liter
kaltem und einem Liter heißem Wasser. Lassen Sie uns annehmen,
daß die Differenz der Entropien 1 % ist. Das bedeutet, daß wir
zwei riesige Zahlen bekommen, wenn wir erst die Zustände eines
Liters kalten und eines Liters heißen Wassers, dann die Zustände
von zwei Litern lauwarmen Wassers zählen, und daß diese in ihrer
Länge (Anzahl der Ziffern) sich um 1 % unterscheiden. Die Anzahl der Zustände oder Phasenvolumina unterscheidet sich daher
durch einen riesigen Faktor. Also ist das Phasenraumvolumen für
zwei Liter lauwarmen Wassers sehr viel größer als das Volumen
für einen Liter kaltes und einen Liter heißes Wasser. Jetzt wollen
wir den Punkt, der unser System repräsentiert, während er sich
durch den Phasenraum bewegt, beobachten. Nach der Ergodenhypothese wird er die meiste Zeit in einem Gebiet verbringen, das
zwei Litern lauwarmen Wassers entspricht. Sehr wenig Zeit wird
in dem Teil des Phasenraums verbracht, der einer Lage kalten und
einer Lage heißen Wassers entspricht; in der Praxis werden Sie niemals lauwarmes Wasser sich in kaltes und heißes Wasser aufteilen
sehen.

Lassen Sie mich die Erklärung wiederholen. Sie haben sorgfältig
eine Lage heißen Wassers über eine Lage kalten Wassers gegossen.
Auf diese Weise haben Sie es so eingerichtet, daß Ihr System in einem kleinen speziellen Bereich seines Phasenraums ist. Nach einer

kurzen Zeit wird die Wärme diffundiert sein, und Sie haben homogen lauwarmes Wasser, entsprechend einem sehr viel größeren Bereich des Phasenraums. Wenn Sie lang genug warten, wird die ewige Wiederkehr Ihr System zu einer Lage kalten Wassers und einer Lage heißen Wassers zurückbringen. Aber wie lang ist lang genug? Diese Zeit abzuschätzen, hängt mit dem Zustandzählen, wie wir es in Kapitel 16 gemacht haben, zusammen, und die Antwort ist entmutigend: fürchterlich lang. Lang genug ist einfach zu lang. Wegen der Kürze des Lebens werden wir niemals wieder eine Schicht heißen Wassers über einer Schicht kalten Wassers sehen, und in diesem Sinne ist das Mischen zweier Schichten irreversibel (wegen der Rolle der empfindlichen Abhängigkeit von den Anfangsbedingungen; beachten Sie Anmerkung [18.2]).

Die Erklärung für die Irreversibilität, die wir, Boltzmann folgend, erhalten haben, ist zugleich einfach und ziemlich subtil. Es ist eine probabilistische Erklärung. Es gibt darin keine Irreversibilität der Grundgesetze der Physik, aber da ist etwas ganz Spezielles an dem Anfangszustand des Systems, das wir betrachten: dieser Anfangszustand ist *sehr unwahrscheinlich*. Darunter verstehen wir, daß er einem relativ kleinen Phasenraumvolumen (oder kleiner Entropie) entspricht. Die Zeitentwicklung führt dann in ein Gebiet mit relativ großem Volumen (oder großer Entropie), das einem sehr wahrscheinlichen Zustand des Systems entspricht. Im Prinzip wird das System nach einer sehr langen Zeit zu dem unwahrscheinlichen Anfangszustand zurückkehren ... aber wir werden dies nicht erleben. Als Physiker werden Sie eine Idealisierung machen wollen, wo die Anzahl der Teilchen in Ihrem System gegen unendlich strebt und die Zeit für die ewige Widerkehr auch gegen unendlich strebt. In diesem Grenzwert haben Sie echte Irreversibilität.

Ich habe die Interpretation von Irreversibilität, die heute allgemein von Physikern anerkannt ist, beschrieben. Es gibt da einige abweichende Auffassungen, wie die von Ilya Prigogine [18.3], aber die Meinungsverschiedenheit beruht eher auf philosophischem Vorurteil als physikalischem Augenschein. Da ist nichts falsch an einem philosophischen Vorurteil, im Gegenteil, es ist unschätzbar, um in der Physik Entdeckungen zu machen. Aber zu gegebener Zeit müssen die Dinge über den sorgfältigen Vergleich von mathematischen Theorien und physikalischen Experimenten abschließend geklärt werden.

Eine von den Ingredienzien unserer Diskussion, die Reversibilität der Grundgesetze der Physik, scheint eine gute Annahme zu sein [18.4]. Aber wie ist das mit der Ergodenhypothese? Sie würde einen mathematischen Beweis verlangen, und ein solcher Beweis fehlt immer noch, selbst für einfache Modelle. Gleichwohl machen sich Physiker darüber nicht zu viele Sorgen. Man hat gemerkt, daß viele wichtige mathematische und physikalische Aspekte unseres Verständnisses von Irreversibilität weiter präzisiert werden müssen. Die Ergodenhypothese muß möglicherweise abgeschwächt werden. Für einige Systeme, wie *Spingläser*, braucht man möglicherweise eine andere Art, die Dinge zu betrachten. Im Grunde jedoch glauben wir, daß wir verstehen, was vorgeht.

Eines Tages mag dieses Vertrauen erschüttert werden. Aber für den Augenblick bekommt es Unterstützung von unserem guten Verständnis der *statistischen Mechanik des Gleichgewichts*. Dieser Teil der Physik macht sich keine Gedanken über das komplexe Problem, kaltes und heißes Wasser zu mischen, sondern nur über den Vergleich von kaltem Wasser mit heißem Wasser und auch mit Eis und Wasserdampf. Die Vorhersagen der statistischen Mechanik des Gleichgewichts sind in sehr genauer Übereinstimmung mit dem Experiment. Klarerweise ist dies ein Bereich der Physik, wo wir wissen, was wir tun. Statistische Mechanik des Gleichgewichts ist ein ziemlich technisches Sujet und eines, das begrifflich sehr reichhaltig ist. Ihre machtvollen Ideen sind auf Mathematik und andere Teile der Physik, wo sie eine wichtige Rolle spielen, übertragen worden. Für mich repräsentiert die statistische Mechanik des Gleichgewichts das, was die Naturwissenschaft an Tiefstem und Vollkommenstem hervorgebracht hat, und deshalb möchte ich versuchen, Ihnen im nächsten Kapitel einen flüchtigen Einblick in den Gegenstand zu geben.

19. Statistische Mechanik des Gleichgewichts

Sie besuchen ein Kunstmuseum und wandern durch die Abteilung der französischen Malerei des frühen 20. Jahrhunderts. Hier ist ein prächtiger Renoir, dort ein unverkennbarer Modigliani, dort einige Blumen von van Gogh und Früchte von Cézanne. Weiter vorne dann werfen Sie einen flüchtigen Blick auf einen Picasso, oder vielleicht ist es ein Braque. Sie haben diese Gemälde vorher nie gesehen, aber Sie haben normalerweise keinen Zweifel, wer der Künstler war. Van Gogh malte in den letzten Jahren seines Lebens eine erstaunliche Anzahl von Werken, alle überwältigend schön, die sofort von Malereien von Gauguin beispielsweise unterschieden werden können. Woran können sie den Unterschied erkennen? Also gut, die Farbe ist nicht auf dieselbe Weise aufgetragen, und die behandelten Sujets sind verschieden, aber da gibt es noch etwas, etwas schwerer explizit Ausdrückbares, das doch sofort erkannt wird, was mit dem Aufbau der Formen und dem Ausbalancieren der Farben zu tun hat.

Und ganz ähnlich, werden Sie sofort wissen, wenn Sie das Radio aufdrehen, ob Sie klassische Musik oder die Beatles hören. Und wenn Sie das geringste Interesse an klassischer Musik haben, werden Sie Bach von der Musik des 16. Jahrhunderts unterscheiden, Beethoven von Bach und Bartok von Beethoven. Sie mögen die Stücke niemals vorher gehört haben, aber da ist irgendetwas Einmaliges an der Anordnung der Töne, was fast unmittelbares Erkennen ermöglicht. Man kann versuchen dieses "etwas Einmalige" durch statistische Untersuchungen einzufangen [19.1]. Insbesondere kann man die Intervalle zwischen aufeinanderfolgenden Noten studieren. Speziell kurze Musikintervalle sind häufig, aber sie sind besonders häufig in der alten Musik. Neuere Musik benutzt alle Arten von Intervallen. Indem wir die Häufigkeit der Intervalle zwischen aufeinanderfolgenden Noten in einem Musikstück auswerten, können wir so entscheiden, ob es von Buxtehude oder Mozart oder Schönberg ist. Natürlich können wir zu derselben Schlußfolgerung sogar besser und schneller kommen, indem wir einige Takte anhören. Aber das heißt in der Tat, dieselbe Methode zu benutzen; das menschliche Ohr-Hirn-System ist ein wunderbares Instrument, um diese Art statistischer Information zu extrahieren, die uns zu sagen erlaubt: das ist Musik von Monteverdi oder von Brahms oder von Debussy.

Ich nehme also den Standpunkt ein, daß wir einen Maler oder Komponisten aufgrund einer statistischen Evidenz identifizieren. Aber Sie mögen denken, daß das absurd ist. Wie können wir uns einer Identifizierung sicher sein, wenn wir sie auf Wahrscheinlichkeiten aufbauen? Die Antwort ist, daß wir fast sicher sein können. Gerade so, wie wir uns oft fast sicher sind hinsichtlich des Geschlechts einer Person, die wir auf der Straße treffen: Männer sind üblicherweise größer, haben kürzeres und dunkleres Haar, größere Füße usw. Jede einzelne Charakteristik ist ziemlich unzuverlässig, aber Sie bewerten viele Charakteristika in einem Bruchteil einer Sekunde und das läßt dann oft keinen vernünftigen Zweifel mehr zu.

Eine Frage bleibt jedoch: Wie kommt es, daß ein bestimmter Künstler wiederholt Werke mit derselben Anhäufung probabilistischer Züge, die diesen herausgegriffenen Künstler charakterisieren, hervorbringt? Oder nehmen Sie ein anderes Beispiel: Wie kommt es, daß Ihre Handschrift so einmalig, so schwer nachmachbar für andere und so schwer verstellbar für Sie ist? Wir kennen die Antworten auf diese Fragen nicht, weil wir im einzelnen nicht wissen, wie das Hirn funktioniert. Aber wir verstehen etwas sehr Ähnliches, eine Grundtatsache, die in einem gewissen Sinne der Grundstein für die statistische Mechanik des Gleichgewichts ist.

Hier ist diese Grundtatsache: *Wenn man einem komplizierten System eine einfache globale Bedingung auferlegt, dann haben die Konfigurationen, die dieser Bedingung genügen, üblicherweise*

eine Häufung probabilistischer Merkmale, die diese Konfiguratio-
nen eindeutig charakterisieren. Lesen Sie den obigen Satz noch
einmal: er ist absichtlich vage und metaphysisch, so daß er auf
Malerei oder Musik angewandt werden könnte. Daß ein gewisser
Künstler der Schöpfer ist, ist dann die "einfache globale Bedingung", und die "Häufung probabilistischer Merkmale" im Kunst-
werk erlaubt uns, den Künstler zu identifizieren. Aber wir wollen
jetzt die Situation der statistischen Mechanik des Gleichgewichts
diskutieren. Hier wird das komplizierte System typischerweise aus
einer großen Anzahl von Teilchen in einer Kiste (ein Liter Helium
ist unser Standardbeispiel) bestehen. Und die einfache globale Bedingung wird sein, daß die Gesamtenergie des Systems höchstens
den Wert E hat. Wir schränken den *makroskopischen* Zustand des
Systems ein, und das wird, so wird behauptet, seine *mikroskopi-*
sche probabilistische Struktur bestimmen.

Lassen Sie mich wieder dem Drang nachgeben, eine Gleichung
aufzuschreiben; hier ist der Ausdruck für die Energie eines Teilchensystems ausgedrückt durch die Geschwindigkeiten v_i der Teilchen und ihre Lagen x_i:

$$\text{Energie} = \sum_i \frac{1}{2} m v_i^2 + \sum_{i<j} V(x_i - x_j).$$

Wie wir früher gesehen haben, ist $\frac{1}{2} m v_i^2$ die kinetische Energie
des i-ten Teilchens. Der Ausdruck $V(x_j - x_i)$ ist die potentielle
Energie aus der Wechselwirkung des i-ten mit dem j-ten Teilchen.
Wir nehmen an, daß die potentielle Energie nur von dem Abstand
zwischen den zwei Teilchen abhängt und schnell gegen null geht,
wenn der Abstand groß wird. Unsere einfache globale Bedingung
ist dann

$$\text{Energie} \leq E.$$

Die Behauptung ist, daß eine Konfiguration von Lagen x_i und Geschwindigkeiten v_i, wenn sie dieser Bedingung genügt, üblicherweise sehr speziell aussehen wird und von Konfigurationen, die
anderen Vorgaben für das Potential V oder für E entsprechen,
unterscheidbar ist. Kaum zu glauben, nicht wahr? Nun ja, es hat

einige Zeit gebraucht, um es zu verstehen, und die Leute, denen dafür das Verdienst zukommt, sind Gibbs und seine Nachfolger. Die Einzelheiten der Analyse sind relativ schwierig und technisch und können hier nicht diskutiert werden. Aber es gibt da eine zentrale Idee, die einfach und schön ist und die ich erklären möchte.

Ich sehe jedoch, daß Sie einen Einwand haben und daß ich dem unmittelbar entgegentreten muß. Wenn wir eine Konfiguration haben, die

$$\text{Energie} \leq E$$

genügt, dann wird sie auch

$$\text{Energie} \leq E'$$

genügen, falls E' größer ist als E. Deshalb können die Konfigurationen, die mit E assoziiert sind, nicht von denjenigen, die mit E' assoziiert sind, unterschieden werden, im Gegensatz zu dem, was ich gerade behauptet habe, und die Behauptung ist deshalb Unsinn.

Was die aufgestellte Behauptung rettet, ist das Adverb "üblicherweise". Es gibt da viel viel mehr Konfigurationen mit einer Energie $\leq E'$ als Konfigurationen mit einer Energie $\leq E$. Deshalb wird eine Konfiguration mit einer Energie $\leq E'$ üblicherweise nicht eine Energie $\leq E$ haben und kann mit diesen Konfigurationen niedriger Energie nicht verwechselt werden. In einer mehr technischen Ausdrucksweise: Die Entropie assoziiert mit E' ist größer als die, die mit E assoziiert ist, und das entsprechende Volumen im Phasenraum (oder die Anzahl der Zustände) ist sehr viel größer.

Gewissermaßen habe ich gerade die einfache und schöne zentrale Idee, die ich Ihnen versprochen habe, preisgegeben. Lassen Sie mich das noch einmal tun mit einem sehr einfachen und expliziten Beispiel. Ich setze die potentielle Energie $V = 0$, so daß meine globale Bedingung an die Energie jetzt lautet:

$$\sum_{i=1}^{N} v_i^2 \leq \frac{2E}{m} \ .$$

Um die Dinge so einfach wie möglich zu machen, werde ich annehmen, daß meine N Teilchen in einer eindimensionalen Kiste sind, so daß die v_i Zahlen anstelle von Vektoren sind, und ich werde $2E/m = R^2$ schreiben. Dann besagt

$$\sum_{i=1}^{N} v_i^2 \le R^2,$$

daß der N-dimensionale Vektor mit Komponenten v_i die Länge $\le R$ hat. (Ich habe den Satz von Pythagoras benutzt). Mit anderen Worten, die erlaubten Konfigurationen für die Geschwindigkeiten sind die Punkte innerhalb einer Kugel vom Radius R in N Dimensionen. Was ist der Anteil der Konfigurationen im Inneren einer Kugel vom Radius $\frac{1}{2}R$? Es ist das Verhältnis der Volumina der zwei Kugeln: $\frac{1}{2}$, wenn $N = 1$, $\frac{1}{4}$, wenn $N = 2$, $\frac{1}{8}$, wenn $N = 3$, ..., $\frac{1}{1024}$, wenn $N = 10$, ..., weniger als eins in einer Million, wenn $N = 20$ usw. Wenn wir viele Teilchen haben, d.h. wenn N groß ist, werden praktisch alle Konfigurationen außerhalb der Kugel vom Radius $\frac{1}{2}R$ sein. Gleichfalls werden sie außerhalb der Kugel vom Radius $\frac{9}{10}R$ oder $\frac{99}{100}R$ sein.

Das Ergebnis des Arguments ist: Nehmen Sie eine Kugel vom Radius R in N Dimensionen, N groß, dann liegen die meisten Punkte innerhalb der Kugel tatsächlich sehr nahe an der Oberfläche. (Natürlich gibt es Ausnahmen: der Mittelpunkt der Kugel ist nicht nahe an der Oberfläche.) Wir haben somit ein Beispiel, wo eine einfache globale Bedingung (daß ein Punkt innerhalb einer Kugel liegt) – üblicherweise – eine sehr viel einschränkendere Bedingung (daß der Punkt sehr nahe an der Oberfläche der Kugel liegt) nach sich zieht. Dies ist eine ziemlich allgemeine Situation, die von dem Faktum, daß wir bereit sind, *üblicherweise* anstatt *immer* zu sagen, abhängt. Auch haben wir angenommen, daß N groß ist: wir betrachten Geometrien in vielen Dimensionen (oder ein kompliziertes System, das viele Teilchen enthält).

Ein großer Teil der Arbeit von Wissenschaftlern besteht darin, einer allgemeinen Idee (wie der metaphysischen Idee über komplizierte Systeme, die oben ausgesprochen wurde) zu folgen und zu sehen, inwieweit sie gerechtfertigt werden kann, und wann sie zusammenzubrechen oder nutzlos zu werden beginnt. In der Praxis bedeutet das eine Menge harter Arbeit. Ich kann nicht einmal einen Anfang machen, um Ihnen eine Vorstellung zu geben, worin diese harte Arbeit besteht [19.2], aber ich möchte Sie daran erinnern, daß sie da ist und daß die vorliegende nichttechnische Diskussion auf ihr aufbaut. Die Diskussion auf einer rein metaphysischen und schöngeistigen Ebene weiter zu verfolgen, ist wie mit verbundenen Augen Auto zu fahren: es kann nur zu einer Katastrophe führen. Nachdem ich mein Gewissen mit dieser Warnung beruhigt habe, kann ich jetzt etwas mehr über die statistische Mechanik des Gleichgewichts sagen. Es wird ein wenig technisch sein, und Sie können sich entscheiden, entweder den Rest dieses Kapitels langsam und sorgfältig zu lesen oder, im Gegenteil, so schnell wie möglich zum nächsten Kapitel überzugehen.

Wie wir gesehen haben, wächst die Entropie S (sagen wir um ΔS), wenn die Energie E anwächst (sagen wir um ΔE). Das Verhältnis $\Delta E/\Delta S$ (d.h. die Ableitung der Energie bezüglich der Entropie) ist eine wichtige Größe. Wir wollen sie *Teee* oder T nennen.

Nehmen Sie nun an, wir hätten ein System, das aus zwei Teilen I und II (zwei Materieklumpen im Gleichgewicht zueinander) zusammengesetzt ist. Wir prägen die Bedingung auf:

Energie $\leq E$.

Wie wir gesehen haben, zieht dies nach sich, daß die Energie üblicherweise fast gleich E ist. Aber es gibt noch andere Konsequenzen: die Energie des Teilsystems I ist ebenfalls nahezu auf einen Wert E_I festgelegt und die Energie des Teilsystems II auf einen Wert E_{II}. Wie wählt das System die Energien E_I und E_{II}? Es versucht einfach, die Summe der Entropien von System I (Energie E_I) und System II (Energie E_{II}) unter der Bedingung $E_I + E_{II} = E$ maximal zu machen. Wenn Sie darüber einen Augenblick nachdenken, werden Sie sehen, daß das einen Sinn macht: das System nimmt einfach im Phasenraum ein so großes Volumen ein als es unter der Bedingung kann, daß seine Energie festgelegt ist. Aber die Bedingung, daß die Summe der Entropien maximal ist, kann auch dadurch ausgedrückt werden, daß das *Teee* von System I gleich ist dem *Teee* des Systems II (vgl. [19.3]):

$$T_I = T_{II}.$$

Und gerade so taucht ganz natürlich der Begriff der Temperatur auf: *Teee* kann mit der absoluten Temperatur bis auf einen konventionellen konstanten Faktor identifiziert werden:

$$\text{absolute Temperatur} = \frac{1}{k} \frac{\Delta E}{\Delta S},$$

wobei k wieder die Boltzmannkonstante ist. Zwei Teilsysteme befinden sich im Gleichgewicht, wenn sie dieselbe Temperatur haben.

Beachten Sie, daß der Temperaturbegriff bis jetzt nicht eingeführt worden war, obwohl wir ungenau von kaltem und heißem Wasser gesprochen haben, um kleinere oder größere Gesamtenergie anzudeuten. Anstatt mit der Analyse von Experimenten anzufangen, haben wir mit allgemeinen Betrachtungen über Geometrie in einer großen Dimensionszahl begonnen, und wir kamen am Ende in natürlicher Weise auf eine Quantität, die die Temperatur sein muß. Die frühen statistischen Mechaniker versuchten zu erkennen, wie eine Welt, die aus vielen Atomen und Molekülen zusammengesetzt ist, aussehen mag, indem sie gleichsam bei nichts anfingen. Können Sie sich ihr Erstaunen, ihre Begeisterung, ihr Gefühl von Macht vorstellen, als sie herausfanden, daß die von ihnen rekonstruierte Welt so war wie die um uns herum?

20. Siedendes Wasser und die Tore zur Hölle

Wenn Sie nicht Russisch können, werden alle Bücher in dieser Sprache für Sie ziemlich gleich ausschauen. Ebenso werden Sie, es sei denn Sie haben die geeignete Ausbildung, wenig Unterschied zwischen den verschiedenen Bereichen der theoretischen Physik bemerken. In allen Fällen sind das, was Sie sehen, abstruse Texte vermengt mit pompösen griechischen Wörtern, unterbrochen von Formeln und technischen Symbolen. Und doch haben die verschiedenen Bereiche der Physik sehr verschiedene Geschmäcker. Nehmen Sie beispielsweise die spezielle Relativitätstheorie. Das ist ein schöner Gegenstand, der aber für uns kein Geheimnis mehr birgt; wir haben das Gefühl, daß wir darüber alles wissen, was wir jemals wissen wollten. Im Gegensatz dazu hält die statistische Mechanik ihre ehrfurchtsgebietenden Geheimnisse zurück: alles deutet darauf hin, daß wir nur einen kleinen Teil verstehen von dem, was es da zu verstehen gibt. Was sind diese ehrfurchtsgebietenden Geheimnisse? Dieses Kapitel wird ein paar davon beschreiben.

Ein rätselhaftes Naturphänomen ist das Sieden des Wassers, und das Gefrieren von Wasser ist nicht weniger mysteriös. Wenn wir einen Liter Wasser nehmen und die Temperatur erniedrigen, ist es nicht unvernünftig zu erwarten, daß das Wasser mehr und mehr viskos werden sollte. Wir könnten vermuten, daß es bei einer ausreichend niedrigen Temperatur so viskos sein wird, so steif, daß es ziemlich fest erscheint. Diese Vorstellung über die Verfestigung von Wasser ist falsch [20.1]. Wenn wir Wasser abkühlen, sehen wir, daß es sich bei einer gewissen Temperatur in einer vollkommen abrupten Weise in Eis verwandelt. Ebenso wird Wasser, wenn wir es erhitzen, bei einer bestimmten Temperatur sieden, d.h. in einem diskontinuierlichen Wechsel von Flüssigkeit in Wasserdampf übergehen. Das Gefrieren und das Sieden von Wasser sind vertraute Beispiele von *Phasenübergängen*. Diese Phänomene sind uns sicherlich so vertraut, daß wir die Tatsache, daß sie tatsächlich sehr seltsam sind und nach einer Erklärung verlangen, übersehen könnten. Vielleicht könnte man sagen, daß ein Physiker eine Person ist, die es *nicht* als offensichtlich betrachtet, daß Wasser gefrieren oder sieden sollte, wenn seine Temperatur gesenkt oder erhöht wird. Was erzählt uns die statistische Mechanik über Phasenübergänge?

Nach unserer allgemeinen Philosophie führt das Auferlegen einer globalen Bedingung (in diesem Fall die Festlegung der Temperatur) dazu, daß allerlei Dinge über das System (*üblicherweise*) eindeutig spezifiziert sind. Gibt man Ihnen einen Schnappschuß einer Konfiguration von Heliumatomen bei 20°C, dann sollten Sie in der Lage sein, ihn von einem Schnappschuß, der bei einer anderen Temperatur oder von einer anderen Substanz gemacht wurde, genauso zu unterscheiden, wie Sie einen van Gogh von einem Gauguin mit einem Blick unterscheiden. Die "Häufung probabilistischer Merkmale" verändert sich mit der Temperatur, und der Wechsel ist üblicherweise allmählich. Genauso mag der Stil eines Malers sich allmählich verändern, während der Künstler älter wird. Und dann passiert das Unerwartete. Bei einer gewissen Temperatur haben Sie anstatt einer allmählichen Veränderung einen plötzlichen Sprung: vom Heliumgas zum flüssigen Helium oder vom Wasser zu Wasserdampf oder Eis.

Kann man in einem Schnappschuß von Molekülen Eis leicht von flüssigem Wasser unterscheiden? Ja. Eis ist kristallisiert (denken Sie an eine Schneeflocke) und die Richtungen der Kristallachsen können in dem Schnappschuß als eine statistische Aufreihung der Moleküle in gewissen Richtungen gesehen werden. Im Gegensatz dazu gibt es im flüssigen Wasser keine bevorzugten Richtungen.

Hier ist somit ein Problem für theoretische Physiker: Beweisen Sie, daß Sie, während Sie die Wassertemperatur erhöhen oder erniedrigen, Phasenübergänge zum Wasserdampf oder zum Eis haben. Nun, ein schöner Auftrag, ... aber zu anspruchsvoll! Wir sind weit weg davon, einen solchen Beweis zu haben. In der Tat gibt es

nicht einen einzigen Typ von Atomen oder Molekülen, für den wir
mathematisch beweisen können, daß er bei niedriger Temperatur
auskristallisieren sollte. Diese Probleme sind einfach zu schwierig
für uns.

Wenn Sie ein Physiker sind, dann werden Sie es nicht als un-
gewöhnlich empfinden, mit einem Problem, das für Sie viel zu
schwer ist, um es lösen zu können, konfrontiert zu sein ... Da gibt
es natürlich Auswege, aber sie verlangen, daß Ihr Verhältnis zur
Realität in der einen oder anderen Weise geändert wird. Entweder betrachten Sie ein mathematisches Problem, das analog ist
zu dem, das Sie nicht behandeln können, jedoch einfacher, und
vergessen den engen Kontakt zur physikalischen Realität. Oder
Sie heften sich an die physikalische Realität, idealisieren sie aber
auf verschiedene Weise (oft um den Preis, mathematische Strenge
oder logische Konsistenz zu opfern). Von beiden Zugängen wurde
Gebrauch gemacht, um Phasenübergänge zu verstehen, und beide
Zugänge haben sich als sehr fruchtbar erwiesen. Einerseits ist es
möglich, Systeme *auf einem Gitter* zu studieren, wo die Atome,
anstatt sich frei zu bewegen, nur in gewissen diskreten Lagen vorkommen können. Für diese Systeme hat man gute mathematische Beweise dafür, daß gewisse Phasenübergänge auftreten [20.2].
Andererseits kann man neue Ideen einbringen, wie etwa Wilsons
Ideen des *Skalierens*, und eine reiche Ernte neuer Resultate bekommen [20.3]. Trotzdem ist die Lage noch nicht recht befriedigend. Wir hätten gern ein allgemeines begriffliches Verständnis
dafür, warum es Phasenübergänge gibt, und dies entzieht sich uns
im Moment noch.

Um die Kraft der Ideen der statistischen Mechanik zu zeigen,
werde ich jetzt vom siedenden oder gefrierenden Wasser auf etwas
völlig anderes springen: Schwarze Löcher.

Wenn Sie eine Kugel in die Luft schießen, wird sie nach einiger Zeit herunterfallen, weil ihre Geschwindigkeit nicht ausreicht,
die Gravitation, d.h. die Anziehung der Kugel durch die Erde,
zu überwinden. Aber eine sehr schnelle Kugel mit einer größeren Geschwindigkeit als der sogenannten *Fluchtgeschwindigkeit*
würde die Erde für immer verlassen, wenn wir kleine Einzelheiten, wie Verlangsamung durch Luftreibung, ignorieren. Für einige

Himmelskörper ist die Fluchtgeschwindigkeit geringer als für die Erde und für andere größer. Nehmen wir an, Sie wären auf einem kleinen massiven Himmelskörper, wo die Fluchtgeschwindigkeit größer ist als die Lichtgeschwindigkeit. Dann wird alles, was Sie hochzuschicken versuchen, einschließlich des Lichts, herunterfallen. Sie können keine Botschaft an die Außenwelt schicken, Sie sind in der Falle. Die Sorte von Himmelsobjekten, wie das, auf dem Sie sich befinden, heißt ein *Schwarzes Loch* und sollte mit derselben Warnung versehen werden, die, nach Dante über den Toren der Hölle geschrieben steht: *Lasciate ogni speranza, voi ch'entrate.* Laßt, die Ihr eingeht, jede Hoffnung fahren ...

Tatsächlich war meine Beschreibung eines Schwarzen Lochs etwas naiv: rote Lichter blinken auf und Sirenen heulen im Verstand eines Physikers, wenn Sie eine "Geschwindigkeit größer als die Lichtgeschwindigkeit" erwähnen. Wenn wir Gravitation und Lichtgeschwindigkeit gleichzeitig diskutieren, dann ist die physikalische Theorie, die wir benutzen sollten, die *Allgemeine Relativitätstheorie.* Nach Einsteins Allgemeiner Relativitätstheorie gibt es Schwarze Löcher tatsächlich, und sie können rotieren. Sie entstehen, wenn eine große Menge Materie in ein kleines Raumgebiet gebracht wird; alles was zufällig in der Nähe ist, ziehen sie an und verschlingen es. Astrophysiker haben keinen hieb- und stichfesten Beweis dafür, daß sie Schwarze Löcher gesehen haben, aber sie glauben, sie hätten. Insbesondere glaubt man, daß sehr mächtige Strahlungsquellen, die im Zentrum der Galaxien vorhanden sind, und auch quasistellare Objekte ("Quasare") mit sehr massereichen Schwarzen Löchern in Beziehung stehen. Die Strahlung wird nicht von dem Schwarzen Loch selbst, das im Prinzip nichts emittieren kann, ausgestrahlt, sondern von den umgebenden Regionen. Diese Regionen sind, wollen wir den Astrophysikern glauben, extrem unerfreuliche Plätze, so ungesund wie die Tore zur Hölle. In der Tat, wäre ein Physiker für die Hölle verantwortlich, würde diese wahrscheinlich wie ein massives Schwarzes Loch aussehen. Nehmen wir an, E9 Sonnenmassen (eine Millarde) wären kollabiert, um ein rotierendes Schwarzes Loch zu bilden. Es wird eine *Akkretionsscheibe* von Materie, die vom Schwarzen Loch angezogen

spiralenförmig darauf zuläuft, geben. Diese Materie, heiß und io-
nisiert, bildet ein leitendes Plasma und wird ein normalerweise da-
zugehörendes magnetisches Feld mittragen. Man kann nun versuchen, sich eine Vorstellung von der Dynamik der hineinstürzenden
Materie, den magnetischen und elektrischen Feldern, den elektrischen Strömen usw. zu machen. Die Resultate übersteigen alle unsere Vorstellungen. Geschätzte Potentialdifferenzen der Ordnung
E20 Volt (20 Nullen!) bilden sich um das Loch. Elektronen werden von diesen Potentialdifferenzen beschleunigt und stoßen mit
Photonen (Lichtteilchen) zusammen, die andere Photonen treffen
und ein Inferno von Elektron-Positron-Paaren hervorbringen. Das
wenigstens ist eine Vorstellung davon, was vorgeht. Es gibt keine
Übereinstimmung bezüglich der Einzelheiten, aber das Bild ist
das einer Region ungefähr von der Größe unseres Sonnensystems,
die eine riesige Menge Energie abstrahlt. Sie erinnern sich, daß
via Einsteins berühmtem $E = mc^2$ Energie und Masse äquivalent
sind. Der Energieausstoß würde in diesem Fall von der Ordnung
von 10 Sonnenmassen jährlich sein, eine schrecklich große Menge,
wie auch immer Sie es betrachten.

Aber theoretische Physiker sind nicht leicht zu beeindrucken,
und Sie machen weiter, sich Fragen wie die folgenden zu stellen.
Angenommen, ein Schwarzes Loch, statt in der Mitte einer Akkretionsscheibe aus hineinstürzender Materie zu sein, säße ganz
alleine in einem vollständigen Vakuum. Was würden wir von einem solchen reinen Schwarzen Loch sehen? Würde es irgendeine
Strahlung hervorbringen? Nach den klassischen Ideen der Allgemeinen Relativitätstheorie würde ein reines Schwarzes Loch Gra-
vitationseffekte haben: es würde ferne Materie anziehen, und ein
rotierendes Schwarzes Loch würde sie auch in Drehung versetzen.
Ein Schwarzes Loch mag auch elektrische Ladung haben, die wir
der Einfachheit halber nicht beachten wollen. Sieht man davon ab,
dann sind sich reine Schwarze Löcher sehr ähnlich. Zwei Schwarze
Löcher mit derselben Masse und derselben Rotation (d.h. demselben Drehmoment), sind ununterscheidbar. Ob das Schwarze Loch
aus Wasserstoff oder Gold entstanden war, spielt keine Rolle. Das
Loch hat seine Ursprünge vergessen (außer der Masse und dem
Drehmoment) und ein Physiker wird sich weigern, von einem aus

Wasserstoff oder aus Gold bestehenden Loch zu sprechen. Des weiteren bringt das Loch, gemäß der Allgemeinen Relativitätstheorie, keine Strahlung hervor.

Unter den Leuten, die sich das Problem der Schwarzen Löcher ansahen, war der britische Astrophysiker Steven Hawking, und er war nicht zufrieden mit der Antwort, soweit sie das Fehlen von Strahlung betraf. Das Urteil der Allgemeinen Relativitätstheorie ist klar, zieht aber die Quantenmechanik nicht in Betracht. (Tatsächlich haben wir keine vollständig konsistente Theorie, die die Quanten- und die Allgemeine Relativitätstheorie vereinigt.) Warum sollte Quantenmechanik für dieses Problem wichtig sein? Der Grund ist, daß nach dieser Theorie, das *Vakuum* nicht vollständig leer sein kann. Wenn Sie auf ein sehr kleines Gebiet des Vakuums schauen, dann ist die Lage ziemlich genau bekannt, und deshalb sagt die Heisenbergsche Unschärferelation aus, daß die Geschwindigkeit, genauer der Impuls, ziemlich ungewiß sein muß. Das bedeutet, daß es *Vakuumfluktuationen* in Form von Teilchen, die mit hoher Geschwindigkeit vorüberfliegen, geben muß [20.4]. Ich weiß, daß dieses Argument sich wie ein Schwindel anhört, aber es ist die beste Art, in Worte zu fassen, was der mathematische Formalismus kohärenter ausdrücken würde. Normalerweise werden Vakuumfluktuationen unbedeutend, wenn Sie ein größeres Vakuumgebiet betrachten. Aber was passiert, wenn das Vakuum der intensiven Gravitation in der Nähe des Schwarzen Lochs ausgesetzt ist? Nun gut, nach Hawkings Berechnungen fallen einige der Teilchen, die die Vakuumfluktuationen ausmachen, in das Schwarze Loch, und andere entweichen in Form von Strahlung. Tatsächlich emittiert das Schwarze Loch elektromagnetische Strahlung (Licht) geradeso wie irgendein Klumpen heißer Materie, und man kann daher von der Temperatur eines Schwarzen Lochs sprechen.

Hawkings Resultat wurde zunächst mit beträchtlicher Skepsis von den Physikern aufgenommen, aber als die Rechnungen noch einmal gemacht wurden und aus verschiedenen Quellen neue Einsicht in das Problem gewonnen worden war, wurde es anerkannt [20.5]. Vielleicht sollte jetzt gleich gesagt werden, daß massereiche Schwarze Löcher sehr niedrige Temperaturen haben und daß ihre

Hawkingstrahlung ganz und gar nicht feststellbar ist. Die Strahlung hat ungeheures theoretisches Interesse, wovon ich Ihnen jetzt eine Vorstellung geben möchte.

Gehen wir auf die Tatsache zurück, daß Entropie nicht abnehmen kann (der sogenannte zweite Hauptsatz der Thermodynamik). Es mag nun scheinen, daß Sie dieser Tatsache widersprechen können, indem Sie Zeug mit einer Menge Entropie in ein Schwarzes Loch hineinwerfen. (Es wird einen kleinen Zuwachs an Masse geben, aber ansonsten wird das Loch vergessen, was Sie hineingeworfen haben.) Es ist jedoch möglich den zweiten Hauptsatz der Thermodynamik zu retten, indem man dem Schwarzen Loch eine Entropie zuweist (in Abhängigkeit von seiner Masse und seinem Drehmoment). Ein Schwarzes Loch kann auf sehr viel verschiedene Weisen (aus Wasserstoff oder Gold usw.) hergestellt werden, und die Anzahl der Ziffern der Anzahl möglicher Vergangenheiten des Lochs ist eine natürliche Definition seiner Entropie. Wenn Sie wollen, können Sie schreiben

$$\text{Entropie} = k \log (\text{Anzahl der möglichen}$$
$$\text{Vergangenheiten des Lochs}).$$

Es fügt sich so, daß dieses zu einem konsistenten thermodynamischen Bild eines Schwarzen Lochs führt, das insbesondere eine wohldefinierte Temperatur hat. Aber dann sollte es elektromagnetische Wellen (Licht) wie irgendein Körper bei dieser Temperatur abstrahlen. Ja, und das tut es, wie Hawking gezeigt hat. Demnach passen, ganz unerwartet, Schwarze Löcher in den Rahmen der Thermodynamik und der statistischen Mechanik. Es ist eines von den Wundern, die sich manchmal unverhofft in der Naturwissenschaft ereignen, und die uns sagen, daß in den Naturgesetzen eine größere Harmonie ist, als wir geahnt haben.

21. Information

In Ihr eigenes Blut getaucht kratzt der Federkiel über das Pergament. Sie haben gerade einen Pakt mit dem Teufel unterschrieben. Sie versprechen ihm Ihre Seele nach dem Tode, wenn er Ihnen ein Leben lang Reichtum geben wird und alles, was damit verbunden ist. Wie wird er seinen Teil der Vereinbarung einhalten? Vielleicht wird er Sie die Koordinaten eines verborgenen Schatzes wissen lassen, aber das ist etwas altmodisch. Er wird Ihnen, etwas bequemer, die Ergebnisse von Pferderennen sagen, und er wird Sie in Maßen vermögend machen. Wenn Sie wirklich lästig werden, wird er Ihnen Vorhersagen für den Aktienmarkt liefern. *Wissen* ist es, was der Teufel anzubieten hat. In allen Fällen ist es Wissen, Information, was Sie als Bezahlung für Ihre Seele bekommen: die Koordinaten eines Schatzes, die Namen der Siegerpferde oder eine Liste der Aktienkurse. Information ist das, was Sie reich, geliebt und respektiert macht.

Hier ist ein anderes Beispiel von der Macht der Information. Nehmen Sie an, daß irgendeine fremde Spezies die Menschheit von der Erde tilgen möchte, ohne die Umwelt zu beschädigen. Eine Möglichkeit für ihr Vorgehen ist der Einsatz eines geeigneten Virus. Was sie brauchen, ist ein Virus so tödlich wie der von Aids, aber auch leicht übertragbar und schnell wirksam wie einige der neuen Stämme von Grippeviren. Sie brauchen etwas, was uns keine Zeit läßt, Strategien zu entwickeln, Impfungen durchzuführen und ähnliches.

Zur Zeit existiert das Virus, das für die Ausrottung der Menschheit benötigt wird, vermutlich noch nicht auf der Erde. Aber es könnte mit der geeigneten Technik hergestellt werden. Was die fremde Spezies braucht, ist seine präzise Beschreibung: wiederum Information. Im Falle von Aids ist die benötigte Information im wesentlichen in der speziellen Basissequenz enthalten, die die genetische Information des Virus verschlüsselt. Diese Sequenz ist eine mit einem Vierbuchstabenalphabet (A, T, G, C) geschriebene Botschaft [21.1], und sie enthält 9749 Buchstaben oder wenigstens ungefähr so viele. Es ist eine ziemlich kurze Botschaft. Wahrscheinlich gibt es eine ähnliche Nachricht als Code für ein Virus, das tödlich, schnell, übertragbar und in der Lage ist, uns alle wegzufegen. Diese Nachricht würde den Untergang der Menschheit buchstabieren und könnte auf wenigen Seiten des Buches, das Sie in Ihrer Hand halten, abgedruckt werden.

Ich persönlich würde mir nicht zu sehr den Kopf über unfreundliche Außerirdische zerbrechen. Verrückte Staatshäupter und fanatische Regierungen scheinen eine größere Bedrohung zu sein. Sie würden keine Probleme haben, Wissenschaftler mit konfusen Idealen oder beflissene und phantasielose Techniker zu finden, um das irrsinnigste, das selbstmörderischste Schema ins Werk zu setzen. Vielleicht wird so die Geschichte der Menschheit enden.

In dieser Hinsicht habe ich Ihnen nur einen tröstlichen Gedanken vorzuschlagen. Wenn die unfreundlichen Außerirdischen oder die verrückten Wissenschaftler sich auf schieres Glück verlassen müssen, um den Bauplan des unüberbietbaren Virus zu finden, dann sind wir in der Tat sehr sicher. Die Anzahl der Nachrichten von etwa 10 000 Buchstaben, die in einem Vierbuchstabenalphabet geschrieben sind, ist einfach zu groß, um sie zu sichten. Es gibt sehr viel mehr solcher Nachrichten als es Sandkörner auf allen Stränden des Milchstraßensystems gibt, tatsächlich viel mehr als es Atome im ganzen bekannten Universum gibt. Kurz gesagt, man kann von niemandem erwarten, eine Botschaft, die 10 000 Buchstaben lang ist, richtig zu erraten.

Die Länge einer Botschaft gibt einen Indikator ihres *Informationsgehalts* und sagt uns, wie schwer die Nachricht zu erraten ist. Versuchen wir eine genauere Definition des Informationsgehalts einer Nachricht zu bekommen. Die Länge ist wichtig, aber sicherlich spielt auch das Alphabet eine Rolle: Sie können die vier Buchstaben A, T, G, C durch die zwei Symbole 0 und 1 ersetzen, wobei Sie in Kauf nehmen müssen, einen Buchstaben in ein Paar von Symbolen zu übertragen: A = 00, T = 01, G = 10, C = 11.

Die übertragene Nachricht hat zweimal soviele Symbole wie die ursprüngliche, hat aber denselben Informationsgehalt. Oder aber, Sie könnten Paare von aufeinanderfolgenden Buchstaben A, T, G, C mit Hilfe von 16 Buchstaben des Alphabets a, b, c, ..., p, kodieren, wobei Sie die Nachricht nur mehr halb so lang machen, sie aber immer noch dieselbe Information enthält.

Wenn Sie eine in Englisch geschriebene Nachricht haben, können Sie sie durch das Weglassen der Vokale komprimieren, und die Nachricht bleibt normalerweise verständlich. Das bedeutet, daß geschriebenes Englisch redundant ist: es wird mehr ausgeschrieben, als für das Verstehen nötig ist. Gewiß gilt das auch für das Deutsche. Allerdings, um zu entscheiden, was der Informationsgehalt einer Nachricht ist, müssen Sie wissen, ob sie in Englisch oder in Deutsch oder in irgendeiner anderen Sprache geschrieben ist. Allgemeiner ausgedrückt, Sie müssen wissen, welche die zulässigen Nachrichten unter denen einer vorgegebenen Länge sind. Wenn Sie eine Liste der zulässigen Nachrichten haben, können Sie sie numerieren und jede einzelne davon durch die Angabe ihrer Nummer spezifizieren. Dieses Kodieren der möglichen Nachrichten durch ihre Nummer hat keine Redundanz, und deshalb ist die Länge der Kodierzahl ein gutes Maß für den Informationsgehalt der Nachrichten. Das folgende ist demnach eine vernünftige Definition:

Informationsgehalt = Anzahl der Ziffern in der Anzahl zulässiger Nachrichten.

Diese Definition nimmt auf eine Klasse zulässiger Nachrichten anstatt auf eine einzige Bezug (ein anderer Standpunkt ist auch möglich und wird in einem späteren Kapitel diskutiert werden). Die Definition muß etwas angepaßt werden, wenn die verschiedenen Nachrichten nicht alle dieselbe Wahrscheinlichkeit haben, aber darüber brauchen wir uns hier nicht den Kopf zu zerbrechen [21.2].

Bezugnehmend auf das, was wir zur Entropie gesagt haben, können wir auch schreiben:

Informationsgehalt = K log (Anzahl der zulässigen Nachrichten).

Meistens wird der Informationsgehalt durch *binäre Ziffern* oder *Bits* ausgedrückt. Das bedeutet, daß Sie die Nachricht in ein

Alphabet mit zwei "Buchstaben" 0 und 1 übertragen und dann ihre Länge messen (oder $K = 1log2$ in der obigen Formel wählen). In einer Arbeit, die 1948 erschien [21.3], schuf der amerikanische Wissenschaftler Claude Shannon im Alleingang die *Informationstheorie*. Die in Frage stehende Theorie handelt von einem sehr wichtigen praktischen Problem: Information effizient zu übermitteln. Angenommen Sie haben eine Quelle, die einen konstanten Strom von Information hervorbringt (ein Politiker, der eine Rede hält, Ihre Schwiegermutter oder Ihr Schwager beim Plaudern über das Telefon – es braucht keine sinnvolle Information zu sein). Sie können diesen Strom an Information betrachten als eine Folge von Nachrichten einer gegebenen Länge, in deutsch und mit einer gewissen Regelmäßigkeit produziert. Ihre Aufgabe als Techniker ist es, diese Nachrichten über eine bestimmte Leitung zu übertragen. Die Leitung könnte ein altmodisches Telegrafenkabel oder ein auf irgendeine entfernte Raumstation gerichteter Laserstrahl sein. Die Leitung hat eine gewissen *Kapazität*: die Maximalzahl binärer Ziffern (oder Bits), die sie pro Sekunde übertragen kann. Wenn Ihre Informationsquelle mehr Bits pro Sekunde produziert als die Leitung Kapazität hat, können Sie die Botschaft nicht übertragen (wenigstens nicht mit der Geschwindigkeit mit der sie erzeugt wird). Andernfalls können Sie es, aber Sie stehen noch vor dem Problem, einige Redundanz der Originalnachricht loszuwerden, indem Sie sie geeignet kodieren. (Das nennt man *Datenkompression*; die Nachricht kann komprimiert werden, wenn sie redundant ist, aber die Information ist nicht komprimierbar.)

Ein anderes Problem, das auftreten könnte, ist Rauschen in der Leitung. Dies können Sie bewältigen, indem Sie die Redundanz der Nachricht in geeigneter Weise anheben. Und zwar so: Wenn Sie die Nachricht kodieren, führen Sie zusätzliche Informationsbits ein, die es Ihnen erlauben, festzustellen, ob das Rauschen einen Buchstaben verändert hat, und weitere Bits, die es Ihnen erlauben, Korrekturen anzubringen. Mit anderen Worten, Sie verwenden einen Code, der Fehler korrigiert. Wenn die Kapazität Ihrer Leitung groß genug ist und das Rauschen klein genug, können Sie das Rauschen mit den fehlerkorrigierenden Codes besiegen.

Genauer gesagt, Sie können es so einrichten, daß die Wahrscheinlichkeit einer unrichtigen Übertragung beliebig klein wird. Das verlangt natürlich nach einem Beweis, und die Theorie der fehlerkorrigierenden Codes ist schwierig, aber die Grundideen sind einfach.

Die Definition von Information war in Anlehnung an die der Entropie, die die in einem System vorhandene Menge von Zufall mißt, modelliert. Warum sollte Information durch Zufall gemessen werden? Einfach deshalb, weil Sie durch die Wahl einer Nachricht in einer ganzen Klasse möglicher Nachrichten die in dieser Klasse vorliegende Willkür und Zufälligkeit aufheben.

Die Informationstheorie ist bemerkenswert erfolgreich gewesen, sowohl bezüglich ihrer mathematischen Entwicklungen als auch bezüglich ihrer praktischen Anwendungen. Wie im Falle physikalischer Theorien muß man sich aber darüber im klaren sein, daß sich Informationstheorie mit Idealisierungen der Wirklichkeit beschäftigt und gewisse wichtige Wesenszüge beiseite läßt. Von der Informationsquelle wird angenommen, daß sie eine zufällige Folge von Nachrichten hervorbringt (oder eine unendlich lange Nachricht mit gewissen statistischen Eigenschaften). Es wird nicht verlangt, daß die Nachrichten nützlich oder logisch kohärent sind oder daß sie überhaupt irgendeine Bedeutung haben. Wenn man sagt, daß eine Nachricht einen hohen Informationsgehalt hat, dann ist es dasselbe, als wolle man sagen, daß sie aus einer großen Klasse zulässiger Nachrichten herausgegriffen wurde oder daß sie sehr zufällig ist. Etwas von dieser Zufälligkeit mag einer nützlichen Information entsprechen, und einiges mag Abfall sein.

Wir wollen ein Beispiel – musikalische Melodien – diskutieren. Wir lassen verschiedene Details beiseite und betrachten Melodien als Nachrichten, wobei das Alphabet eine musikalische Tonleiter ist. Wir könnten versuchen, den Informationsgehalt (oder den Zufall) einer Melodie zu finden, indem wir die Häufigkeit der verschiedenen Noten und eine Statistik der Pausen zwischen verschiedenen Noten (das ist ein Standardvorgehen in der Informationstheorie [21.4]) studieren. Wie wir in einem früheren Kapitel erwähnt haben, benutzt die alte Musik meistens kleine Intervalle und daher wenige davon. In der neueren Musik findet man eine wachsende Vielfalt häufig vorkommender Intervalle. Daraus kann man schließen, daß es (in der klassischen westlichen Musik) einen allmählichen Anstieg des Informationsgehalts, oder des Zufallscharakters, in musikalischen Melodien gibt [21.5]. Das ist eine interessante Schlußfolgerung, die allerdings mit einem Körnchen Salz versehen werden muß. Schließlich steckt in einer musikalischen Melodie mehr als die Statistik aufeinanderfolgender Intervalle. Ein Musikstück hat einen Anfang und ein Ende und ziemlich viel Struktur dazwischen. Diese Struktur steht nicht nur mit den Korrelationen zwischen aufeinanderfolgenden Noten (der Statistik der Intervalle), sondern auch mit langreichweitigen Korrelationen (Wechselbeziehungen über die ganze Länge des Stücks) in Verbindung, was von den üblichen informationstheoretischen Beschreibungen nicht erfaßt wird.

Auch kann die Information in einer Melodie erfindungsreich und originell sein oder bedeutungslos und platt. Wenn Sie Notenlinien über eine Himmelskarte legen und Noten an den Positionen der Sterne markieren, erhalten Sie "Himmelsmusik", die eine Menge Information enthält, aber das soll nicht heißen, daß es sehr gute Musik ist.

Der Informationsgehalt eines Kunstwerks ist ein wichtiger Begriff (er könnte für Gemälde ebenso wie für Gedichte oder Melodien definiert werden). Das bedeutet nicht, daß hohe Qualität sehr viel Information oder das Gegenteil sehr wenig Information entspricht. Wenn da nicht ein Minimum an Information ist, kann man vermutlich nicht von Kunst sprechen, aber einige Künstler haben sich an sehr niedrigen Werten versucht. Im Gegensatz dazu ist der Informationsgehalt vieler Kunstwerke (von Gemälden oder Romanen) riesig [21.6].

Vielleicht werden Sie an dieser Stelle allmählich leicht beunruhigt, daß ich den Informationsgehalt von Nachrichten diskutiere und das Problem ihrer Bedeutung stillschweigend unter den Teppich kehre. Oder allgemeiner mögen Sie den Eindruck haben, daß Wissenschaftler systematisch die mehr formalen und oberflächlichen Fragen ansprechen und die wichtigen beiseite lassen. Die Antwort auf diese Kritik ist, daß die Wissenschaft gute Antworten (und, wenn möglich, einfache Antworten) eher hervorhebt als tiefe Fragen. Das Problem, was etwas in sinnvoller Weise bedeutet, ist offensichtlich tief. Unter anderem hängt es mit der Frage zusammen, wie unser Hirn arbeitet, und darüber wissen wir nicht allzuviel. Wir sollten uns daher nicht wundern, daß die heutige Wissenschaft nur einige ziemlich oberflächliche Aspekte des Problems der Sinnhaftigkeit angehen kann. Einer dieser oberflächlichen Aspekte ist der Informationsgehalt in dem Sinne, wie er in diesem Kapitel diskutiert wurde, und es ist bemerkenswert, wie weit uns das bringt. Wir können Informationsquantitäten in derselben Art messen, wie wir Quantitäten an Entropie oder an elektrischem Strom messen können. Das hat nicht nur praktische Anwendungen, sondern es gibt uns auch einige Einsichten in die Natur von Kunstwerken. Natürlich würden wir gerne ehrgeizigere Fragen stellen, aber in vielen Fällen ist es offensichtlich, daß diese schwierigeren Fragen für uns zu schwer zu beantworten sind. Denken Sie an musikalische Melodien; dies sind Nachrichten, die wir zu verstehen meinen, und doch sind wir ziemlich unfähig zu sagen, was sie bedeuten. Die Existenz von Musik ist ein permanenter intellektueller Skandal, aber es ist nur ein Skandal unter vielen anderen. Wissenschaftler wissen, wie schwer es ist, einfache Phänomene, wie das Sieden oder Gefrieren von Wasser, zu verstehen und sie sind nicht allzu erstaunt, wenn sie herausfinden, daß viele Fragen, die sich auf den menschlichen Verstand (oder das Funktionieren des Gehirns) beziehen, zur Zeit unsere Urteilskraft übersteigen.

22. Algorithmische Komplexität

Wissenschaft schreitet durch Schöpfung neuer Begriffe voran: neue Idealisierungen in der Physik, neue Definitionen in der Mathematik. Einige der neu eingeführten Begriffe werden nach einiger Zeit als unnatürlich oder unproduktiv erkannt. Andere stellen sich als nützlicher und grundlegender heraus, als man ursprünglich dachte. *Information* ist einer der erfolgreicheren Begriffe moderner Wissenschaft gewesen. Unter anderem erlaubt uns Information, an das Problem der *Komplexität* heranzugehen.

Wir sind von komplexen Objekten umgeben, aber was ist Komplexität? Lebende Organismen sind komplex, Mathematik ist komplex, der Bauplan eines Raumschiffs ist komplex. Was haben diese Dinge gemeinsam? Nun gut, vermutlich daß sie eine Menge Information enthalten, an die nicht leicht heranzukommen ist. Wir sind bis jetzt nicht in der Lage, lebende Organismen aus ihren Einzelteilen herzustellen, wir haben große Mühe einige mathematische Theoreme zu beweisen, und der Bauplan eines Raumschiffs verlangt eine ganze Menge Anstrengung.

Eine (physikalische oder gedachte) Gesamtheit ist komplex, wenn sie Information, an die schwer heranzukommen ist, beinhaltet. Wir haben nicht gesagt, was "schwer heranzukommen" bedeutet, und deshalb hat unsere Definition der Komplexität keine scharfe Bedeutung. Tatsächlich erlaubt uns die deutsche Sprache, wie alle *natürlichen* Alltagssprachen der Menschen, wundervoll vage Definitionen wie die obige zu geben. Das ist eher ein Segen als etwas Nachteiliges, wirklich. Aber wenn wir Wissenschaft betreiben wollen, müssen wir präziser, mehr formal sein. Folglich wird es nicht eine, sondern mehrere Definitionen für Komplexität geben, in Abhängigkeit davon, vor welchen Hintergrund wir uns stellen. Beispielsweise muß eine ernsthafte Diskussion der Komplexität des Lebens als Hintergrund das physikalische Universum, in dem sich Leben entwickelt, einschließen. Aber es gibt auch Komplexitätsbegriffe, die vor einem rein mathematischen Hintergrund entwickelt werden können. Ich werde jetzt einen solchen Begriff, den der *algorithmischen Komplexität*, diskutieren.

Kurz gesagt ist ein Algorithmus ein systematisches Vorgehen, ein gewisses Problem zu lösen. Das Problem ist seiner Natur nach mathematisch, und es handelt sich darum, durch Operieren auf endlich vielen vorgegebenen Symbolen, mit endlich vielen unzweideutigen Manipulationen ein Ergebnis zu bekommen. Beispielsweise haben wir alle den Algorithmus gelernt, zwei ganze Zahlen zu multiplizieren. Ein Algorithmus bearbeitet immer eine einlaufende Nachricht, wie "3 × 4" (mit den Symbolen 0, 1, 2, ...9, × geschrieben) und gibt eine Ausgabebotschaft, wie "12", zurück. Natürlich werden Multiplikationen heutzutage am besten mit Hilfe eines Computers bearbeitet, und man kann einen Algorithmus als eine Aufgabe definieren, die von einem Computer (der ein geeignetes Programm enthält) durchgeführt wird. Was wir hier unter einem Computer verstehen, ist tatsächlich eine ein wenig idealisierte Maschine, die ein unendliches Gedächtnis zu ihrer Verfügung hat. (Wir wollen die Definition von Algorithmen nicht einschränken, nur weil kommerzielle Computer in ihr Gedächtnis keine Zahl mit E100 Ziffern eingeben können.)

Der britische Mathematiker Alan Turing erfand und beschrieb genau einen Computer, der für die theoretische Untersuchung von Algorithmen gut geeignet ist, obwohl er für deren Implementierung in der Praxis bemerkenswert unzulänglich wäre.

Die *Turingmaschine* hat eine endliche Anzahl von *inneren Zuständen*: einige sogenannte aktive Zustände und einen Zustand zum Anhalten. Die Maschine macht ihre Arbeit auf einem unendlichen Papierstreifen, der in eine Folge von Feldern aufgeteilt ist. (Dieser Streifen dient als Gedächtnis.) Jedes Feld des Streifens ist mit einem Symbol aus einem endlichen Alphabet, wovon ein Symbol *leer* sein soll, bezeichnet. Die Turingmaschine operiert in aufeinanderfolgenden Zeitmomenten in einer vollständig vorhersagbaren Weise. Wenn sie im Haltezustand ist, tut sie überhaupt nichts, andernfalls liest die Maschine mit ihrem schwachen Verstand das Feld, über dem sie sich befindet, und macht dann in Abhängigkeit von ihrem inneren Zustand und von dem, was sie gerade gelesen hat, die folgenden Dinge:

a) Sie löscht das, was geschrieben war, aus, schreibt etwas anderes (oder dasselbe) in das Feld.

b) Sie bewegt sich ein Feld nach links oder ein Feld nach rechts.

c) Sie wechselt zu einem neuen inneren Zustand. Dann beginnt die Maschine einen anderen Zyklus, der davon abhängt, was sie in dem neuen Feld liest und was ihr neuer innerer Zustand ist.

Der Anfangszustand des Bandes enthält eine endliche Nachricht, die die Eingabenachricht ist (der Rest des Bandes ist leer, d.h. besteht aus Feldern, die mit dem *leer*-Symbol bezeichnet sind). Die Maschine wird an einem Ende der Nachricht gestartet, und die Dinge sind so eingerichtet, daß sie, wenn sie anhält, selbst eine Nachricht geschrieben hat, welche dann ihre Antwort ist. Die Antwort kann ja oder nein, sie kann eine Ziffer, oder sie kann eine längere Nachricht sein. Man kann eine Turingmaschine aufbauen, um ganze Zahlen zu addieren oder zu multiplizieren. Tatsächlich kann eine Turingmaschine viel mehr tun als Multiplikationen ausführen. Jede Aufgabe, die von einem Computer erledigt werden kann, kann auch von einer geeigneten Turingmaschine durchgeführt werden. Und tatsächlich braucht man nicht eine unendliche Anzahl von Maschinen für die verschiedenen Aufgaben, denn *es gibt eine universelle Turingmaschine.* Um einen speziellen Algorithmus auf dieser Maschine zu implementieren, muß man auf ihren Streifen eine Eingabebotschaft schreiben, die beides enthält, die Beschreibung des Algorithmus und die speziellen Daten, die man bearbeiten möchte [22.1].

Zusammenfassend ist ein Algorithmus etwas, das in einem Computer – und wir könnten genausogut eine sehr primitive Sorte von Computer, die sogenannte Turingmaschine, verwenden – implementiert werden kann. Ist eine gewisse Aufgabe vorgegeben, dann kann es effiziente und ineffiziente Algorithmen zu ihrer Durchführung geben, in Abhängigkeit davon, wieviel Zyklen der Turingmaschine benötigt werden, um eine Antwort zu erhalten.

Die *algorithmische Komplexität* eines Problems hängt deshalb davon ab, ob effiziente Algorithmen zur Behandlung des Problems zur Verfügung stehen. Die allgemein anerkannte Definition eines effizienten Algorithmus vergleicht die Länge L der Eingabebotschaft (d.h. ihren Informationsgehalt) und die Zeit T (die Anzahl der Zyklen einer universellen Turingmaschine), die man braucht, um eine Antwort zu erhalten. Wenn es Konstanten C und n gibt, derart daß

$$T \leq C(L+1)^n$$

ist, dann haben wir einen Algorithmus mit *polynomialer Zeit*. (Der Grund für diesen Namen liegt darin, daß $C(L+1)^n$ ein Polynom in L ist.)

Ein Algorithmus mit polynomialer Zeit wird als effizient betrachtet, und das entsprechende Problem heißt *traktabel*. Wenn $n = 1$, dann ist die Zeit, um den Algorithmus zu implementieren, höchstens proportional zur Länge der Eingabe (plus 1), wenn $n = 2$ ist, ist sie höchstens proportional zum Quadrat der Länge der Eingabe (plus 1), usw. Man kann beweisen, daß die Definition der Traktabilität nicht von der speziellen Wahl der benutzten universellen Turingmaschine, abhängt. Lassen Sie uns als ein Beispiel das Problem betrachten, wo die Eingabebotschaft eine ganze Zahl ist und wo wir wissen wollen, ob diese ganze Zahl durch 2 oder durch 3 oder durch 7 teilbar ist. Es wird Sie nicht überraschen zu erfahren, daß dieses traktable Probleme sind (und Sie haben sicher in der Schule effiziente Algorithmen zu ihrer Behandlung gelernt).

Im Grunde genommen sind moderne Computer universelle Turingmaschinen (sie sind nur insofern ein bißchen unvollkommen, als sie kein unendliches Gedächtnis haben). Deshalb wollen Computerwissenschaftler wissen, was die traktablen Probleme sind. Aber das Auffinden eines effizienten Algorithmus kann ziemlich schwierig sein. Das war z.B. der Fall für das *Lineare Programmieren*, von dem erst in den letzten Jahren gezeigt wurde, daß es einen Algorithmus mit polynomialer Zeit hat [22.2]. Beim Linearen Programmieren geht es, technisch gesprochen, um die Frage, das Maximum einer linearen Funktion auf einem konvexen Polyeder zu finden. Das Minimaxtheorem in der Spieltheorie führt auf eine solche Frage. Die effiziente Ausnutzung wirtschaftlicher Ressourcen kann auch zu Fragen der Linearen Programmierung Anlaß geben. In diesem Fall kann deshalb der Beweis der Traktabilität wichtige praktische Konsequenzen haben.

Allerdings sind effiziente Algorithmen nicht immer verfügbar. Angenommen, der einzige Weg, den wir kennen, um ein bestimmtes Problem zu behandeln, verlange eine Suche Fall für Fall unter allen Nachrichten der Länge L in einem binären Alphabet. Dies wird eine Zeit

$$T \leq 2^L$$

benötigen. Hier wird die geschätzte Minimalzeit, die man zur Lösung des Problems benötigt, immer, wenn die Länge L um eins vergrößert wird, mit zwei multipliziert. Wir haben Beispiele eines solchen *exponentiellen Wachstums* in früheren Kapiteln gesehen und uns davon überzeugt, daß das schnell zu sehr großen Zahlen führt. Ein Algorithmus mit exponentieller Zeit ist daher nicht sehr praktikabel. Im allgemeinen wird ein Problem, für das es keinen Algorithmus in polynomialer Zeit gibt, als *intraktabel* betrachtet.

Was sind nun Beispiele für intraktable Probleme? Und warum sind sie intraktabel? Ich empfehle, daß Sie diese Fragen einem theoretischen Computerwissenschaftler vorlegen, wenn Sie einen zu Ihren Freunden zählen. Halten Sie sich einige Stunden für die Antwort frei, und versuchen Sie, eine Tafel zur Verfügung zu haben. Nicht daß es so schwer zu erklären wäre, aber es ist, sagen wir, ... ein wenig technisch. Es ist auch absolut faszinierend. Ihr Freund wird *NP vollständige* Probleme [22.3], *NP schwierige* Probleme definieren und Ihnen erklären, daß man diese Probleme für intraktabel hält. Es wäre phantastisch, könnte jemand beweisen, daß *NP* vollständige (oder schwierige) Probleme intraktabel sind. Es wäre sogar noch phantastischer, könnte man beweisen, daß sie traktabel sind ...

Verblüfft? Nun gut, alles was ich vernünftigerweise hier versuchen kann, ist, zu diesen Gegenständen kurze Hinweise und Beispiele von Problemen, die man für intraktabel hält, zu geben.

Ein populäres Beispiel ist das Problem des Handlungsreisenden. Ihnen sind die Entfernungen zwischen einer gewissen Anzahl von Städten vorgegeben, und es wird Ihnen eine gewisse Gesamtzahl von Kilometern eingeräumt. (Die Entfernungen und die Gesamtzahl von Kilometern sind ganze Zahlen, die in Kilometern oder in irgendeiner anderen Einheit gezählt werden.) Die Frage ist dann, ob es einen Rundweg, der alle Städte verbindet und dessen Länge höchstens die erlaubte Gesamtzahl an Kilometern ausmacht, auch gibt. Dies ist eine Frage nach Ja oder Nein. Wenn ein bestimmter Rundweg vorgelegt wird, ist es ziemlich einfach zu prüfen, ob er der Bedingung der erlaubten Gesamtkilometerzahl genügt. Alle möglichen Rundwege einen nach dem anderen zu testen, wäre nicht praktikabel, wenn viele Städte zu verbinden sind. Das Problem des Handlungsreisenden ist ein Beispiel eines *NP* vollständigen Problems.

Im allgemeinen verlangen die *NP* vollständigen Probleme eine Ja- oder Nein-Antwort und haben die Eigenschaft, daß man die Existenz einer Ja-Antwort in polynomialer Zeit verifizieren kann. (Es gibt da eine Assymmetrie zwischen den Antworten Ja und Nein, weil man nicht sagt, daß eine Nein-Antwort in polynomialer Zeit verifiziert werden kann.) Sei *Problem* X Ihr bevorzugtes Ja-oder-Nein-Problem. Nehmen Sie an, daß Problem X traktabel wird, wenn Sie freien Zugang zu den Lösungen des Problems des Handlungsreisenden haben, und daß das Problem des Handlungsreisenden traktabel wird, wenn Sie freien Zugang zu den Lösungen des Problems X haben; dann sagt man, daß das Problem X *NP* vollständig ist. Trotz ausgedehnten Suchens hat man keinen Algorithmus mit polynomialer Zeit gefunden, um *NP* vollständige Probleme zu lösen, und es wird allgemein angenommen, daß es keinen gibt. Aber das ist nicht bewiesen worden.

Es ist bequem, *NP* schwierige Probleme, die genauso schwierig wie *NP* vollständige Probleme sind, aber keine Ja-oder-Nein-Antwort verlangen, einzuführen. Hier ist ein Beispiel: das *Spinglasproblem*. Die Eingabenachricht ist eine Matrix von Zahlen $a(i, j)$, die entweder $+1$ oder -1 sind, wobei i und j von 1 bis zu einem Wert n laufen (beispielsweise von 1 bis 100, wo es dann 10 000

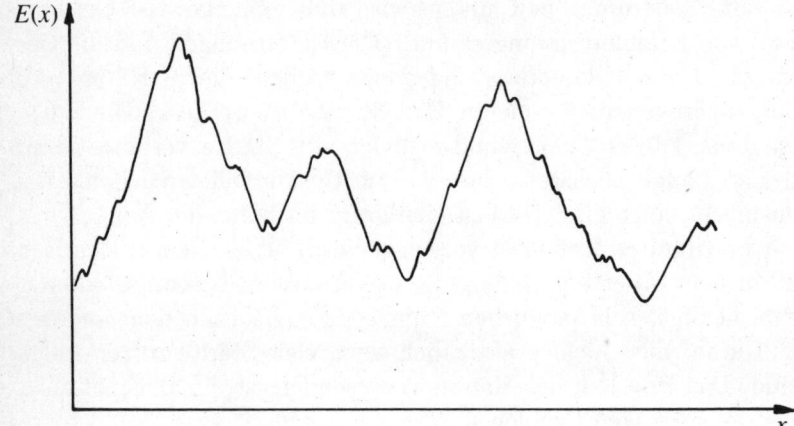

Abb. 22.1. Was ist der größte Wert von $E(x)$?

Zahlen in der Matrix gibt). Man fragt Sie dann nach dem Maximalwert des Ausdrucks

$$E = \sum_{i=1}^{n} \sum_{j=1}^{n} a(i,j)x(i)x(j),$$

wo bei $x(1), \ldots, x(n)$ die Werte $+1$ oder -1 annehmen können. Sie müssen also n^2 Terme, jeder gleich $+1$ oder -1, addieren und das Ergebnis maximal machen. Vielleicht können Sie nicht glauben, daß das ein intraktables Problem ist, und vielleicht ist es das auch nicht, aber niemand hat einen effizienten Algorithmus zu seiner Lösung gefunden. (Beachten Sie, daß die Eingabenachricht n^2 Bits hat und daß eine Suche Fall für Fall verlangt, daß man 2^n Fälle betrachtet.) Das Spinglasproblem ist der Prototyp einer Familie von Problemen, die in der Physik der *ungeordneten Systeme* auftreten [22.4]. (Was ungeordnet ist, ist die "Wechselwirkung" $a(i,j)$ zwischen den Lagen i und j.) Das Problem, E maximal zu machen, ist wie das, den höchsten Gipfel einer Bergkette zu finden (siehe Abbildung 22.1). Im Falle der Abbildung ist das leicht, weil x auf einer Geraden variiert (d.h. x ist eindimensional). Beim Spinglasproblem ist die Geometrie der Gipfel und Täler n-dimensional ... und intraktabel (dies obwohl für jede der n Dimensionen nur die Werte $+1$ und -1 möglich sind).

Lassen Sie uns eine Idealisierung oder besser gesagt eine Metapher, des Problems des Lebens machen. Nach der Metapher besteht das Problem des Lebens darin, eine genetische Botschaft $x(1) \ldots x(n)$, die einem komplizierten Ausdruck, wie oben dem E, einen sehr großen Wert gibt, zu finden. Nach dem, was wir gerade gesagt haben, kann dies ein sehr schwieriges Problem sein. Es gibt Hinweise, daß die obige Metapher vom Leben vielleicht nicht so sehr falsch ist [22.5].

Die Idee der algorithmischen Komplexität kann auch als eine Metapher für die Schwierigkeit dienen, mathematische Sätze zu beweisen oder ein Raumschiff zu entwerfen. Wir werden aber sehen, daß das Beweisen von Theoremen uns in tiefere Schichten der Komplexität als die NP vollständigen Probleme führen wird: tiefere, unverständlichere und abstoßendere.

23. Komplexität und Gödels Theorem

1931 veröffentlichte der in Österreich geborene Logiker Kurt Gödel das wahrscheinlich einzigartigste und tiefste begriffliche Resultat, das die Menschheit im 20. Jahrhundert erzielt hat. Ich erinnere mich, Gödel im Institute for Advanced Study in den 60er und frühen 70er Jahren gesehen zu haben. Er war ein kleiner Mann, mit gelbem Teint und ausgemergelt; und er trug Wattestopfen in seinen Ohren. Hier ist eine typische Geschichte, die ich über ihn hörte [23.1]. Ein Kollege, der auf Besuch war, durfte Gödels Büro während dessen Abwesenheit benutzen. Besagter Kollege legte beim Weggehen ein Dankesschreiben auf den Schreibtisch, worin er bedauerte, daß er Gödel nicht gesehen hatte, und worin er die Hoffnung zum Ausdruck brachte, ihn bei einer späteren Gelegenheit näher kennenzulernen. Einige Zeit danach erhielt er mit der Post einen Umschlag von Gödel. Der Umschlag enthielt sein eigenes Schreiben mit dem Satz *Ich hoffe, Sie bei einer späteren Gelegenheit näher kennenzulernen* von Gödel unterstrichen, der mit Bleistift die Frage hinzugefügt hatte: *Was genau meinen Sie?*

Kurt Gödel starb 1978 an selbstverschuldetem Verhungern. Offensichtlich dachte er, daß die Leute ihn zu vergiften versuchten, oder irgendsoetwas, und weigerte sich zu essen.

Wenn Sie den Selbstmord von Ludwig Boltzmann und den von Alan Turing (er war ein Homosexueller, zu einer Zeit und an einem Ort, wo dies nicht akzeptiert wurde), dann könnten Sie zu dem Schluß kommen, daß Wissenschaftler ein ziemlich selbstmörderischer Haufen sind. Das wäre eine vollständig falsche Schlußfolgerung. Die meisten Wissenschaftler sind ziemlich normal, normal oft bis zu dem Punkt, daß sie langweilig und fantasielos sind. Und ich glaube nicht, daß man mir widersprechen wird, wenn ich sage, daß viele auch in ihrer wissenschaftlichen Arbeit langweilig und fantasielos sind. Selbst Nachruf auf sie ist oft langweilig und stereotyp, er beklagt ihr viel zu frühes Hinscheiden, verweist auf ihre aktive Rolle in den Verbänden oder der Kirchengemeinde und feiert auch ihren "ansteckenden Enthusiasmus" und ähnlichen Unsinn. (Ansteckender Enthusiasmus ist ein unseliger Zustand, der oft nur *post mortem* diagnostiziert wird.)

Aber lassen Sie uns zu Kurt Gödel zurückkehren. Was auch immer seine Probleme waren, wenigstens hat er nicht an ansteckendem Enthusiasmus gelitten (und andere leiden lassen).

Um Gödels Entdeckung zu verstehen, ist es vielleicht eine gute Idee, über eine psychologische Veranlagung, charakterisiert durch Ordnung, Sparsamkeit und Starrköpfigkeit, die unter Wissenschaftlern (speziell Mathematikern) häufig und für sie nützlich ist, zu reflektieren. Sigmund Freud hat diese Veranlagung mit einer Prädisposition zu einer Zwangsneurose und dem sogenannten analsadistischen Entwicklungsstadium der Libido in Verbindung gebracht [23.2]. Wie auch immer, eine solche psychologische Disposition bewirkt, daß es natürlich ist, Mathematik und mathematische Deduktion so sauber und ordentlich wie möglich darzustellen. Es ist dann der große Traum, Mathematik auf scharf definierten Regeln für das Schließen und auf eine endliche Anzahl von vollkommen expliziten Grundaussagen, Axiome genannt, aufzubauen. Dieser Traum ist von dem Griechen Euklid (um 300 v.Chr.) bis David Hilbert (1862 – 1943), dem großen deutschen Mathematiker, immer größer geworden und hat zu einer fortschreitenden Formalisierung der gesamten Mathematik geführt. Die Arithmetik der ganzen Zahlen wurde ziemlich früh formalisiert; die Kulmination des großen Traums der Mathematiker war die folgende Hoffnung: daß man für jede sinnvolle Aussage über ganze Zahlen in einer systematischen Weise entscheiden könne, ob sie wahr oder falsch sei. Das ist die Hoffnung, die Gödel zerstörte.

Gödel zeigte, daß es, wenn Sie die Regel für das Schließen und irgendeine endliche Anzahl von Axiomen festlegen, sinnvolle Aussagen gibt, die weder als richtig noch als falsch bewiesen werden können. Genauer nehmen Sie an, daß die Axiome, die Sie für die ganzen Zahlen akzeptiert haben, *nicht widersprüchlich* sind, d.h. Sie nehmen an, daß Sie also durch die Anwendung der Regeln des

Schließens niemals beweisen können, daß eine Behauptung gleichzeitig wahr und falsch sei. Dann gibt es wahre Eigenschaften der ganzen Zahlen [23.3], die nicht aus den Axiomen abgeleitet werden können. Und wenn Sie irgendeine solche Eigenschaft als neues Axiom akzeptieren, dann werden andere nicht beweisbare Eigenschaften übrigbleiben.

Gödels Unvollständigkeitssatz hat eine Schlüsselrolle bei unserem Verständnis der Grundlagen der Mathematik gespielt. Zuerst war es ein großer Schock. Dann führte es zu einer allmählichen Verschiebung in den Glaubenssystemen der Mathematiker. Gleichzeitig wurde der schwierige Beweis des Satzes vereinfacht. Zu dieser Vereinfachung kam es durch die Einführung neuer Begriffe, teilweise durch Gödel, teilweise durch andere (die Turingmaschine ist dafür ein Beispiel). Insgesamt hat die Entdeckung des Unvollständigkeitssatzes zu einer allmählichen Veränderung der mathematischen Landschaft geführt. Und das Ergebnis ist, daß der Unvollständigkeitssatz heute als ziemlich natürlich und sogar etwas trivial erscheint. Früher war die große Hoffnung, daß irgendeine endliche Menge von wahren Aussagen (Axiome genannt) die Basis bildet, von der alle wahren Aussagen über ganze Zahlen abgeleitet werden könnten. Wir wissen jetzt , daß *die Menge aller Eigenschaften der ganzen Zahlen* (d.h. die Menge aller wahren Aussagen darüber) *keine endliche Basis hat.* Wir haben auch ein intuitives Verständnis dafür, warum eine endliche Basis nicht existieren kann, und das beruht wiederum auf *Information,* wie ich jetzt andeuten möchte.

Wir haben früher gesehen, wie man den Informationsgehalt einer Nachricht definieren könnte, sofern die Familie der Nachrichten, zu der sie gehört, vorgegeben ist. Insbesondere wenn alle Nachrichten, die aus den Symbolen 0 und 1 bestehen, akzeptiert sind, dann hat eine Folge von einer Million Nullen einen Informationsgehalt von einer Million Bits. Eine andere Idee, die von Solomonoff, Kolmogorov und Chaitin vorgeschlagen wurde [23.4], besteht darin, die Länge (in Bits) des kürzesten Computerprogramms, das die interessierende Nachricht als Ausgabe hervorbringen wird, zu betrachten. In dem vorliegenden Fall wäre das Programm so etwas wie "Drucke eine Million Nullen", und seine Länge wäre sehr viel kürzer als eine Million. Die so definierte Quantität wurde *algorithmische Information* oder *Kolmogorov-Chaitin- (oder einfach KC-)Komplexität* genannt. Es ist eine Komplexität in dem Sinne, daß sie mißt, wie schwer es ist, die Nachricht zu produzieren (wie schwer im Sinne der Programmlänge in Bits, nicht im Sinne der Rechenzeit). In Abhängigkeit vom benutzten Computer sind leicht unterschiedliche Definitionen möglich, aber man kann beispielsweise eine universelle Turingmaschine benutzen.

Wenn die Nachricht "blah blah blah ..." eine Million Bits hat, kann KC-Komplexität nicht viel mehr als eine Million sein, weil Sie sie drucken können, indem Sie das Programm: "Drucke blah blah blah ..." benutzen. Ebenso wenn eine Nachricht eine Million Bits hat, dann ist ihre KC-Komplexität üblicherweise nicht viel weniger als eine Million. (Das macht Sinn. Die meisten Nachrichten können nicht auf beispielsweise 10% ihrer ursprünglichen Länge komprimiert werden, nur ein sehr kleiner Teil kann das.) Das sind ziemlich einfache Bemerkungen.

Ich will mich jetzt einem schwierigeren Problem zuwenden. Bestimmen Sie, wenn eine gewisse Nachricht gegeben ist, ihre KC-Komplexität. Sie haben eben gegähnt, oder? Sie legen keinen Wert auf KC-Komplexität? Ihnen ist langweilig? Nun gut, dann ziehe ich meinen Vorteil aus diesem Nachlassen Ihrer Aufmerksamkeit, gebe Ihnen einen schlechten Rat, ... und in wenigen Minuten werden Sie in einem logischen Paradox untergehen und um Gnade bitten.

Wie bestimmen wir die KC-Komplexität der Nachricht "blah blah blah ...", eine Million Bits lang? Also, wir machen eine Liste aller Programme, die nicht viel länger als eine Million Bits sind, lesen sie eins nach dem andern in unseren Computer ein und sehen uns die Ausgabe an. Die Länge des kürzesten Programms mit der Ausgabe "blah blah blah ..." ist die KC-Komplexität dieser Nachricht. Nichts leichter als das. Es könnte in der Praxis zu lange dauern, aber Sie sehen keinen prinzipiellen Grund, warum es nicht so gemacht werden könnte. Oder sehen Sie einen?

Gut, gut! Wenn wir schon dabei sind, könnten wir unseren freundlichen Computer bitten, die erste in der alphabetischen

Ordnung unter denen, die KC-Komplexität von wenigstens einer Million haben, auszudrucken. Ich überlasse es Ihnen, herauszufinden, wie man alphabetische Ordnung in dem vorliegenden Zusammenhang definiert. Ich überlasse Ihnen auch die Aufgabe, das "Superprogramm", das die erste Nachricht (in der alphabetischen Ordnung) mit Komplexität von wenigstens einer Million druckt, zu schreiben. Dieses Superprogramm sollte ziemlich kurz sein (es prüft eine endliche Anzahl von Programmen und druckt eine Ausgabe). Wenn Ihr Programmieren etwas taugt, dann sollte die Länge Ihres Superprogramms weniger als eine Million Bits sein ...und hier sind Sie nun bis zum Hals in einem Paradox und bitten um Gnade. Mit einem Programm, das weniger als eine Million Bits enthält, haben Sie eine Nachricht der KC-Komplexität von wenigstens einer Million definiert, in Widerspruch zur Definition der KC-Komplexität.

Was haben Sie falsch gemacht? Die Logiker werden Ihnen sagen, daß Ihr Fehler darin bestand, nach der Eingabe eines Programms am Computer zu sitzen und sich vorzustellen, daß er nach einer passenden Zeit eine Ausgabe produzieren würde. Eine Turingmaschine könnte nach einiger Zeit anhalten und eine Ausgabe produzieren, oder sie könnte niemals anhalten, *und Sie wissen das nicht im voraus.* Sie sollten von einer Turingmaschine nicht zuviel erwarten. Insbesondere sollten Sie nicht erwarten zu wissen, ob sie jemals auf eine vorgegebene Eingabe hin anhalten wird: es gibt keinen Algorithmus das zu entscheiden. Tatsächlich gib es auch keinen Algorithmus, die KC-Komplexität von Nachrichten zu entscheiden. Das ist ein Aspekt von Gödels Theorem, wie Chaitin entdeckt hat.

Was Chaitin gezeigt hat, ist, daß Aussagen des Typs "Die Nachricht blah blah blah ...hat KC-Komplexität mindestens N" entweder falsch sind oder, wenn N genügend groß ist, nicht bewiesen werden können. Wie groß ist genügend groß? Das hängt von den Axiomen Ihrer Theorie ab. Ihre Axiome enthalten eine gewisse Information (die von ihrer totalen Länge abhängt), und Sie können nicht beweisen, daß "blah blah blah ..." mehr Information enthält als die Axiome, die Sie benutzen. Das macht Sinn, nicht wahr? und ist tatsächlich nicht sehr schwer zu beweisen [23.5].

Es gibt noch viel mehr, was man über Gödels Theorem sagen könnte, aber ich möchte mich (und Sie) nicht in technischen Einzelheiten ertränken, und deshalb werde ich nur ein paar Bemerkungen hinzufügen.

Es mag Sie aus der Fassung bringen, daß ich sagte, Gödels Theorem handle von Eigenschaften ganzer Zahlen, und dann statt dessen die Komplexität von Nachrichten diskutierte. Tatsächlich kann man aber logische Aussagen (beispielsweise solche über die Komplexität von Nachrichten) in Eigenschaften ganzer Zahlen übersetzen. Dieses Spiel hatte Gödel begonnen, und es hat seinen Höhepunkt in dem gefunden, was als die Lösung von "Hilberts zehntem Problem" bekannt ist [23.6]. Deshalb macht es nichts aus, daß wir nicht explizit von Eigenschaften ganzer Zahlen gesprochen haben.

Der Kern von Gödels Theorem ist, so wie wir es gesehen haben, daß wir nicht wissen, ob eine Turingmaschine anhalten wird oder nicht, wenn wir ein gewisses Programm eingeben. Für Programme einer gewissen Länge wird die Maschine entweder bis zu einer Maximalzeit arbeiten und dann anhalten, oder sie wird für immer arbeiten und niemals anhalten. Wüßten wir die maximale Haltezeit unserer Turingmaschine für jede Programmlänge, könnten wir entscheiden, für welche Programme die Maschine anhält und für welche Programme sie nicht anhält. (Lassen Sie einfach die Maschine bis zur maximalen Haltezeit für das gegebene Programm laufen; wenn Sie bis dann nicht angehalten hat, wird sie es niemals tun.) Aber der Knackpunkt der Geschichte ist, daß wir die maximale Haltezeit nicht kennen. Und wir können sie nicht kennen, weil sie schneller anwächst als jede berechenbare Funktion der Programmlänge, schneller als ein Polynom, schneller als ein Exponential, schneller als ein Exponential eines Exponentials ...

Im vorigen Kapitel haben wir entschieden, daß ein Problem intraktabel war, wenn Sie es nicht in polynomialer Zeit (d.h. polynomial bezüglich der Programmlänge) lösen können. Wir sehen, um wieviel intraktabler gewisse mathematische Probleme sind. Wir wollten etwas über die Komplexität von Dingen wissen, und

Gödels Theorem sagt uns, daß die Arithmetik ganzer Zahlen schon so unmöglich komplex ist, wie wir uns das nur vorstellen können. Jetzt eine letzte Frage: Was hat das alles mit dem Gegenstand dieses Buches zu tun? Was hat Gödels Theorem mit Zufall zu tun? Wir wissen, daß man in alle Ewigkeit neue Eigenschaften ganzer Zahlen, unabhängig von den schon bekannten erzeugen kann, aber sind diese in irgendeinem Sinn zufällige Eigenschaften? In der Tat ist die Antwort Ja, und man kann eine Folge von Eigenschaften ganzer Zahlen produzieren, die zufällig wahr oder falsch sind. (Das hat Chaitin explizit getan [23.7].) Anders gesprochen, man kann, begründet auf Eigenschaften ganzer Zahlen, eine Folge von binären Ziffern definieren, die unabhängig und mit jeweils 50%iger Wahrscheinlichkeit 0 oder 1 sind. Das bedeutet schlicht, daß kein Aufwand an Rechenstärke Ihnen einen Wettvorteil (im Mittel), die nächste Ziffer vorherzusagen, geben wird (d.h. die Folge ist tatsächlich unberechenbar).

Wir leben in einer seltsamen Welt. Wenigstens ist das die Weltsicht, die uns die Logiker derzeit vermitteln. Aber wir gewöhnen uns daran. Die Ansicht mag sich wieder ändern und sogar noch abenteuerlicher aussehen – und wieder werden wir uns nach einer gewissen Zeit daran gewöhnen [23.8].

24. Die wahre Bedeutung von Sex

Wir nähern uns dem Ende dieses Buchs, und vielleicht bedauern Sie, daß Sie keine Gelegenheit hatten, mehr Initiative zu ergreifen. Es ist wahr, daß bis auf Ihr Kopfschütteln und Irgendwelche-Dinge-Murmeln, Ihre Haltung etwas passiv gewesen ist. Lassen Sie uns das ändern. Ich schlage vor, daß Sie sich jetzt in einer edlen und fruchtbaren Unternehmung engagieren: Leben schaffen.

Wir wollen annehmen, daß Sie bereits die Sterne, die Galaxien und die anderen Himmelskörper geschaffen haben. Alles was Sie zu tun hatten, um das Universum zu schaffen, war, ein paar Gleichungen auf ein Stück Papier zu schreiben, und jetzt werden Sie Ihre Nachricht an das Universum schicken und ihm Leben einhauchen.

Wenn es Ihnen nichts ausmacht, werde ich jetzt den Hochmut unterdrücken und in aller Bescheidenheit auf Sie und Ihre Nachricht vom Leben mit einem kalten wissenschaftlichen Auge blicken. Eine Grundtatsache, die im Auge zu behalten ist, ist die, daß Ihre Nachricht vom Leben angesichts einer Menge von Zufälligkeit die Oberhand behalten muß. In der Tat haben sich das klassische Chaos, die Quantenunschärfe und selbst Gödels Theorem verschworen, in das Universum, das Sie geschaffen haben, den Zufall einzuführen. Wie wird sich das auf Ihre Nachricht auswirken?

Wir haben früher ein Spinglasmodell als eine Metapher des Lebens diskutiert. Die Idee ist, daß es da eine Funktion

$$E(\text{Nachricht})$$

gibt, die versuchen soll, Ihre Nachricht maximal (oder wenigstens vernünftig groß) zu machen. Wir können annehmen, daß Ihre Nachricht sich selbst reproduzieren muß und daß die Funktion E zu der Wahrscheinlichkeit der Reproduktion einer Nachricht, die

identisch (oder ähnlich) zu der ursprünglichen ist, in Bezug steht
[24.1]. Die Funktion E spiegelt alles, was Ihre Nachricht vom Universum weiß, wider, und insbesondere spiegelt sie den Zufall im
Universum wider.

Das Spinglasproblem (E maximal zu machen) ist NP schwierig, wie wir in Kapitel 22 gesehen haben. Sie werden Ihre Zeit nicht
damit verlieren zu versuchen, es exakt zu lösen, oder es selbst zu
lösen. Sie werden, was eine schätzenswerte Haltung ist, es Ihrer
Nachricht überlassen, selbst zurechtzukommen, in der Hoffnung,
daß sie durch Versuch und Irrtum einen hohen Wert für E erreichen wird. Ihre Nachricht ist in Wahrheit eine mit der Fähigkeit
sich zu reproduzieren versehene genetische Nachricht. Versuch und
Irrtum bedeuten also zufällige Mutation und dann Selektion, und
wir sind wieder zurück bei einer relativ orthodoxen Ansicht von
Leben. Mutation und Selektion sind natürlich auch eine Möglichkeit, das Spinglasproblem anzugehen, aber dann spricht man von
einer *Monte-Carlo-Methode* (die man so nennt, weil in ihr, wie im
Kasino, der Zufall eine Rolle spielt). Was auch immer ihr Name
ist, wir sehen, daß die Methode von Versuch und Irrtum Sie möglicherweise Schritt für Schritt zu größeren Werten von E, aber nicht
notwendigerweise zum absoluten Maximum führen wird. Wenn Sie
auf Abbildung 22.1 schauen, sehen Sie, daß Sie, wenn Sie Schritt
für Schritt den falschen Berg zu besteigen beginnen, zwar den
Gipfel dieses Bergs, aber nicht den Gipfel des höchsten Berges,
erreichen werden. Die Methode von Mutation und Selektion ist
also eine gute Art, Leben zu entwickeln, aber im allgemeinen gibt
sie keine optimalen Resultate.

Und im übrigen, je länger Ihre genetische Nachricht, desto un-
befriedigender ist die Monte-Carlo-Methode. Die in Ihrer genetischen Nachricht enthaltene Information wird aufgrund von Mutationen in sukzessiven Generationen ziemlich schnell verlorengehen,
es sei denn, Sie halten das Mutationsniveau recht niedrig [24.2].
Aber das bedeutet, daß Sie der langsame Mutations- und Selek-
tionsprozeß nur auf den Gipfel eines kleinen Bergs in Abbildung
22.1 führen wird und daß Sie wahrscheinlich niemals die hohen
Gipfel erreichen werden.

Wie Sie sehen, führt das Schaffen von Leben zu nie enden
wollendem Verdruß. Was können Sie jetzt tun? Eine gute Idee
wäre es, die Funktion

E (Nachricht),

die vom Standpunkt Ihrer Nachricht vom Leben gesehen – alle
Komplexität des Universums – enthält, zu betrachten und zu versuchen herauszufinden, wie zufällig sie ist. Gibt es da nicht irgendeine Regelmäßigkeit in dieser Funktion, von der man Gebrauch
machen könnte? Ist das Universum gänzlich ohne Sinn und Ver-
nunft, oder hat es irgendeine Struktur? Glücklicherweise ist da
einige Regelmäßigkeit im Universum, und sie drückt sich selbst
auf dem Niveau Ihrer Nachricht aus. Was passiert ist, daß Sie
Ihre Nachricht in Stücke schneiden können oder in Sätze, die in
sich selbst eine Bedeutung haben:

Nachricht = (Satz A, Satz B, Satz C ...).

Die Sätze A, B, C usw. können auch Gene genannt werden, und
ihre Bedeutung ist, daß sie, sagen wir, für verschiedene Enzyme
als Codes stehen. Aber ich möchte mich nicht mit der genetischen
Maschinerie beschäftigen. Vielmehr ist es wichtig zu verstehen, wie
die Tatsache, daß man die Nachricht in sinnvolle Stücke zerschnei-
den kann, in einem abstrakten Sinn der Struktur des Universums
entspricht. Nehmen Sie an, daß Sie (durch Mutation) neue Nachrichten wie

(Satz A*, Satz B, Satz C)

oder

(Satz A, Satz B*, Satz C)

usw. erhalten. Nehmen wir an, daß diese Mutationen nicht zu katastrophal sind, so daß alle die Botschaften $(ABC ...)$, $(A^*BC ...)$,
$(AB^*C ...)$ der Funktion E einen ziemlich hohen Wert geben. Das
aber impliziert nicht, daß die rekombinierte Nachricht $(A^*B^*C ...)$
der Funktion E einen hohen Wert gibt. Wenn wir zwei vernünftige

Mutationen zusammenbringen, dann kann das zu einem katastrophalen Ergebnis führen, aber häufig tut es das nicht. Anders ausgedrückt: Oft ist $(A^*B^*C\ldots)$ eine vernünftige genetische Nachricht, wenn $(A^*BC\ldots)$ und $(AB^*C\ldots)$ es sind, und das drückt auf dem Niveau der Funktion E aus, daß das Universum nicht vollständig sinnlos ist. In der Tat bleibt das obige Argument wahr, wenn $A, B, C\ldots$ Genstücke oder individuelle Buchstaben (= Basen) anstatt Gene sind.

Wir haben eine wichtige begriffliche Schlußfolgerung erreicht. Lassen Sie mich sie wiederholen. Die Tatsache, daß es eine gewisse Ordnung im Universum gibt, drückt sich auf dem Niveau Ihrer Nachricht von Leben aus. Sie sagt, daß es Sinn macht, mutierte Nachrichten $(A^*BC\ldots)$ und $(AB^*C\ldots)$ zu einer Nachricht $(A^*B^*C\ldots)$ zu rekombinieren. Der Prozeß, der diese Rekombination ausführt, heißt Sexualität [24.3]. Und Sie, der Schöpfer, der Sie erkennen, daß Rekombination gut für Ihre Nachricht ist, erfinden Sex und schenken ihn Ihren Kreaturen. Das also ist dann die wahre Bedeutung von Sex: daß es eine gewisse Regelmäßigkeit im Universum gibt und daß folglich genetische Rekombination nützlich ist.

Anstatt einzeln jeweils einen Buchstaben nach dem anderen in der genetischen Nachricht durch Mutation zu verändern, gibt es jetzt die Möglichkeit, ein Wort oder einen Satz durch ein anderes Wort oder einen anderen Satz zu ersetzen. Das ist natürlich viel intelligenter. (Merken Sie an, daß man andere Dinge, wie einige Teile der genetischen Nachricht zu löschen oder mehrere Kopien davon zu behalten, genausogut tun kann.)

Mit dem Auftauchen von Sex kann dann die Evolution vom Leben viel schneller voranschreiten. Natürlich kommen immer noch Mutationen vor, aber jetzt ist auch ein intelligenterer innovativer Prozeß bei der Arbeit: der Umbau genetischer Nachrichten. Und nach dem Umbau operiert natürlich Selektion, um die Starken und die Glücklichen zu behalten [24.4].

So hat also Sex das Leben viel interessanter gemacht, und man könnte leicht abschweifen und eine lyrische Beschreibung von Genen geben, die begeistert zusammenarbeiten, um das Leben zu höheren und höheren Werten der Funktion E(Nachricht) zu führen.

Ein nüchterneres Bild taucht aus den modernen Untersuchungen auf, und es wird in dem Titel eines faszinierenden Buchs, *Das egoistische Gen* des britischen Biologen Richard Dawkins [24.5], zusammengefaßt. Erinnern Sie sich, daß Gene als die elementaren sinnvollen Stücke der genetischen Nachricht definiert sind. Bei Fehlen von Mutationen reproduzieren sie identische Kopien ihrer selbst und sind so potentiell unsterblich. Die Pflanzen oder Tiere sind nur die sterblichen Vehikel, die sie tragen, und ihr Verhalten ist von dieser einzigen Aufgabe bestimmt. Es gibt Gründe zu glauben, daß viele Gene Mitfahrer auf diesen sterblichen Vehikeln sind und überhaupt nichts Nützliches tun (oder sie könnten sogar schädlich sein). Das Zusammenleben vieler egoistischer Gene ist keine leichte Sache. Es ist ziemlich verschwenderisch, und wir würden gerne einige Ordnung und Disziplin in die Versammlung der Gene einführen.

Was sollten wir tun? Wir wenden uns wieder an Sie, den großen Wissenschaftler, den Schöpfer des Lebens, den Erfinder des Sex, um uns eine Idee zu geben, wie wir unsere genetische Nachricht zu wirkungsvollerer Arbeit bringen könnten.

...?

Was wollen Sie damit sagen, daß alles ein Mißverständnis sei? Sie wollen für die Erschaffung des Lebens keine Verantwortung mehr übernehmen? Oder für seine Evolution? Sind Sie sich da sicher?

Das ist schrecklich enttäuschend. Sie haben Ihre Kreaturen im Stich gelassen, und jetzt müssen wir ein neues Skript schreiben. Alles wieder von vorne beginnen ...

Die Sterne, die Galaxien und die anderen Himmelskörper sind also entstanden. Wir wissen nicht so recht wie. Aber es gibt andererseits keinen ernsthaften Grund, warum sie nicht da sein sollten. Das Universum hat eine ganze Menge Zufälligkeit in sich, aber auch ziemlich viel Struktur. Und Leben ist ins Universum gekommen, ziemlich leicht, scheint es [24.6], aber wir wissen nicht genau wie. Die kleinen genetischen Nachrichten, die der wesentliche Teil des Lebens sind, haben sich der Herausforderung der Komplexität des Universums gestellt und haben sich durch Versuch und Irrtum daran angepaßt. Dann haben die kleinen genetischen Nachrichten die Kunst des Rekombinierens, die Sexualität genannt wird, entdeckt. Und es war für sie eine gute Entdeckung, weil sie ihnen eine Chance gab, etwas von der Struktur des Universums auszunutzen.

Die genetischen Botschaften des Lebens sind Ansammlungen selbstsüchtiger Gene. Aber die natürliche Selektion sorgt dafür, daß diese Gene in einer Weise, die nicht zu verschwenderisch, nicht zu ineffizient ist, funktionieren. Und das Leben hat eine Fülle von Formen und Mitteln, die Welt zu gebrauchen, seinen Vorteil aus den Regelmäßigkeiten der Struktur des Universums zu ziehen.

Weil es in der Struktur des Universums Regelmäßigkeiten gibt und weil das Leben sie zu seinem Vorteil nutzen kann, ist langsam ein neuer Wesenszug des Lebens, den wir *Intelligenz* nennen, aufgetaucht.

25. Intelligenz

David Marr war ein Spezialist visueller Informationsverarbeitung und künstlicher Intelligenz, der am Massachusetts Institute. of Technology arbeitete. Sein Buch *Vision* [25.2] ist in den letzten Jahren einer der wichtigeren Beiträge zur wissenschaftlichen Literatur gewesen. David Marr begann, das Buch zu schreiben, als er erfuhr, daß er Leukämie hatte und ihm nicht mehr viel Zeit zu leben blieb. *Vision* hält sich daher nicht bei dem pompösen ritualistischen Unsinn auf, der in der wissenschaftlichen Literatur so häufig ist. Das Buch geht direkt an die grundlegenden Fragen.

Die Information, die unsere Augen erreicht, wird in mehreren Schritten von der Retina bis zum visuellen Kortex (ein Bereich im hinteren Teil des Gehirns) verarbeitet. Das gesamte visuelle Verarbeitungssystem leistet für die Analyse dessen, was um uns vorgeht, Hervorragendes. Einige natürliche Fragen sind: Woraus besteht unser visuelles System? Wie arbeitet es genau? Wie ist es entstanden? Aber David Marr stellt auch andere Fragen: Angenommen wir wollten ein visuelles System erfinden, indem wir von Grund auf begännen, was hätten wir dann für Wahlmöglichkeiten? Wenn Sie wollen, ist das nun ein technisches Problem. Wie gut ist die biologische Lösung dieses Problems? Wir kennen da einen Teil und dort ein Stück der Antwort auf diese verschiedenen Fragen. Setzt man sie zusammen, dann kommt man zu einem großartigen Bild, das sehr überzeugend ist, selbst wenn mehrere Details unsicher sind.

Für unsere Zwecke ist das wichtige Resultat dieses: Unser visuelles System ist so konstruiert, daß es mit einer wohlbestimmten physikalischen Wirklichkeit zurechtkommen kann. Das kommt aus der Analyse von David Marr klar und deutlich heraus. Unser visuelles System ist nicht nur eine Allzweckvorrichtung, um Muster aus Lichtintensität und Farbe zu analysieren. Es ist eine Einrichtung, um Objekte im dreidimensionalen Raum zu sehen, Objekte, die durch zweidimensionale Oberflächen begrenzt sind, die ihrerseits durch Kanten berandet sind. Das visuelle System muß die Kanten sehen, die Flächen rekonstruieren und diese dann als in einer bestimmten Weise beleuchtete und sich bezüglich des Betrachters in einer bestimmten Raumlage befindende Objekte interpretieren.

Wenn wir unsere Augen öffnen, bekommen wir ein enormes Informationsmaterial von der Außenwelt. Aber weil diese Außenwelt eine Menge Struktur hat, sind die Nachrichten, die von den Augen empfangen werden, hochgradig redundant. Das visuelle System führt dann eine Datenkompression durch, wobei es Annahmen über die Klasse der zulässigen Nachrichten macht. Diese Datenkompression beginnt am Niveau der Retina, und schon bevor sie den visuellen Kortex erreichen, sind die visuellen Nachrichten bereits hochgradig verarbeitet und komprimiert. Was auch immer wir sehen, es sind interpretierte Bilder, interpretiert von einem visuellen System, das durch die natürliche Evolution so geformt wurde, daß es mit einem gewissen Typ von äußerer physikalischer Wirklichkeit zurechtkommen kann.

Gehen wir zurück auf das technische Problem, ein wirkungsvolles visuelles System zu erfinden. Dies ist ein Problem der *künstlichen Intelligenz*. Warum *Intelligenz*? Was wir Intelligenz nennen, ist die Aktivität des Verstandes und findet im Gehirn statt. Intelligenz leitet unsere Handlungen auf der Basis dessen, was wir von dem äußeren Universum wahrnehmen, und deshalb ist die Interpretation visueller Nachrichten ein Teil davon.

Es ist ein ganz natürlicher Einfall, das Gehirn zu studieren, um Intelligenz zu verstehen: Untersuche seine Anatomie, benutze Elektroden zur Analyse seiner elektrischen Aktivität, betrachte seine Zellen unter dem Mikroskop, usw. Alles das ist natürlich gemacht worden und hat wichtige Information (insbesondere die über das visuelle System) geliefert. Eine direkte Untersuchung des Gehirns hat aber ihre Grenzen. Es würde schwer sein, eine natürliche Sprache, wie Deutsch, zu rekonstruieren, indem man sich das Gehirn ansieht. Und doch spielt vermutlich die Sprache bei der

Organisation menschlicher Intelligenz eine wichtige Rolle. Wie das Problem der Sprache zeigt, sieht es nicht danach aus, als wäre es ein leichtes Problem, Intelligenz zu verstehen, und es ist unklug, sich auf eine einzige methodische Richtung, wie Neurophysiologie oder Psychologie, zu beschränken.

Der Zugang des Ingenieurs ist in besonderer Weise natürlich und angemessen, um das visuelle System zu untersuchen. Ein Zugang dieser Art war auch, bemerkenswerterweise, von Sigmund Freud benutzt worden, um den Sexualtrieb zu analysieren. Was Freud Sex nennt, ist nicht genau dasselbe, was wir im letzten Kapitel Sex nannten, obwohl die beiden Begriffe in Beziehung zueinander stehen [25.2]. Der Wiener Begründer der Psychoanalyse hat mehrere *Triebkomponenten* (oft in bezug auf spezifische erogene Zonen: oral, anal, . . .) beschrieben und erklärt den Sexualtrieb mit ihrer Hilfe. Die Triebkomponenten zeigen sich bei kleinen Kindern getrennt. Bei natürlichem Verlauf werden sie sich später in ein funktionierendes Sexualverhalten organisieren. Sogenannte Perversionen treten auf, wenn die Integration der Triebkomponenten, wie sie normalerweise sein soll, versagt (was hier normal genannt wird, ist das, was durch die natürliche Selektion bevorzugt wird; offensichtlich begünstigt die natürliche Selektion das Verhalten, das zur Fortpflanzung führt).

Der Sexualtrieb und das visuelle System sind beide auf der Basis ihrer Funktion zu verstehen. "Fehler" des Systems, d.h. sexuelle Perversionen in dem einen und optische Täuschung in dem anderen Fall, leiten unsere Interpretation. Wir haben darüber hinaus für das visuelle System ein ziemlich detailliertes Verständnis davon, wie die Information von der Retina bis zum Gehirn verarbeitet wird. Das Studium des Sexualtriebs und seiner Triebkomponenten bekommt von solchen detaillierten anatomischen und funktionellen Untersuchungen keine Hilfe, und für andere Probleme, die in der Psychoanalyse auftreten, ist die Lage noch viel schlimmer. In der Tat liegt der Ruhm, aber auch die Tragik der Psychoanalyse, in ihrer methodischen Isolierung, und dies hat ihr die Geringschätzung vieler Wissenschaftler zugezogen. Freud selbst war ein Wissenschaftler, und er führte die Psychoanalyse als Teil der Naturwissenschaften ein, aber unter seinen Nachfolgern hat sich das verlaufen. Man kann nur hoffen, daß ein methodischer Fortschritt eine Umkehr dieser Tendenz bewirken wird. Schließlich beschäftigt sich Psychoanalyse mit Problemen der "Gehirnsoftware", die irgendwann eine fruchtbare Verbindung mit den "Hardware"Studien der Neurowissenschaften eingehen sollte.

Gehen wir zurück zur Intelligenz. Indem man einen Sexualtrieb, ein visuelles System und ein paar andere solcher Einrichtungen zusammensetzt, kann man vielleicht ein vernünftiges Gehirn für eine Ratte oder für einen Affen bekommen. Aber ist nicht der menschliche Intellekt etwas vollkommen Verschiedenes und unvergleichlich Überlegeneres? Nun ja, vielleicht nicht. Ein Grund zu meinen, daß der Unterschied nicht so extrem ist, ist, daß die Differenzierung des menschlichen Gehirns vom Standpunkt der Evolution – relativ wenig Zeit – gebraucht hat (für die Entwicklung komplexer natürlicher Sprachen einige wenige Millionen Jahre und vielleicht noch viel weniger). Wäre man in der Lage, ein Affenhirn zu konstruieren, dann wäre man, bezüglich der zusätzlich benötigten Mechanismen, sicher nicht mehr weit vom Menschenhirn entfernt. Anders ausgedrückt, die spezifisch menschlichen Fähigkeiten, Werkzeuge zu benutzen und komplexe Sprachen zu lernen, sind vermutlich einfache Entwicklungen gewesen, selbst wenn sie von einem beträchtlichen Anwachsen der Gehirngröße begleitet waren.

Natürlich haben wir intellektuelle Möglichkeiten, die denen von Ratten und Affen weit überlegen sind: Wir können über das theologische Problem der Prädestination diskutieren, Gedichte lesen und uns daran freuen, und wir können beweisen, daß die Folge der Primzahlen unendlich ist. Aber das Gehirn, das wir benutzen, hat im Grunde genommen denselben Aufbau wie das einer Ratte oder eines Affen. Es ist erschütternd, daß dieses unser überlegenes Gehirn mit einfachen arithmetischen Operationen Schwierigkeiten hat, die Zeit nicht korrekt angeben und nicht einfach einige tausend Ziffern im Gedächtnis behalten kann. (Deshalb benutzen wir Taschenrechner, Uhren, Kalender und Telefonbücher.) Bei der typischen "höheren" Aktivität, Wissenschaft zu treiben, scheinen wir hauptsächlich unser Sprachsystem und unser visuelles System zu benutzen. Das visuelle System ins Spiel zu bringen, ist ein großer Aktivposten, und das ist der Grund, warum Geometrisierung der Mathematik wichtig ist.

Versuchen wir zusammenzufassen. Unser Gehirn und Intelligenz haben eine Grundlage, die aus Vorrichtungen besteht, die strikt auf das Überleben in einem gewissen Umgebungstyp ausgerichtet sind. Vor ziemlich kurzer Zeit hat die Evolution diesen grundlegenden Gehirnfähigkeiten einige höhere Funktionen, die sich sehr flexibel verhalten, hinzugefügt. Der Besitz dieser höheren Funktionen war natürlich von Vorteil und ist durch die natürliche Evolution gefördert worden. Als Nebenprodukt haben diese höheren Funktionen auch den Menschen die Möglichkeit gegeben, wissenschaftliche Erkenntnis zu entwickeln. Aber dies, so scheint es mir, war ein Zufall. Dem menschlichen Gehirn fehlen einige grundlegende Funktionen, wie etwa die Fähigkeit, schnell und zuverlässig zu rechnen, oder die Fähigkeit, große Datenmengen zu speichern, die für das Betreiben von Wissenschaft wünschenswert wären. Trotz dieser Mängel hat sich menschliche Wissenschaft entwickelt, und wir sind daher in der Lage, eine ganze Menge mehr als wir jemals zu hoffen berechtigt waren über die Natur der Dinge zu verstehen.

Offensichtlich leben wir in einer Welt voller dreidimensionaler Objekte, die von zweidimensionalen Oberflächen begrenzt werden [25.3]. Es ist daher nicht erstaunlich, daß unser Gehirn mit solchen Objekten umgehen kann. Diese Fähigkeit ist für das Überleben nützlich und wird von der natürlichen Selektion gefördert. Aber natürliche Selektion erklärt nicht, wie wir die Chemie der Sterne oder subtile Eigenschaften der Primzahlen verstehen konnten. Natürliche Selektion erklärt nur, daß Menschen höhere intellektuelle Funktionen erworben haben; sie kann nicht erklären, warum man so viel über das physikalische Universum oder von der abstrakten Welt der Mathematik verstehen kann.

Wir sind überzeugt, daß das physikalische Universum eine Menge Zufälligkeiten zeigen sollte. Wir sind überzeugt, daß viele mathematische Behauptungen unbeweisbar sein sollten. Trotzdem verstehen wir bemerkenswerterweise eine ganze Menge, sowohl von dem physikalischen Universum als auch von Mathematik.

Was wir verstehen nennen, hängt sehr stark mit der spezifischen Natur der menschlichen Intelligenz zusammen. Beispielsweise benutzen wir in der Mathematik sehr stark die natürlichen Sprachen, weil unser Gehirn nicht mit vollständig formalisierten mathematischen Sprachen zurechtkommt, was im Prinzip viel besser wäre. (Die mathematische Literatur sieht hinreichend formal und unverständlich aus, aber es ist nicht das, was Mathematiker formale mathematische Sprache nennen; wenn Sie wollen, nennen Sie es semiformal.) Wir stellen unser mathematisches Wissen in Form von kurzen Sätzen dar, weil wir wirklich lange Formulierungen nicht verdauen könnten. Es gibt gar keinen Zweifel, daß nichtmenschliche intelligente Wesen Mathematik ziemlich anders als wir betreiben würden, und der wachsende Gebrauch von Computern als Hilfsmittel bei mathematischen Untersuchungen gibt uns davon einen flüchtigen Eindruck. (Die Computer unserer Tage können nicht mit natürlichen Sprachen zurechtkommen, aber der Gebrauch sehr langer Codes ist ihnen nicht zuwider.) Kurz, die Art, wie wir Mathematik betreiben ist menschlich, zu menschlich. Aber die Mathematiker haben keinen Zweifel daran, daß es eine mathematische Wirklichkeit jenseits unserer kümmerlichen Existenz gibt. Wir entdecken mathematische Wahrheiten, wir erschaffen sie nicht. Wir fragen uns etwas, was als eine natürliche Frage erscheint, und beginnen darüber zu arbeiten, und nicht selten finden wir die Lösung (oder irgend jemand anderer tut es). Und wir wissen, daß die Antwort nicht anders hätte sein können, und das Seltsame ist, daß wir, aufgrund von Gödels Theorem, keine Garantie haben, daß unsere Frage gelöst werden könnte. Wir verstehen nicht, warum uns die Welt der mathematischen Wahrheit zugänglich ist. Jedoch auf wunderbare Weise ist sie es ...

Die Möglichkeit, das physikalische Universum mit Hilfe mathematischer Strukturen zu verstehen, ist nicht weniger erstaunlich. Der ungaro-amerikanische Physiker Eugene Wigner hat sein Erstaunen in einem Artikel mit dem sehr ausdrucksstarken Titel: *Die unverständliche Effektivität der Mathematik in den Naturwissenschaften* [25.4] beschrieben. Wir haben gelernt, wie riesig das Universum ist und wie unbedeutend wir darin sind. Und doch können wir wunderbarerweise die Tiefe dieses Universums sondieren und es verstehen.

26. Epilog: Wissenschaft

Lassen Sie uns in der Zeit einige tausend Jahre zurückspringen.
Die Nacht fällt, das Tagewerk ist vorbei, und die Öllampen sind
angezündet. Wir sprechen über lokale Ereignisse und über unsere
landwirtschaftlichen Tätigkeiten, deren Planung wir den Konstel-
lationen am Himmel ansehen. Wir staunen über die Geschichten
der Reisenden und die seltsamen Sprachen, die sie sprechen. Da
gibt es Debatten über die Attribute der Götter oder eine Geset-
zesstelle oder die Heilwirkungen irgendeiner Pflanze. Intellektuelle
Neugier ist da, das Bestreben, die Geheimnisse der weiten Welt
und der Natur der Dinge zu verstehen. Und wir richten diese Neugier auf alle Arten von Problemen: Wie kann man Träume interpretieren und etwas über die Zukunft lernen, wie die Zeichen am
Himmel verstehen oder wie mit einem Stück Schnur einen rechten
Winkel machen (machen Sie ein Dreieck mit den Seitenlängen 3,
4 und 5).

Und jetzt, einige tausend Jahre später, wo wir zurückblicken,
sehen wir, daß einige Themen der alten Diskussionen in Vergessenheit geraten sind. Die Attribute der alten Götter interessieren
uns nicht mehr allzusehr. Einige Fragen haben sich nicht großartig
verändert: Was ist die wahre Natur von Kunst, und was ist Be-
wußtsein? Aber das Studium von wiederum anderen Problemen
hat zu den gewaltigen Fortschritten von Wissenschaft und Technik
geführt, die unsere menschliche Bedingung komplett verändert haben. Aus der Herstellung rechter Winkel mit einem Stück Schnur
hat sich Mathematik entwickelt. Der Versuch, die Bewegung von
Himmelskörpern zu verstehen, hat zur Schaffung der Mechanik
und der Physik geführt. Und später entstanden Biologie und moderne Medizin, die die Untersuchung von Heilkräutern ersetzen.

Der Wissenschaft ist es anders als anderen Bereichen menschlicher Neugier ergangen, nicht weil die Neugierde verschieden war, sondern weil die Objekte und Begriffe, die hervorgebracht wurden, verschieden waren. Es brachte mehr Gewinn, über die Eigenschaften von Dreiecken zu debattieren als über die Interpretation von Träumen. Es war befriedigender, die Bewegung des Pendels zu studieren als die Natur des Bewußtseins. Manchmal werden die alten philosophischen Probleme durch Wissenschaft geklärt, manchmal untergraben sie die Wissenschaft. Aber oft bleiben die Fragen, die durch Selbstbetrachtung nahegelegt werden, unbeantwortet, und wenn die Antworten kommen, dann neigen sie dazu, eher intellektuell überzeugend als psychologisch befriedigend zu sein [26.1].

Der *Zufall* sah nicht wie ein sehr erfolgversprechendes Thema für eine genaue Untersuchung aus und wurde in der Tat von vielen der früheren Wissenschaftler geringgeschätzt. Und doch spielt er jetzt eine zentrale Rolle bei unserem Verständnis von der Natur der Dinge. Es war die Absicht dieses Buches, eine Idee von dieser Rolle zu geben. Wir haben gesehen, wie wir die Welt um uns in physikalischen Theorien idealisieren und wie *Chaos* die intellektuelle Kontrolle, die wir über die Evolution der Welt haben, einschränkt. Wir haben gesehen, wie eine korrekte Einschätzung von Zufall und *Vorhersagbarkeit* für das tägliche Leben und für die Geschichte wichtig ist. Wir haben *Entropie* eingeführt, die die Menge von Zufall im molekularen Chaos eines Liters Wasser mißt. Wir haben einen Blick auf die *Komplexitäts*probleme geworfen und gesehen, wie arg schwer es sein kann, nützliche Information zu bekommen. Und wir haben Zufall selbst in den Eigenschaften der natürlichen Zahlen 1, 2, 3, ... gefunden.

Nun lassen Sie uns einen letzten Blick auf die Leute, die Wissenschaft betreiben, werfen.

Aufgrund von Diskussionen mit mehreren Kollegen bin ich zu dem Schluß gekommen, daß die Physiker meiner Generation in zwei große Klassen fallen. Einige entwickelten ihre wissenschaftlichen Vorlieben, indem sie amüsante Chemie betrieben, als sie jung waren, andere wurden mehr durch Elektrizität und Mechanik angezogen und verbrachten ihre Zeit mit dem Zerlegen von

Radios, Weckern und derartigen Dingen. Ich war ein entschiedener Chemiker, und gelegentlich verbringe ich mit dem einen oder anderen Kollegen eine schöne Zeit, indem wir unsere Erinnerungen an verschiedene verrückte chemische "Versuche", die wir in den alten Zeiten gemacht haben, austauschen. Etwa Nitroglyzerin oder Knallquecksilber herzustellen, oder konzentrierte Schwefelsäure in einem Pyrexreagenzglas zum Sieden zu bringen. (Ich empfehle wirklich nicht, irgendetwas davon zu machen, speziell nicht das letztere.) Als ich den amerikanischen Physiker John Wheeler fragte, ob er zur chemischen oder elektromechanischen Kategorie gehöre, sagte er "zu beiden", und seine Frau, die dabei war, ergriff seine Hand und sagte: "Zeig deinen kleinen Finger, Jonny". Und Jonny mußte einen Finger herzeigen, von dem als Ergebnis eines in seiner Jugend durchgeführten "amüsanten Experiments" ein Stück fehlte. Der Physiker Murray Gell'Mann erzählte mir dagegen, daß er nicht der amüsanten Wissenschaft frönte, sondern statt dessen eine Menge Zukunftsromane las.

Wegen der Drogen- und Terrorismusprobleme neigt man dazu, heutzutage amüsante Chemie zu entmutigen, und es macht auch immer weniger Spaß, Radios oder Wecker zu zerlegen (da drinnen ist nur mehr wenig zum Anschauen übrig). Deshalb holen sich die Leute ihren Anreiz beim Spielen mit Computern, und dies muß eine verschiedene Art von Physikern hervorbringen. Jedoch in allen Fällen beginnt die Laufbahn eines Physikers mit irgendeiner Art von Faszination, vielleicht einer magischen Art im Falle der amüsanten Chemie und einer mehr logischen im Falle der elektromechanischen Apparate und der Computer. Ich lasse die Leute beiseite, die ihren Lebensunterhalt durch das "Betreiben von Forschung" verdienen, aber lieber, wenn sie die Wahl hätten, im Fernsehen Fußball ansehen würden.

Mathematiker, ebenso wie Physiker, sind von einer starken Faszination getrieben. Mathematische Forschung ist schwer, ist intellektuell qualvoll, selbst wenn sie sich lohnt, und Sie würden sie nicht ohne irgendeinen starken Drang betreiben.

Was ist der Ursprung dieses Dranges, dieser Faszination, die Physiker, Mathematiker und vermutlich auch andere Wissenschaftler antreibt? Die Pyschoanalyse legt nahe, daß es sexuelle

Neugier ist. Sie beginnen damit, daß Sie fragen, woher die kleinen Babys kommen, und weil eins zum andern führt, finden Sie sich am Ende dabei, Nitroglyzerin herzustellen oder Differentialgleichungen zu lösen. Die Erklärung ist etwas irritierend und deshalb vermutlich im wesentlichen korrekt. Sexuelle Neugier ist an der Wurzel der Wissenschaft, aber bald kommt etwas anderes dazu, nämlich die Tatsache, daß die Welt verstehbar ist. Ein rein psychologischer Zugang zur Wissenschaft (sei er psychoanalytisch oder neurowissenschaftlich) würde einen gegenüber der Verstehbarkeit der Mathematik und gegenüber "der unvernünftigen Effektivität" der Mathematik in den Naturwissenschaften blind machen. In der Tat, einige Wissenschaftler in den "weichen" Wissenschaften scheinen diese Blindheit zu haben. Aber Mathematiker und Physiker wissen, daß sie mit einer Realität, die ihre eigenen Gesetze hat, einer Realität jenseits unserer kleinen psychologischen Probleme, einer Realität, die seltsam faszinierend und in einem gewissen Sinne schön ist, umzugehen haben.

An dieser Stelle hätte ich eine bewegende Beschreibung von der Großartigkeit, die Rätsel der Wissenschaft zu beantworten, geben wollen. Aber ich sehe, daß Sie mir das nicht erlauben ... Sie wollen über Ödipus sprechen, der so selbstzufrieden das Rätsel der Sphinx beantwortete und auf diese Weise eine Kette von derart katastrophalen, derart verheerenden Ereignissen auslöste, daß es Schauspieldichter und Psychoanalytiker für die nächsten dreitausend Jahre beschäftigt hat. Auch Wissenschaftler beginnen mit dem Beantworten von Rätseln, dann sprengen sie Stücke von Fingern in die Luft und dann den ganzen Planeten. Sollte sich Wissenschaft nicht vielleicht verantwortungsbewußter verhalten?

Die Antwort auf diese letzte Frage ist klar: Wissenschaft ist total amoralisch und komplett verantwortungslos. Einzelne Wissenschaftler handeln entsprechend ihrem eigenen individuellen Gefühl für moralische Verantwortung (oder dessen Fehlen), aber sie handeln als Menschen, nicht als Repräsentanten der Wissenschaft. Nehmen wir uns ein Beispiel. Was wir *Natur* zu nennen pflegten, ist zu unserer *Umwelt* degradiert worden, und sie wird gerade weiter herabgewürdigt, unser Müllplatz zu werden. Ist dies ein Fehler der Wissenschaft? Wissenschaft kann in der Tat helfen, die Natur zu zerstören, aber sie kann auch helfen, die Umwelt zu schützen, oder sie kann helfen, die Verschmutzung abzuschätzen. Die Entscheidungen sind alle menschlich. Die Wissenschaft beantwortet Fragen, wenigstens manchmal, aber sie trifft keine Entscheidungen. Menschen treffen Entscheidungen, oder wenigstens manchmal tun sie es.

Welche Optionen für die Menschheit wirklich offen sind, ist schwer abzuschätzen. Droht morgen der Untergang? Oder kann er für immer hinausgeschoben werden? Das Gehirn, daß wir benutzen, ist dasselbe wie das unserer Steinzeitvorfahren und hat eine erstaunliche Flexibilität gezeigt. Anstatt zu Fuß zu laufen und mit Speeren zu jagen, fahren moderne Menschen in Autos und verkaufen Versicherungen. Und wenn nicht eine Sintflut eintritt, dann wird es weitere Veränderungen, neuen Fortschritt geben. Für zahlreiche technische Arbeiten werden unsere veralteten Steinzeitgehirne zunehmend durch schnellere, leistungsstärkere und zuverlässigere Maschinen ersetzt werden. Und die Wissenschaft wird unsere antiquierten genetischen Kopiermechanismen verbessern, um allerlei schreckliche Krankheiten zu vermeiden. Und wir können nicht NEIN sagen. Aus soziologischen Gründen haben wir nicht die Wahl zu sagen, daß wir alle diese schönen Verbesserungen ablehnen. Aber wird die Menschheit in der Lage sein, alle die Veränderungen, die an unserer physikalischen und kulturellen Umwelt zu machen wir nicht vermeiden können, zu überleben? Wir wissen es nicht.

Jetzt, wie früher, bleibt die Zukunft des Menschen unaufdeckbar, und wir wissen nicht, ob wir einer besseren Zukunft oder einer unvermeidbaren Selbstzerstörung entgegengehen.

Anmerkungen

1. Zufall

[1.1] *Das Vierfarbentheorem.* Angenommen, wir haben eine geografische Landkarte auf einer Kugel oder in der Ebene. Die Karte zeigt verschiedene Länder, und der Einfachheit halber nehmen wir an, daß es keine Meere gibt. Ebenso, daß jedes Land *zusammenhängend* (nicht aus disjunkten Stücken zusammmmengesetzt) ist. Wir wollen jedes Land einfärben, so daß zwei Länder mit einer gemeinsamen Grenze verschiedene Farben haben. (Haben zwei Länder nur endlich viele gemeinsame Grenzpunkte, dann akzeptieren wir für sie eine gleiche Färbung.) Wieviele Farben benötigen wir? Die Antwort ist: In allen Fällen genügen 4 Farben. Das ist das Vierfarbentheorem.

Die Lösung des Vierfarbenproblems verdanken wir Kenneth Appel und Wolfgang Haken. Die wissenschaftlichen Veröffentlichungen sind: K. Appel und W. Haken, *Every planar map is four colorable, Part I: Discharging*, Illinois J. Math. **21**, 429-490 (1977); K. Appel, W. Haken und J. Koch, *Every planar map is four colorable, Part II: Reducibility*, Illinois J. Math. **21**, 491-567 (1977).

Für populäre und weniger technische Darstellungen benutze man: K. Appel und W. Haken, *The solution of the four-color-map problem*, Scientific American, October 1977, pp. 108-121; K. Appel und W. Haken, *The four color proof suffices*, The Mathematical Intelligencer 8, 10-20 (1986).

Werden die Computer in 50 oder in 500 Jahren die Mathematiker ersetzen? Die Frage ist weit offen, und es scheint unmöglich, auf sie jetzt eine ernsthafte Antwort zu geben. Ich möchte anfügen, daß ich keineswegs begeistert bin, die menschliche Intelligenz allgemein durch die der Computer zu ersetzen. Es bleibt, daß die Frage sich stellt und daß der Haltung vornehmer Ablehnung (vom Typus „Ich bin zutiefst überzeugt, daß die Maschine die Intelligenz des Menschen nicht wird ersetzen können") ein wenig an gesundem Menschenverstand fehlt.

[1.2] Es sollte gesagt werden, daß in der Klassifizierung einfacher endlicher Gruppen sowohl eine Menge Computerarbeit als auch ein Riesenaufwand von Mathematikerzeit steckt. Für eine kurze Einführung in das Problem, die einfachen endlichen Gruppen anzugeben, greife man zu J.H. Conway, *Monsters and moonshine*, The Mathematical Intelligencer, 2, 165-171 (1980).

[**1.3**]   Heutzutage gilt als Standardbiographie zu Newton: R. Westfall, *Never at Rest*, Cambridge University Press, Cambridge, 1980. Die Wechselwirkung zwischen Newtons verschiedenen intellektuellen Interessen ist faszinierend. Diese Interessen gehen von den größten Errungenschaften in Mathematik und Physik bis zu (nach heutiger Beurteilung) übelbeleumundeten Spekulationen über Alchemie, Geschichte und Religion. Man ist versucht, an Newtons geistiges Schaffen die Elle anzulegen und zu erklären, daß einiges gut ist, und der Rest besser vergessen werden sollte. Wenn wir aber den intellektuellen Schaffensprozeß in Newtons Kopf verstehen wollen, können wir seine in Verruf geratenen Spekulationen nicht vergessen. Bei seinem Wunsch, die Bedeutung des Universums zu erfassen, war die Forschung über die Prophezeihungen oder die Alchemie nicht weniger wichtig als die Arbeit über Gravitation oder den Differentialkalkül. Offensichtlich bleibt noch eine Menge zu tun, um zu verstehen, wie Newtons Verstand funktionierte. Eine bedauerliche Tatsache scheint aus Westfalls Buch hervorzugehen: Der große Newton hatte anscheinend keinerlei Sinn für Humor.

[**1.4**]   Als Einführung in die Probleme der Molekulargenetik nehme man J. Monod, *Le Hasard et la nécessité*, Le Seuil, Paris, 1970 (dt. *Zufall und Notwendigkeit*, dtv TB 1069). Dieses Werk bewältigt eine außerordentliche philosophische Entrümpelungsarbeit, die man nur bewundern kann, selbst wenn man nicht alle Ansichten des Autors teilt. (Einige halten Monod für zu pessimistisch, ich dagegen würde glauben, er sei hinsichtlich eines möglichen *Neuen Bunds* zu optimistisch.)

2. Mathematik und Physik

[**2.1**]   Naturgemäß sind Mathematiker eine einigermaßen heterogene Gruppe. Einige Mathematiker gehen auf die Probleme direkt zu und verdanken ihren Erfolg ihrer großen Kraft im Technischen. Andere drehen ein Problem solange herum, bis sie einen subtilen Trick finden, der eine leichte Lösung erlaubt. (Beachten Sie, daß es einen solchen subtilen Trick nicht immer gibt.) Deshalb sind nicht alle Mathematiker gleich, und einige sehen nicht einmal wie Mathematiker aus. Aber oft gibt es zwischen Mathematikern, oder allgemeiner zwischen professionellen Naturwissenschaftlern einen Zug des Familiären. Selbst physisch. Mehr als einmal habe ich meinen Weg zu einem wissenschaftlichen Treffen in einer fremden Stadt gefunden, indem ich auf der Straße einer Person folgte, die wie ein Kollege aussah. Andere Leute haben dieselbe Beobachtung gemacht.

[2.2]   Vgl. Kapitel 22 und 23. In aller Kürze ist Gödels Unvollständigkeitstheorem das folgende. Im Rahmen von allgemein anerkannten Grundannahmen über die ganzen Zahlen 1, 2, 3, ... zeigt Gödel, daß einige Aussagen weder bewiesen noch widerlegt werden können: dies sind *unentscheidbare* Aussagen. Wenn man die Anzahl der Grundaussagen erweitert, werden trotzdem immer unentscheidbare Aussagen übrigbleiben.

Wir haben gesagt, daß die Länge der Beweise die Mathematik interessant macht. (Selbst die kürzesten Beweise mancher Theoreme sind lang.) Sicherlich suchen die Mathematiker kurze und elegante Demonstrationen. Ein Kniff, der eine sehr kurze Demonstration eines Resultats erlaubt, dessen Beweis man für schwierig gehalten hat, führt zu einer Mischung von Befriedigung und Enttäuschung (weil sich das Ergebnis am Ende zu einer Trivialität reduziert).

[2.3]   Vergleiche H. Poincaré, *Die mathematische Erfindung*, Kapitel 3 *in Wissenschaft und Methode*, Teubner, 1973 (frz. Original: *Science et méthode*, Fammarion, Paris, 1908). Auch J. Hadamard, *The psychology of invention in the mathematical field*, Princeton University Press, Princeton 1945.

Poincaré gibt das Beispiel eines Problems, über das er nicht mehr bewußt nachdachte und wofür ihm später abrupt und mit vollständiger Klarheit die Lösung kam. Für ihn offensichtlich ist irgendeine unbewußte Arbeit abgelaufen. In diese Arbeit wäre das, was Freud das *Vorbewußte* nennt, eher als das tiefe Unbewußte verwickelt, aber indem man ihm einen Namen wie das Vorbewußte gibt, erklärt man noch nicht, was vorgeht. Die Rolle des Unbewußten, oder des Vorbewußten, ist, glaube ich, vielen Wissenschaftlern bekannt, aber ein wirkliches Verständnis des bewußten oder unbewußten Prozesses des wissenschaftlichen Entdeckens fehlt noch.

[2.4]   Hier ist ein Ausschnitt aus Galileo Galileis *Il Saggiatore* (1623): "Die Philosophie steht in diesem sehr großen Buch, das ständig offen vor unseren Augen liegt (ich meine das Universum), geschrieben, aber sie kann nicht verstanden werden, wenn man nicht erst seine Sprache lernt und die Buchstaben kennt, mit denen es geschrieben ist. Es ist geschrieben in mathematischer Sprache, und die Buchstaben sind Dreiecke, Kreise und andere geometrische Figuren ... "

[2.5]   Die Mathematik einer physikalischen Theorie kann weit über die operationell definierten Quantitäten hinausgehen und Objekte, die – selbst im Prinzip – nicht direkt beobachtbar sind, einführen. Die Einführung nichtbeobachtbarer Objekte ist natürlich eine delikate Angelegenheit, und man könnte versucht sein, sie aus philosophischen Gründen abzulehnen. Aber eine solche philosophische *A-priori*-Haltung stellt sich, wenigstens in einigen Fällen, als eine schlechte Idee heraus. Beispielsweise schlug der Physiker

Geoffrey Chew in den späten 50er Jahren vor, daß die Teilchenphysiker ihre Anstrengungen auf das Studium eines mathematischen Objekts, der sogenannten *S-Matrix*, die in enger Beziehung zu experimentellen Quantitäten steht, konzentrieren. Dagegen solle man die unbeobachtbaren *Quantenfelder* vergessen. In einem gewissen Sinne war Chews Idee sehr vernünftig, aber die Tatsachen haben ihn widerlegt. Wie es sich so fügte, war die Betrachtung von Feldern außerordentlich fruchtbar (vor und nach Chews Vorschlag), und wir wollen in der Teilchenphysik nicht mehr auf sie verzichten.

3. Wahrscheinlichkeiten

[3.1]   Die mathematischen Grundlagen der Wahrscheinlichkeitsrechnung sind vor Kolmogorov (derselbe, dessen Theorie über die Psychologie der Mathematiker wir am Anfang des 2. Kapitels diskutiert haben und dessen Turbulenztheorie später erwähnt werden wird) hoffähig gemacht worden. Die Standardreferenz ist A.N. Kolmogorov, *Grundbegriffe der Wahrscheinlichkeitsrechnung*, Springer, Berlin, 1933.

[3.2]   Wir bestehen darauf, eine physikalische Definition der Unabhängigkeit von Ereignissen zu geben. Wenn wir sagen, daß zwei Ereignisse unabhängig sind, wenn sie "nichts miteinander zu tun" haben, kann das allerdings kaum eine operationelle Definition genannt werden. Es wäre besser zu sagen, daß es ein allgemeines metaphysisches Prinzip ist, das in bestimmten Fällen operationelle Definitionen nahelegt (etwa das gründliche Schütteln der Würfel zwischen aufeinanderfolgenden Würfen), und die Gültigkeit dieser operationellen Definitionen der Unabhängigkeit kann dann an den Konsequenzen geprüft werden.

Aber warum dann nicht lieber die mathematische Definition der Unabhängigkeit (d.h. im Grunde genommen Behauptung (3)) verwenden und sie durch statistische Tests verifizieren? Das ist im Prinzip eine elegante Art, die Dinge darzustellen, und die Art, die in Lehrbüchern benutzt wird, aber es ist *nicht* die Art, die in der Praxis verwendet wird. Tatsächlich sind statistische Tests schwerfällig und oft wenig überzeugend. Also *vermuten* Wissenschaftler zuerst, daß zwei Ereignisse unabhängig sind, wenn sie nichts miteinander zu tun haben. Dann werden sie an mögliche Gründe denken, die die Unabhängigkeit zerstören könnten. Und nur als letzte Zuflucht werden sie statistische Tests benutzen.

4. Lotterie und Horoskop

[4.1]   Ab und zu einen Lottoschein zu kaufen (oder kleine Summen zu verwetten), kann tatsächlich sinnvoll sein, wenn Sie daran in angemessener Weise Freude haben. Lehrbücher der Ökonomie diskutieren die Logik der Angelegenheit (und auch warum es sinnvoll ist, eine Versicherung zu kaufen, selbst wenn Sie wissen, daß die Versicherungsgesellschaft einen ungerechtfertigten Profit an Ihnen macht). Was wir gezeigt haben ist, daß es keine gute Idee wäre, viele Lottoscheine zu kaufen in der Hoffnung, reich zu werden.

[4.2]   Bei einer großen Zahl N unabhängiger Versuche sei $N(A)$ die Anzahl derjenigen, wo das Ereignis "A" verwirklicht ist, und $N(A\ und\ B)$ die Anzahl derjenigen, wo "A" und "B" realisiert sind. Die Wahrscheinlichkeit von "B", wohl wissend, daß "A" realisiert ist, sollte nährungsweise sein

$$\frac{N(A\ und\ B)}{N(A)} ,$$

was gleich ist zu

$$\frac{N(A\ und\ B)}{N} : \frac{N(A)}{N}$$

und damit näherungsweise gleich

$$\frac{WS("A\ und\ B")}{WS("A")} .$$

Es ist daher vernünftig, die *Definition*

$$WS\ ("B", \text{wohl wissend, daß "}A\text{" realisiert ist}) = \frac{WS\ ("A\ und\ B")}{WS\ ("A")}$$

zu machen (das ist die sogenannte *bedingte Wahrscheinlichkeit*). Wenn "A" und "B" unabhängig sind, folgt aus (3), daß die rechte Seite gleich

$$\frac{WS\ ("A") \times WS\ ("B")}{WS\ ("A")} = WS\ ("B")$$

ist, und das beweist (4).

[4.3]   Lassen Sie mich hier eine kurze technische Erörterung dazu geben, wie es kommt, daß das Wetter einerseits empfindlich von der wenige Wochen zurückliegenden Position der Venus abhängen und davon andererseits statistisch unabhängig sein kann. Sei x irgendein Anfangszustand des betrachteten Systems, d.h. des Universums oder besser gesagt einer Idealisierung des

Universums, der u.a. die Position der Venus und das Wetter bei Ihnen beschreibt. Wenn der Anfangszustand x sich auf die Situation von vor einigen Wochen bezieht, wird die Situation an diesem Nachmittag durch einen Zustand $f^t x$ beschrieben sein; dabei wird f^t der *Operator der Zeitentwicklung* genannt und ist eine Transformation im Zustandsraum unseres Systems (der der Zeitentwicklung von vor einigen Wochen bis zu diesem Nachmittag entspricht). Es gibt eine Menge A von möglichen Anfangszuständen für unser System, unter denen wir nicht unterscheiden können. Das bringt die Tatsache zum Ausdruck, daß wir die Anfangsbedingungen nicht mit vollständiger Genauigkeit kennen. (Der Einfachheit halber können wir annehmen, daß nur die Anfangslage der Venus nicht mit vollständiger Genauigkeit bekannt ist.) Die verschiedenen Möglichkeiten für das Wetter an diesem Nachmittag werden durch alle Punkte der Menge $f^t A$ beschrieben. Und wegen des Phänomens der empfindlichen Abhängigkeit von den Anfangsbedingungen, das in späteren Kapiteln diskutiert wird, wird die Menge $f^t A$ nicht länger klein sein (im Gegensatz zu A), sondern wird in der Tat allerlei verschiedene Möglichkeiten für das Wetter an diesem Nachmittag überdecken. Sei B die Menge der Zustände, die für diesen Nachmittag Regen angeben. Ein Teil $f^t A$ wird in B sein, ein Teil außerhalb, und so wird die Wirkung der Venus von vor einigen Wochen uns hindern zu sagen, ob Sie diesen Nachmittag Regen haben werden oder nicht. Die Zustände des Universums, die für diesen Nachmittag bei Ihnen Regen beinhalten und mit dem, was wir von der Situation von vor einigen Wochen wissen, verträglich sind, sind die Punkte des Durchschnitts $(f^t A) \cap B$. Können wir etwas über diesen Durchschnitt sagen?

Um in der Diskussion voranzukommen, benutzen wir die Tatsache, daß es für viele Zeitentwicklungen ein natürliches *Wahrscheinlichkeitsmaß* m gibt, das sich unter der Zeitentwicklung nicht ändert und die Wahrscheinlichkeit der verschiedenen Ereignisse beschreibt. Beispielsweise ist $m(f^t A) = m(A)$ die Wahrscheinlichkeit des unserer Anfangsbedingung zugeordneten Ereignisses "A". Weiterhin ist $m((f^t A) \cap B)$ die Wahrscheinlichkeit des Ereignisses "A" von vor einigen Wochen und "B" von diesem Nachmittag. Es ist nun so, daß in vielen Fällen für große t gilt

$$m((f^t A) \cap B) \approx m(A) \times m(B) \ .$$

Diese Eigenschaft, die man *Mischen* nennt, bedeutet, daß die Menge $f^t A$ sich (durch Strecken, Überfalten und Verknüllen) dahin entwickelt hat, daß ihr in B liegender Anteil proportional zur Größe von B (gemessen durch $m(B)$) ist.

Wenn wir die obige Eigenschaft des Mischens mit Hilfe der Wahrscheinlichkeiten interpretieren, sehen wir, daß sie genau das gleiche Ergebnis liefert wie die Annahme, daß Regen an diesem Nachmittag und die Position der Venus von vor wenigen Wochen (statistisch) unabhängig sind. (Daß vielleicht

$m(A) = 0$ ist, ist eine unbedeutende technische Schwierigkeit, die man mit Hilfe eines geeigneten Grenzprozesses behandeln kann.)

Obige Rechtfertigung der statistischen Unabhängigkeit ist natürlich für einen Mathematiker, der einen *Beweis* obiger Mischungseigenschaft verlangen würde, unbefriedigend. Und wir sind sehr weit davon entfernt, einen zur Verfügung stellen zu können. Das Problem ist einfach zu schwierig. Wenn Sie ein Physiker sind, werden Sie durch das Fehlen eines mathematischen Beweises nicht abgeschreckt werden, aber Sie werden nach anderen Dingen fragen. Zu allererst werden Sie nach einer Begründung für die empfindliche Abhängigkeit von den Anfangsbedingungen in unserem Problem fragen, und Sie werden wissen wollen, wieviele Wochen "wenige Wochen" sind (das wird in den folgenden Kapiteln diskutiert werden). Dann werden Sie genau definieren wollen, was unter der Position der Venus zu verstehen ist (wenn Sie nicht aufpassen, dann wird die Position der Venus mit der Jahreszeit korreliert werden und deshalb mit dem saisonbedingten Wetter). Sie werden sich auch mit dem Problem des Mischens beschäftigen. Und da dieses sehr schwer direkt angegangen werden kann, werden Sie versuchen herauszufinden, was mit den Annahmen der statistischen Unabhängigkeit von Regen und der Position der Venus schiefgehen könnte. Eine Sache, die schiefgehen könnte, ist, daß intelligente Wirkkräfte spaßeshalber das Wetter in Übereinstimmung mit den Venusbeobachtungen modifizieren würden. Aber das ist aus technischen Gründen unwahrscheinlich. Schließlich werden Sie, wenn die Sache genügend interessant ist, eine Reihe von Beobachtungen und von statistischen Tests zur Unabhängigkeit des Wetters bei Ihnen und der Venusposition in die Wege leiten.

Unsere Diskussion läßt mindestens eine Frage offen: Was meinen wir mit einer *intelligenten Wirkkraft*? Alles was wir z.Z. sagen können, ist, daß eine intelligente Wirkkraft Korrelationen einführt, wo Sie andernfalls keine erwarten würden. Wenn Sie darüber nachdenken, werden Sie zugeben, dies ist keine schlechte Charakterisierung von Intelligenz.

5. Klassischer Determinismus

[5.1] *Newtons Gleichung.* Man betrachte N Punkte mit Massen $m_1, \ldots,$ m_N (positive Zahlen) und Lagen $x_1, \ldots, x_N$ (Vektoren im dreidimensionalen Raum), und dann lautet Newtons Gleichung

$$m_i \frac{d^2 x_i}{dt^2} = F_i \quad \text{für } i = 1, \ldots, N ,$$

wo F_i die Kraft auf das i-te Teilchen (ein Dreiervektor) ist. Wir sprechen von Newtons Gleichung in der Einzahl, aber tatsächlich handelt es sich um $3N$ Gleichungen, weil jede Lage 3 Komponenten hat. Die *Gravitationskraft* wird gegeben durch

$$F_i = \gamma \sum_{j \neq i} m_i m_j \frac{x_j - x_i}{\mid x_j - x_i \mid^3} \quad,$$

wo γ die *Gravitationskonstante* ist. Dies ist die Kraft, die man beispielsweise benutzt, um die Planetenbewegung um die Sonne zu studieren. Wenn die Lagen x_i und die Geschwindigkeiten dx_i/dt zu einer Anfangszeit bekannt sind, ist es im Prinzip möglich, sie für jede andere Zeit aus Newtons Gleichung abzuleiten. Ich habe gesagt *im Prinzip*, weil die Existenz und Eindeutigkeit der Lösungen von Newtons Gleichung mit Gravitationskräften nicht für alle Anfangsbedingungen garantiert ist. Wenn $N = 3$ oder größer ist, können die Lösungen auch nicht in explizierter analytischer Form erhalten werden, und ihre Untersuchung wird eine sehr heikle Angelegenheit.

[**5.2**]   P.S. Laplace, *Essai philosophique sur les probabilités*, Courcier, Paris, 1814.

[**5.3**]   R. Thom, *Halte au hasard, silence au bruit (mort aux parasites)*, Edgar Morin, *Au-delà du déterminisme: le dialogue de l'ordre et du désordre*, Ilya Prigogine, *Loi, histoire ... et désertion*. Diese Artikel sind zuerst in *Le Débat*, 1980 (Nr. 3 und 6) erschienen; Thom hat in der gedruckten Fassung die Parenthese weggelassen. Diese Beiträge und einige andere sind jetzt in dem Sammelband *La querelle du déterminisme. Philosophie de la science d'aujourd'hui*, Gallimard, Paris, 1990, zugänglich.

[**5.4**]   E. Schrödinger, *Indeterminism and free will*, Nature, July 4, 1936, pp. 13-14. Diese Arbeit ist auch abgedruckt in E. Schrödinger, *Gesammelte Abhandlungen*, Band 4, 364-365, Vieweg, Wien, 1984.

6. Spiele

[**6.1**]   Die Wahrscheinlichkeit, daß drei aufeinanderfolgende Ziffern die gegebenen Werte i, j, k haben, ist

$$\frac{1}{10} \times \frac{1}{10} \times \frac{1}{10} = \frac{1}{1000} \quad,$$

denn es handelt sich um drei unabhängige Ereignisse mit Wahrscheinlichkeit $\frac{1}{10}$ und man kann Regel (3) aus Kapitel 3 anwenden. Für $i+j+k = 2$ gibt es die folgenden Möglichkeiten für *(i, j, k)* : $(0, 1, 1)$, $(1, 0, 1)$, $(1, 1, 0)$, $(2, 0, 0)$, $(0, 2, 0)$ oder aber $(0, 0, 2)$. Und diese 6 Möglichkeiten sind inkompatibel. Also ist die Wahrscheinlichkeit dafür, daß $i + j + k = 2$ ist, durch Regel (2) aus Kapitel 3 gegeben, d.h. $6 \times \frac{1}{1000} = \frac{6}{1000}$.

Das Minimaxtheorem. Wir betrachten ein *endliches Nullsummen-Zweiper-sonenspiel.* Es gibt also zwei Spieler, A und B. Spieler A hat M Möglich-keiten zu spielen (die mit $1, \ldots M$ gezählt werden), und Spieler B hat N Möglich keiten zu spielen (und diese numeriert man mit $1, \ldots, N$). Daß das Spiel *endlich* ist, bedeutet, daß M und N endlich sind. Die Wahl von i des Spielers A und von j des Spielers B führen zu einer Auszahlung K_{ij} für den Spieler A und $-K_{ij}$ für den Spieler B. Daß das Spiel ein *Nullsummenspiel* ist, bedeutet, daß der Gewinn $| K_{ij} |$ eines Spielers von dem andern verloren wurde. Jetzt nehme man an, daß der Spieler A seine Möglichkeiten mit den Wahrscheinlichkeiten $p_1, \ldots, p_M$ wählt, und der Spieler B seine mit den Wahrscheinlichkeiten $q_1, \ldots, q_N$. Die mittlere Auszahlung an den Spieler A ist dann

$$\sum_{i=1}^{M}\sum_{j=1}^{N} K_{ij}p_i q_j \ ,$$

und sie ist das Negative dieses Werts für den Spieler B. Der Spieler A wird versuchen, seinen durchschnittlichen Gewinn so groß wie möglich bei der schlechtest möglichen Wahl der q's durch den Spieler B zu machen. Das liefert

$$\min_{(q_1,\ldots,q_N)} \max_{(p_1,\ldots,p_M)} \sum_i \sum_j K_{ij}p_i q_j \ . \tag{1}$$

Der entsprechende Wert für den Spieler B ist

$$\min_{(p_1,\ldots,p_M)} \max_{(q_1,\ldots,q_N)} \sum_i \sum_j (-K_{ij})p_i q_j =$$
$$- \max_{(p_1,\ldots,p_M)} \min_{(q_1,\ldots,q_N)} \sum_i \sum_j K_{ij}p_i q_j \ . \tag{2}$$

Das Minimaxtheorem sagt dann aus, daß (2) gerade das Negative von (1) ist, d.h.

$$\min\max_{i\ \ j} \sum_i \sum_j K_{ij}p_i q_j = \max\min \sum_i \sum_j K_{ij}p_i q_j \ , \tag{3}$$

wo die Minima und Maxima unter der Bedingung zu bilden sind, daß $p_1, \ldots, p_N, q_1, \ldots, q_N \geq 0$ und $\sum p_i = \sum q_j = 1$ sind.

Man beachte, daß die Spieler A und B, hätten Sie nicht auf probabili-stischen Strategien, sondern statt dessen auf *reinen* Strategien bestanden, kein Minimaxtheorem hätten, weil im allgemeinen

$$\min_j \max_i K_{ij} \neq \max_i \min_j K_{ij}$$

gilt. Was allerdings bei dieser Situation passieren wird, ist, daß einer der Spieler es vorteilhaft findet, sich einer probabilistischen Strategie zuzuwenden.

Dieses Minimaxtheorem verdankt man John von Neumann (J.v. Neumann und O. Morgenstern, *Theory of games and economic behavior*, Princeton University Press, Princeton/N.J., 1944).

Wie erhalten wir den Wert K des Minimax (3) und die p_i, q_j, die für die Spieler A und B die optimalen Strategien ergeben? Diese Größen sind durch folgende *linearen* Bedingungen bestimmt:

$$p_i \geq 0, \quad \sum_j K_{ij} q_j \leq K \text{ für } i = 1, \ldots, M ,$$

$$q_j \geq 0, \quad \sum_i K_{ij} q_i \geq K \text{ für } i = j, \ldots, N ,$$

$$\sum_i p_i = \sum_j q_j = 1 .$$

Eine Lösung eines solchen Systems linearer Gleichungen und Ungleichungen zu finden, ist ein Problem des *Linearen Programmierens*.

In der Gewinntabelle des Texts findet man $p_1 = 0$, $p_2 = 0,45$, $p_3 = 0,55$, $q_1 = 0,6$, $q_2 = 0,4$, $q_3 = q_4 = 0$, $K = 3,4$.

7. Die empfindliche Abhängigkeit von den Anfangsbedingungen

[**7.1**]   Die Schnelligkeit des Wachstums (d.h. die Ableitung nach der Zeit) des Abstands zwischen dem wahren und dem imaginären Ball ist proportional zum Winkel, den die Bahnen einschließen. Deshalb wird der Abstand zwischen den beiden Bällen durch ein Integral eines Exponentials abgeschätzt, und dies ist wiederum (bis auf eine additive Konstante) ein Exponential:

$$\int_o^t A e^{\alpha s} ds = \frac{A}{\alpha} (e^{\alpha t} - 1) .$$

Natürlich ist die Annahme eines Zusammenstoßes pro Sekunde eine Approximation, aber selbst wenn man das akzeptiert, ist der Winkelzuwachs nur ungefähr exponentiell. Aber die einzige ernstzunehmende Einschränkung in unserem Argument ist, daß es nur für *kleine* Abstände zwischen den Bällen anwendbar ist.

[**7.2**]   Ya. G. Sinai, *Dynamical Systems with elastic reflections*, Russian Math. Surveys, 25, No. 2, 137-189 (1970) [Russisches Original in Uspekhi Mat. Nauk, 25, Nr. 2, 137-191 (1970)]. Das ist die (recht technische) Originalveröffentlichung. Ihr folgten mehrere Artikel verschiedener Autoren.

8. Hadamard, Duhem und Poincaré

[8.1]   J. Hadamard, *Les surfaces à courbures opposées et leurs lignes géo-désiques*, J. Math. pures et appl., 4, 27-73 (1970); neu abgedruckt in den Gesammelten Werken, *Oeuvres de Jacques Hadamard,* vol. 2, pp. 729-775, CNRS, Paris 1968. Man beachte, daß Hadamards Originalarbeit schon explizit die Bemerkung enthält, daß das Langzeitverhalten eines Systems, wenn sich ein Irrtum in die Anfangsdaten einschleicht, unvorhersagbar ist.

[8.2]   Am leichtesten sind kompakte Flächen *konstanter* negativer Krümmung zu studieren. (Ihr einziger Nachteil ist, daß sie, anders als Hadamards Fläche, nicht im dreidimensionalen euklidischen Raum realisiert werden können.) Vielleicht erinnern Sie sich an Euklids Postulat, daß durch einen Punkt außerhalb einer Geraden eine und nur eine Parallele zu dieser Geraden läuft. Und Sie wissen auch, daß *nichteuklidische* Geometrien konstruiert werden können, wo dieses Postulat nicht gilt. Insbesondere gibt es in der Lobatschevskiebene viele Parallelen zu einer gegebenen Geraden, die durch einen Punkt, der nicht auf ihr liegt, gehen. Deshalb entfernen sich normalerweise in der Lobatschevskiebene zwei Punkte, die sich auf parallelen Geraden vorwärts bewegen, voneinander! Man erhält das Billard mit konstanter negativer Krümmung, indem man ein Stück aus der Lobatschev-skiebene herausschneidet und die Kanten zusammenklebt, um eine glatte geschlossene Fläche zu bilden (es bedarf natürlich eines Beweises, daß dies gemacht werden kann). Es ist dann nicht allzu schwer zu glauben, daß auf solchen Billardtischen die Vorwärtsbewegung auf Geraden eine empfindliche Abhängigkeit von den Anfangsbedingungen zeigt.

[8.3]   Im Französischen ist der Titel des Abschnitts *Exemple de déduction mathématique à tout jamais inutilisable* in P.Duhem, *La théorie physique. Son objet et sa structure*, Chevalier et Rivière, Paris, 1906. Auf dieses Zitat wurde ich von René Thom hingewiesen.

[8.4]   H. Poincaré, *Wissenschaft und Methode* (s. Anmerkung [2.3]). Das relevante Kapitel ist Kapitel 4, *Der Zufall.*

[8.5]   Kleine Ursachen können große Wirkung haben, selbst wenn keine empfindliche Abhängigkeit von den Anfangsbedingungen vorliegt. Es genügt, sehr lange zuzuwarten, wie Poincaré anmerkt.

Ein anderer interessanter Fall ist der von Systemen mit mehreren Gleich-gewichtszuständen; es kann sehr schwer sein, zu bestimmen, welche Anfangsbedingungen schließlich zu dem einen oder anderen Gleichgewichtszustand führen werden. Das passiert, wenn die *Attraktionsmulden* der verschiedenen

Gleichgewichtszustände gemeinsame Randstücke haben und diese sehr verwickelt sind, wie das häufig der Fall ist. Ein einfaches Beispiel liefert das *magnetische Pendel*: Das ist ein kleiner Magnet, der an einem starren Stab oberhalb mehrerer anderer Magneten aufgehängt ist. Wenn man ein solches Pendel anstößt, beginnt es in einer komplizierten Weise zu oszillieren und es ist schwer zu raten, in welcher Gleichgewichtslage es schließlich enden wird (üblicherweise gibt es mehrere solche). Für Bilder von Attraktionsmulden mit verwickelten Rändern vergleiche man beispielsweise S. McDonald, C. Grebogi, E. Ott und J. Yorke, *Fractal basin boundaries*, Physica, 17 D, 125-153 (1985).

Poincaré bemerkt ebenfalls, daß das, was wir Zufall nennen, auch durch das Fehlen unserer Muskelkontrolle zustande kommen kann, und gibt das Beispiel des Roulettespiels. Münzwerfen ist ähnlich, und einige geübte Leute sind in der Lage, eine Münze mit vollständig vorherbestimmtem Ergebnis zu werfen.

9. Turbulenzen: Moden

[**9.1**]   Diese Geschichte vom " kleinen 'schwerkräftigen' Doktor" verdanke ich George Uhlenbeck, und andere Tatsachen über Th. De Donder schulde ich Marcel Demeur.

[**9.2**]   Eine Menge Material über die Faszination, die an der Wurzel wissenschaftlicher Arbeit liegt, könnte man sammeln, indem man Wissenschaftler interviewt. Die Interpretation des Materials wäre heikel, könnte aber bessere Einsichten in die Psychologie wissenschaftlicher Entdeckung geben. Wissenschaftler, die verrückt oder senil geworden sind, wären für eine solche Untersuchung wegen der größeren Transparenz ihrer Motivationen von speziellem Interesse. (Unglücklicherweise verlieren viele Leute in frühen Jahren das Interesse an der Wissenschaft und bleiben ansonsten hoffnungslos normal. Allerdings habe ich wenigstens ein phantastisches Beispiel eines großen Physikers gekannt, dessen Urteilsvermögen für die Angelegenheiten des täglichen Lebens ziemlich reduziert war, der aber wieder großartig und klar herauskam, wenn er über Wissenschaft sprach.)

[**9.3**]   J. Leray, *Sur le mouvement d'un liquide visqueux emplissant l'espace*, Acta Math., 63, 193-248 (1934).

[**9.4**]   H. Poincaré, *Théorie des tourbillons*, Carré et Naud, Paris 1892.

[**9.5**]   P. Cvitanović, *Universality in chaos*, Adam Hilger, Bristol, 1984; Hao Bai-Lin, *Chaos*, World Scientific, Singapore, 1984, oder *Chaos II*, 1990. Für eine allgemeinverständliche Darstellung vergleiche man J. Gleick, *Chaos*, Viking, New York, 1987 (dt. *Chaos, die Ordnung des Universums. Vorstoß in Grenzbereiche der modernen Physik*, Droemer, und Knaur TB 4078). Der Autor war Journalist bei der New York Times, und sein Buch ist ein sehr lesenswerter Bericht, dem man aber nicht immer bezüglich historischer Genauigkeit oder wissenschaftlicher Priorität trauen sollte. Drei weitere ausgezeichnete Bücher sollten erwähnt werden: I. Stewart, *Does God play dice?* Penguin, London, 1990 (dt. *Spielt Gott Roulette? Chaos in der Mathematik*, Birkhäuser), I. Ekeland, *Le calcul, l'imprévu*, Seuil, Paris, 1984, (dt. *Das Vorhersehbare und das Unvorhersehbare*, Ullstein Bücher 34557), und *Au Hasard*, Seuil, Paris, 1991.

[9.6]   Die Originalveröffentlichungen sind: L.D. Landau, *Über das Turbulenzproblem* (russisch), Dokl. Akad. Nauk SSR, **44**, 8, 339-342 (1944); E. Hopf, *A mathematical example displaying the features of turbulence*, Commun. pure appl. Math., **1**, 303-322 (1948). Landaus Ideen findet man auch in Paragraph 27 von L.D. Landau, E.M. Lifschitz, *Hydrodynamik*, Akademie Verlag, 1991. In dieser neuesten Ausgabe werden die seltsamen Attraktoren diskutiert und die neuen Turbulenzideen berücksichtigt.

[9.7]   T.S. Kuhn, *The Structure of Scientific Revolutions*, 2. Auflage, University of Chicago Press, Chicago, 1970 (dt. *Die Struktur wissenschaftlicher Revolutionen*, Suhrkamp TB Wiss. 25). Ich bin kein unkritischer Anhänger von Kuhns Ideen. Insbesondere erscheinen sie mir wenig Bedeutung hinsichtlich einer Anwendung in der reinen Mathematik zu haben. Die physikalischen Begriffe *Moden* und *Chaos* scheinen sich dagegen recht gut in Kuhns Beschreibung von *Paradigmen* einzufügen.

[9.8]   S. Smale, *Differentiable dynamical systems*, Bull. Am. Math. Soc., 73, 747-817 (1967).

10. Turbulenz: seltsame Attraktoren

[10.1]   Mit der Bezeichnung von [4.3] liefert die Anfangsbedingung x nach einer Zeit t einen Punkt $f^t x$. Wenn x durch $x + \delta x$ ersetzt wird, dann wird $f^t x$ durch $f^t x + \delta f^t x$ ersetzt, und wenn $\delta f^t x = \frac{\partial f^t x}{\partial x} \delta x$ exponentiell mit t wächst, sagen wir, daß wir eine empfindliche Abhängigkeit von den Anfangsbedingungen haben. Genauer haben wir eine empfindliche Abhängigkeit von den Anfangsbedingungen, wenn die Matrix der partiellen Ableitungen $\frac{\partial f^t x}{\partial x}$ eine mit t exponentiell wachsende Norm hat. Jetzt betrachte man eine Bewegung, die durch k Winkel mit Anfangswerten $\theta_1, \ldots, \theta_k$ und die nach einer Zeit t zu $\theta_1 + \omega_1 t, \ldots, \theta_k + \omega_k t \pmod{2\pi}$ werden, beschrieben wird.

$$f^t(\theta_1, \ldots, \theta_k) = (\theta_1 + \omega_1 t, \ldots, \theta_k + \omega_k t) \, , \tag{1}$$

so erhalten wir

$$\delta f^t(\theta_1, \ldots, \theta_k) = (\delta\theta_1, \ldots, \delta\theta_k) \, . \tag{2}$$

Die rechte Seite von (2) ist unabhängig von t, und deshalb haben wir keine empfindliche Abhängigkeit von den Anfangsbedingungen. Zeitentwicklungen, die durch eine Koordinatentransformation in die Form (1) gebracht werden können, heißen *quasiperiodisch* und haben wiederum keine empfindliche Abhängigkeit von den Anfangsbedingungen. Man beachte, daß die hier betrachtete Koordinatentransformation eine Parametrisierung durch k Winkel ist, die der Überlagerung von k *Moden* entspricht. Eine Menge, die durch k Winkel parametrisiert werden kann, ist ein *k-Torus* oder ein k-dimensionaler Torus, d.h. ein Produkt von k Kreisen.

[**10.2**]   E.N. Lorenz, *Deterministic non periodic flow*, J. Atmos. Sci., 20, 130-141 (1963).

[**10.3**]   D. Ruelle und F. Takens, *On the Nature of Turbulence*, Commun. Math. Phys., 20, 167-192 (1971); 23, 343-344 (1971).

[**10.4**]   B. Mandelbrot, *Les objets fractals*, Flammarion, Paris, 1975 (dt. *Die fraktale Geometrie der Natur*, Birkhäuser). Mandelbrot hat hartnäckig die Aufmerksamkeit der Wissenschaftler darauf gelenkt, daß fraktale Formen überall bei in der Natur auftretenden Objekten vorhanden sind. Das war eine wichtige und fruchtbringende Anmerkung. Was im allgemeinen immer noch fehlt, ist ein Verständnis dafür, wie fraktale Formen zustandekommen.

11. Chaos: ein neues Paradigma

[**11.1**]   J.B. McLaughlin und P.C. Martin, *Transition to turbulence of a statistically stressed fluid*, Phys.Rev.Lett., 33, 1189-1192 (1974); J.P. Gollub und H.L. Swinney, *Onset of turbulence in a rotating fluid*, Phys. Rev. Lett., 35, 927-930 (1975).

[**11.2**]   T. Li und J.A. Yorke, *Period three implies chaos*, Amer. Math. Monthly, 82, 985-992 (1975). In diesem hübsch geschriebenen Artikel wird gezeigt, daß für eine große Klasse von Abbildungen eines reellen Intervalls auf sich selbst die Existenz eines periodischen Punkts der Periode 3 die Existenz periodischer Punkte jeder anderen Periode nach sich zieht. Diese komplizierte Situation wird in dem Artikel *Chaos* genannt. Der Name war bemerkenswert erfolgreich, aber er wird jetzt auf eine andersartige Situation angewandt! (Eine Zeitentwicklung mit zahlreichen periodischen Bahnen zeigt oft keine empfindliche Abhängigkeit von den Anfangsbedingungen; dies aber ist die derzeit gültige Definition von Chaos. In der Tat brauchen die zahlreichen periodischen Bahnen auf keinem Attraktor zu liegen, so daß ihr Vorhandensein für die Langzeitentwicklung des Systems keine Bedeutung hat.) Nach einiger Zeit entdeckte man, daß das Ergebnis von Li und Yorke ein Spezialfall eines älteren Theorems von Sarkowski war. Man betrachte eine *unimodale Abbildung* f: $[-1,1] \to [-1,1]$, d.h. eine stetige Abbildung derart, daß $f(-1) = f(1) = -1$, und so, daß f auf $[-1,0]$ wächst und auf $[0,1]$ abfällt. Man führe jetzt die folgende unübliche Ordnung auf den positiven ganzen Zahlen ein:

$$3 \succ 5 \succ 7 \succ \ldots \succ 2 \cdot 3 \succ 2 \cdot 5 \succ 2 \cdot 7 \succ$$
$$\ldots \succ 2^n \cdot 3 \succ 2^n \cdot 5 \succ 2^n \cdot 7 \succ \ldots \succ 2^n \succ \ldots 4 \succ 2 \succ 1$$

(Erst die ungeraden Zahlen, dann die ungeraden Zahlen multipliziert mit 2, 4, 8, ..., und schließlich die Potenzen von 2 in absteigender Ordnung.) Sarkowskis bemerkenswertes Theorem ist: Wenn $p \succ q$ und wenn f einen periodischen Punkt der Ordnung p hat (d.h. $f^p x = x$ und $f^m x \neq x$ für $m < p$), dann hat f einen periodischen Punkt der Ordnung q. Speziell für $p = 3$ finden wir wieder das Ergebnis von Li und Yorke. Die Originalarbeit ist A.N. Sarkowski, *Coexistence of cycles of a continuous map of a line into itself*, Ukr. Mat. Z., 16, 61-71 (1964). Es gibt einige überraschend gute Artikel in ukrainischen mathematischen Zeitschriften!

[11.3]   M.J. Feigenbaum, *Quantitative universality for a class of nonlinear transformations*, J. Statist. Phys., 19, 25-52 (1978) und auch *The universal metric properties of nonlinear transformations*, J. Statist. Phys., 21, 669-706 (1979). Die Idee eines strengen computerunterstützten Beweises findet man in O.E. Lanford, *A Computer assisted proof of the Feigenbaum conjectures*, Bull. Am. Math. Soc., 6, 427-434 (1982). Der wichtige Übergang von einer auf mehrere Dimensionen findet sich in P. Collet, J.-P. Eckmann und H. Koch, *Periodic doubling by bifurcations for families of maps on* $\mathbb{R}^n$, J. Statist. Phys., 25, 1-14 (1981). Das erlaubt dann, Systeme mit kontinuierlicher Zeit, wie sie in physikalischen Anwendungen vorkommen, zu behandeln. Nebenbei bemerkt, das Wort *universality* in Feigenbaums Überschrift bezieht sich auf eine technische Eigenheit der Methode der Renormierungsgruppe. Es bedeutet nicht, daß Chaos immer nur über Feigenbaums Kaskade der Periodenverdopplung (die in der Tat nicht besonders häufig vorkommt) erreicht wird. Es gibt viele verschiedene *Wege zum Chaos*; einige besonders wichtige werden vorgestellt in J.-P. Eckmann, *Roads to turbulence in dissipative dynamical Systems*, Rev. Mod. Phys., 53, 643-654 (1981). Kaskaden der Periodenverdopplung wurden in einer Reihe von Experimenten beobachtet; bemerkenswert sind die Konvektionsstudien von Albert Libchaber;

vergleiche A. Libchaber, C. Laroche und S. Fauve, *Period doubling cascade in mercury, a quantitative mesurement*, J. de Physique-Lettres, 43 L , 211-216 (1982).

[**11.4**]   K. Pye and B. Chance, *Sustained sinusoidal oscillations of reduced pyridine nucleotide in a cell-free extract of saccharomyces carlsbergensis*, Proc. Nat. Acad. Sci.U.S., 55, 888-894 (1966).

[**11.5**]   D. Ruelle, *Some comments on chemical oscillations*, Trans. NY Acad. Sc., Ser II, 35, 66-71 (1973).

Hier mögen einige Worte über abgelehnte Artikel angebracht sein. Als Voraussetzung für eine erfolgreiche professionelle Laufbahn ist es für viele Leute notwendig, wissenschaftliche Artikel in referierten Zeitschriften zu veröffentlichen. Mit anderen Worten, Einstellungen und Beförderungen werden auf der Grundlage von der Anzahl der veröffentlichten Artikel entschieden. Diese Situation zwingt viele Individuen, die weder Interesse noch Begabung für wissenschaftliche Forschung haben, Artikel zu schreiben und sie bei Zeitschriften einzureichen. Die Referenten, die selbst wissenschaftliche Forschung betreiben, werden so von mittelmäßigen Papieren überflutet, über die sie Berichte abfassen sollen. Weil sie eine interessantere Arbeit zu tun haben, sind die Berichte oft überhastet und oberflächlich. Artikel, die vernünftig aussehen, werden akzeptiert, offensichtlich schlechte Papiere zurückgewiesen, und bei guten Papieren, die ein wenig originell sind und von der Norm abweichen, besteht die Tendenz, sie ebenfalls zurückzuweisen. Das ist ein wohlbekanntes Problem und niemand weiß wirklich, was man dagegen tun kann. Glücklicherweise gibt es viele wissenschaftliche Journale, und ein wirklich guter Artikel wird schließlich irgendwo veröffentlicht werden.

[**11.6**]   J.-C. Roux, A. Rossi, S. Bachelart und C. Vidal, *Representation of a strange attractor from an experimental study of chemical turbulence*, Phys. Letters, 77 A, 391-393 (1980).

[**11.7**]   D. Ruelle, *Large volume limit of the distribution of characteristic exponents in turbulence*, Commun. Math. Phys., 87, 287-302 (1982).

Betrug in der wissenschaftlichen Forschung ist ein heikles Problem. Die traditionell akzeptierte Meinung ist, daß betrügen die Ausnahme ist und daß wissenschaftliche Forscher sehr hohe ethische Standards haben (mit wenigen Ausnahmen). Diese traditionelle Ansicht ist jetzt erschüttert, und betrügen wird als ein wichtiger Faktor für die Qualität der Wissenschaft offen diskutiert. Lassen Sie mich kurz die zwei Hauptbereiche, wo Betrug auftritt, vorstellen: *Prioritäten* und *Fälschen von Daten.*

Die Prioritätsfrage ist: "Wer hat eine Entdeckung als erster gemacht?" Ein schönes Beispiel einer Prioritätsauseinandersetzung ist die zwischen Newton und Leibniz über die Erfindung des Differentialkalküls. Wenn Sie ein gewissenhafter Wissenschaftler sind, werden Sie die Quelle aller Ideen, die Sie benutzen (unter der Annahme, Sie können sich erinnern), anmerken. Wenn Sie keine Skrupel haben, werden Sie versuchen, einige Resultate, die andere erhalten haben, als Ihre eigenen darzustellen. Beispielsweise, wenn Sie eine gute Idee in einem Artikel, den Sie referieren, finden, werden Sie versuchen, das Papier aufzuhalten, und sich beeilen, die Idee unter Ihrem eigenen Namen zu publizieren (oder durch einen Ihrer Schüler publizieren zu lassen).

Viel schlimmer ist das Fälschen von Daten. Unglückseligerweise konnte gezeigt werden, daß Betrug dieser Art in großem Stil in der biomedizinischen Forschung in den Vereinigten Staaten vorgekommen ist (bis zur Erfindung klinischer Berichte von Patienten, die niemals existierten). Ein Grund für diesen Betrug ist, daß viele Leute Artikel aus Karrieregründen schreiben und wenig Interesse an wissenschaftlicher Wahrheit haben. Und dann gibt es da noch den ständig vorhandenen Druck, Resultate zu erhalten, wenn man finanzielle Unterstützung bekommen muß.

Ich habe selbst in einigen Bereichen gearbeitet, wo ich die Ideen frei mit Kollegen diskutieren konnte, und in anderen Bereichen, wo es wegen des Risikos, daß die Ideen gestohlen werden würden, besser war zu schweigen. Ersteres ist viel erfreulicher *und erlaubt schnelleres wissenschaftliches Vorankommen.*

Mathematik ist relativ frei von Betrug, weil sie ein riesiges Gebiet ist, wo an einem bestimmten Problem relativ wenig Leute arbeiten. Das Fälschen von Daten kommt nicht vor, und das Stehlen von Ideen ist schwierig, weil die Ideen komplex sind. Es gibt jedoch einige Prioritätenstreitigkeiten (man denke an Newton und Leibniz), es gibt einige zweifelhafte Charaktere, und es gibt keine Garantie, daß die gegenwärtige relativ befriedigende Situation für immer andauern wird.

12. Chaos: Folgerungen

[12.1]   M. Berry, *Regular and irregular motion*, pp. 16-120 in S. Jorna (Hrsg.), *Topics in nonlinear dynamics. A tribute to Sir Edward Bullard*, American Institute of Physics, New York, 1978. M. Berrys Rechnung (pp. 95-96) beruht auf älteren Ideen von E. Borel und B.V. Chirikov. Was ist die Gravitationswirkung eines weit entfernten massiven Körpers auf den Zusammenstoß zweier elastischer Kugeln? Wenn die zwei Kugeln anfangs unterschiedliche Abstände von dem Körper haben, werden sie von ihm unterschiedlich angezogen, und die Geometrie des Zusammenstoßes wird etwas verschieden sein, je nachdem ob der Körper da ist oder nicht. Verfolgen wir eine bestimmte Kugel, so sehen wir, daß der Unterschied in nachfolgenden Kollisionen exponentiell vervielfältig wird. (Die Vervielfältigung geht nicht mit einem Faktor 2, wie in unserer vereinfachten Diskussion in Kapitel 7, sondern mit so etwas wie l/r, wo l der von dem Teilchen zurückgelegte Weg und r sein Radius sind.) Nach n Zusammenstößen wird der Winkel zwischen der ursprünglichen und der modifizierten Bahn von der Ordnung eines Radians sein, und die beiden Bahnen haben nichts mehr miteinander zu tun.

Wenn der weit entfernte Körper ein Elektron im Abstand von 10^{10} Lichtjahren ist und die elastischen Kugeln Sauerstoffmoleküle (bei Normaltemperatur und Normaldruck) sind, dann ist $n = 56$. Wenn der weitentfernte Körper ein Mensch im Abstand von einem Meter vom Billardtisch ist und die elastischen Kugeln Billardkugeln sind, dann ist $n = 9$. Das gilt jedenfalls nach der klassischen Mechanik. Quanteneffekte machen es schon unmöglich, auch nur einmal ein Sauerstoffmolekül richtig auf ein anderes Sauerstoffmolekül zu zielen ($n = 0$). Für Billardkugeln gestatten Quanteneffekte $n = 15$. (Also wäre es vernünftiger gewesen, Quantenmechanik anstatt klassischer Mechanik für unser Argument ins Spiel zu bringen, aber es macht wirklich keinen Unterschied für das, was folgt.)

[12.2] N. Berrys Rechnung, auf die wir in Anmerkung [12.1] Bezug genommen haben, zeigt, daß eine winzige anfängliche Ablenkung in einer sehr kurzen Zeit die Struktur der Zusammenstöße zwischen Luftmolekülen drastisch verändert. Die mikroskopische Struktur der Luft und die in ihr auftretenden Fluktuationen sind dann recht verschieden geworden. Diese sogenannten *thermischen Fluktuationen* wirken sich auf die Dichte, die Geschwindigkeit usw. kleiner Volumelemente der Luft (wo die Anzahl der Moleküle nicht sehr groß ist) aus. Wir können die Zeit abschätzen, die die thermischen Fluktuationen in einer turbulenten Flüssigkeit brauchen, um von der empfindlichen Abhängigkeit von den Anfangsbedingungen auf makroskopische Skalen (etwa 1 cm) verstärkt zu werden. Die Berechnung benutzt Kolmogorovs Turbulenztheorie. Diese Theorie gibt (aus Dimensionsgründen) einen im wesentlichen eindeutigen Wert für die Zuwachsrate der Störungen (die charakteristische Zeit für das Anwachsen ist proportional der *Umwälzzeit* der Wirbel der betrachteten makroskopischen Größe). Es dauert ungefähr eine Minute, um von den mikroskopischen Fluktuationen zu den makroskopischen Veränderungen in der Turbulenz zu kommen (vergleiche D. Ruelle, *Microscopic fluctuations and turbulence*, Physics Letters, 72 A, 81-82 (1979)). Der Übergang von kleinen Skalen zu großen Skalen der Turbulenz benötigt eine Zeit, die proportional ist zur Umwälzzeit der größten betrachteten Wirbel (wobei man wieder Kolmogorovs Theorie und Dimensionsargumente benutzt). Wir schätzen, daß es einige Stunden oder einen Tag dauert, um die Skala von Kilometern zu erreichen. Nun gehen wir über auf das Niveau der Zirkulation der ganzen Planetenatmosphäre, wo die Zeit, die es dauert, eine kleine Veränderung der Anfangsbedingungen zu einer global unterschiedlichen Lage zu verstärken, von Meteorologen auf ein oder zwei Wochen geschätzt wird. Für eine Diskussion der involvierten meteorologischen Probleme vergleiche man M. Ghil, R. Benzi und G. Parisi (Hrsg.), *Turbulence and predictability in geophysical fluid dynamics and climate dynamics*. Soc. Ital. Fis., Bologna (und North Holland, Amsterdam) 1985.

Die gerade dargestellten Schätzungen sind ziemlich unempfindlich gegenüber Einzelheiten der Rechnung (weil die geschätzten Zeiten logarithmisch sind oder auf Dimensionsargumenten beruhen und weil die längsten Zeiten von den größten Skalen kommen). Deshalb ist es unwahrscheinlich, daß eine andere Theorie, wenn man beispielsweise die Benutzung von Kolmogorovs Turbulenztheorie in Frage stellte, sehr verschiedene Resultate ergeben würde.

[12.3]   J. Wisdom, *Chaotic behavior in the solar system*, Proc. Royal Soc., London, 413 A, 109-129 (1987). Jeder Asteroid umläuft die Sonne auf einer Ellipse, aber die Gestalt der Ellipse ändert sich langsam entsprechend der Anziehung des Planeten Jupiter. Diese Gestaltsänderungen sind für gewissen Resonanzwerte der Abstände von der Sonne wichtig oder, genauer, für gewisse Werte der großen Halbachse der Ellipse. (Die große Halbachse steht aufgrund von Keplers drittem Gesetz in Beziehung zur Umlaufperiode, und wenn die Umlaufperiode des Asteroiden in Resonanz mit der Umlaufperiode von Jupiter ist, dann hat dieser Planet auf jenen einen stark störenden Einfluß. Man sagt, daß eine Resonanz auftritt, wenn die zwei Perioden ein Verhältnis p/q haben, wobei p und q kleine ganze Zahlen sind.) Computerstudien zeigen, daß im Falle von Resonanz eine chaotische Veränderung der Gestalt der Asteroidenbahn (d.h. des Verhältnisses der kleinen zur großen Ellipsenachse) in Abhängigkeit von der Zeit auftritt. Wenn diese Änderungen so sind, daß die Asteroiden die Bahn des Planeten Mars kreuzen können, dann verschwinden die Asteroiden durch Zusammenstoß, und in dem Gürtel ist eine Lücke entstanden. So rechtfertigen die Berechnungen die beobachtete Tatsache, daß einigen Resonanzen Lücken entsprechen und anderen nicht.

[12.4]   Frühe Versuche, quantitative Methoden in der Biologie und den weichen Wissenschaften zu benutzen, haben von übertriebenem Optimismus gezeugt. Insbesondere dachte man, daß die Dimension vieler natürlich auftretender Attraktoren durch eine Methode, die man *Grassberger-Procaccia-Algorithmus* nennt, bestimmt werden kann (P. Grassberger und J. Procaccia, *Measuring the strangeness of strange attractors*, Physica, D 9, 189-208 (1983)). Die Methode funktioniert gut bei langen Zeitreihen guter Qualität, aber sie gibt irreführende Ergebnisse für kurze Reihen (D. Ruelle, *Deterministic chaos: the science und the fiction*, Proc. Royal Soc., London, 427 A, 241-248 (1990)). Vergleiche hinsichtlich einer anderen Idee, die sehr vielversprechend aussieht, G. Sugihara und R.M. May, *Nonlinear forecasting as a way of distinguishing chaos from measurement error in time series*, Nature, 344, 734-741 (1990).

13. Ökonomie

[13.1] Eine Sammlung von Artikeln über Ökonomie und Chaos findet man in P.W. Anderson, K.J. Arrow und D. Pines (Hrsg.), *The economy as an evolving complex system*, Addison-Wesley, Redwood City/CA, 1988. Bei der Konferenz in Santa Fe, aus der dieses Buch entstand, waren Ökonomen und Physiker anwesend, und es mag interessieren, daß die Ökonomen im allgemeinen viel vorsichtiger mit ihren Behauptungen waren als die Physiker. Vgl. auch die obige Anmerkung [12.4].

14. Geschichtliche Entwicklungen

[14.1] W.B. Arthur, *Self-reinforcing mechanisms in economics*, pp. 9-31 in *The economy as an evolving complex system* (Die Referenz findet sich in [13.1]).

15. Quanten: der begriffliche Rahmen

[15.1] R.P. Feynman, *QED – Die seltsame Theorie des Lichts und der Materie*, Piper, 1993. Feynmans Darstellung der Quantenmechanik ist etwas anders als die eher traditionelle Darstellung, die wir besprechen wollen, aber im Prinzip dazu äquivalent.

[15.2] Erinnern Sie sich, daß eine *komplexe* Zahl ein mathematisches Objekt der Form $z = x + iy$ ist, wobei x und y *reelle* Zahlen (wie 1,5 oder π oder -3) sind und das Quadrat $i^2 = i \times i$ von i gerade -1 ist. Man kann mit komplexen Zahlen im wesentlichen genauso rechnen wie mit reellen Zahlen. Die *Komplex-Konjugierte* von z ist $\bar{z} = x - iy$. Man prüft leicht nach, daß $z\bar{z} = x^2 + y^2$ ist, und man schreibt $|z|$ für die positive Quadratwurzel von $z\bar{z}$. Komplexe Zahlen sind ein bißchen weniger anschaulich als reelle, aber sie haben einige technische Vorteile. Beispielsweise haben komplexe Zahlen immer (komplexe) Wurzeln.

[15.3] *Die Schrödingergleichung.* Diese und die nächsten beiden Anmerkungen geben einen sehr schnellen Überblick über die Quantenmechanik.

Erinnern Sie sich an Newtons Gleichung (Anmerkung [5.1])

$$m_j \frac{d^2}{dt^2} x_j = F_j \text{ für } j = 1, \ldots N .$$

Wir wollen annehmen, daß es eine Funktion V von $x_1, \ldots x_N$ (*Potentialfunktion* genannt) gibt, so daß

$$F_j = -grad_{(j)} V$$

gilt, wobei $grad_{(j)}$ der Vektor der Ableitungen bezüglich der Komponenten der Lage x_j des j-ten Teilchens ist. (Im Falle von gravischen Wechselwirkungen haben wir

$$V(x_1, \ldots, x_N) = -\gamma \sum_{j<k} \frac{m_j m_k}{|x_k - x_j|} .)$$

In der Quantenmechanik ist da eine Amplitude $\psi(x_1, \ldots, x_N; t)$, die N Teilchen in den Lagen $x_1, \ldots, x_N$ (zur Zeit t) zu finden, und die Amplituden ψ bilden das, was eine *Wellenfunktion* genannt wird. Die Zeitentwicklung von ψ erhält man, indem man die Schrödingergleichung

$$\frac{ih}{2\pi} \frac{\partial}{\partial t} \psi = -\frac{h^2}{8\pi^2 m} \sum_j \Delta_{(j)} \psi + V\psi$$

löst, wobei i die Quadratwurzel von -1, h eine Konstante (die Plancksche Konstante), und $\Delta_{(j)}$ der *Laplaceoperator* bezüglich x_j (d.h. $\Delta_{(j)}\psi$ ist die Summe der zweiten partiellen Ableitungen von ψ bezüglich der Komponenten von x_j) sind.

Es wird angenommen, daß das $3N$-dimensionale Integral

$$\int |\psi(x_1, \ldots, x_N; t)|^2 \, dx_1 \ldots dx_N = 1$$

für irgendeinen Wert t ist, und dann ist diese Eigenschaft auch für alle t wahr.

[15.4]   Ein linearer Operator A, der auf eine Funktion φ von $x_1, \ldots, x_N$ wirkt, erzeugt eine neue Funktion $A\varphi$ dieser Variablen derart, daß $A(c_1\varphi_1 + c_2\varphi_2) = c_1 A\varphi_1 + c_2 A\varphi_2$ gilt, wenn c_1 und c_2 komplexe Zahlen und φ_1, φ_2 Funktionen sind. Nun schreibe man

$$(\varphi_1, \varphi_2) = \int \bar{\varphi}_1(x_1, \ldots, x_N)\varphi_2(x_1, \ldots, x_N)dx_1 \ldots dx_N ,$$

wobei $\bar{\varphi}_1$ die komplex-konjungierte Funktion zu φ_1 ist. (Wir benutzen immer Funktionen φ, derart daß (φ, φ) endlich ist.) Wenn der lineare Operator A

$$(\varphi_1, A\varphi_2) = (A\varphi_1, \varphi_2)$$

genügt, dann nennt man A *selbstadjungiert*, und solche Operatoren eignen sich als Entsprechungen für physikalische Observablen. Beispielsweise gehorcht die Observable A, die der ersten Komponente x_{j1} der Lage des j-ten Teilchens entspricht, der Gleichung

$$(A\varphi)(x_1,\ldots,x_N) = x_{j1}\varphi(x_1,\ldots,x_N)$$

(dem Produkt von x_{j1} und φ). Die Observable v_j, die der Geschwindigkeit des j-ten Teilchens entspricht, ist erklärt als

$$(v_j\varphi)(x_1,\ldots,x_N) = \frac{1}{m_j}\frac{h}{2\pi i}grad_{(j)}\varphi(x_1,\ldots,x_N)\ .$$

Schließlich ist der Mittelwert A zur Zeit t definiert als

$$< A >= (\psi, A\psi) = \int \overline{\psi}(x_1,\ldots,x_N,t)(A\psi)(x_1,\ldots,x_N;t)dx_1\ldots dx_N\ ,$$

wo ψ die Wellenfunktion unseres Systems ist. (Das ist die Definition des Mittelwerts für den *Vektorzustand*, der durch die Wellenfunktion ψ definiert ist. Es gibt allgemeinere Mittelwerte, die durch eine *Dichtematrix* definiert werden und die in engerem Sinne den Wahrscheinlichkeitsverteilungen der klassischen Wahrscheinlichkeitstheorie entsprechen.)

[15.5]   Wenn der selbstadjungierte Operator A der Beziehung $A^2 = A$ genügt, heißt er ein *Projektor* und solche Operatoren eignen sich als Entsprechungen für *einfache Ereignisse*. Sind zwei lineare Operatoren A und B gegeben, dann ist ihr Produkt AB der lineare Operator, der für alle Funktionen φ wie folgt wirkt: $(AB)\varphi = A(B\varphi)$. Gilt speziell $AB = BA$, dann sagen wir, daß A und B *kommutierende* Operatoren sind. Das Produkt AB zweier kommutierender Projektoren ist wieder ein Projektor und geeignet, das Ereignis "A und B" darzustellen, wenn A und B die Ereignisse "A" und "B" repräsentieren. Wenn AB ungleich BA ist, dann gibt es keine natürliche Definition eines Projektors, der dem problematischen Ereignis "A und B" entspricht.

Ein *zusammengesetztes Ereignis*, wo mehrere Detektoren ansprechen oder nicht ansprechen, entspricht einem selbstadjungierten Operator, der kein Projektor zu sein braucht (aber positiv ist, d.h. er ist Quadrat eines selbstadjungierten Operators). Hier kann man wieder "A und B" definieren, wenn A und B vertauschbar sind.

[15.6]   Fairerweise muß man sagen, daß Bells Ideen nicht ganz mit den im vorliegenden Kapitel skizzierten übereinstimmen. Vergleiche J.S. Bell, *Speakable and unspeakable in quantum mechanics*, Cambridge University

Press, Cambridge, 1987. (Das ist eine Sammlung wiederabgedruckter Artikel von Bell, und sie ist sehr gut in der Physikergemeinde aufgenommen worden.)

[**15.7**]   Vergleiche die Fußnote 8 auf Seite 76 von *QED* (dem in Anmerkung [15.1] angesprochenen Buch). Die Reduktion der Wellenpakete ist einer der Versuche, mehr in den mathematischen Formalismus der Quantenmechanik zu stecken, als man streng genommen zur Erklärung experimenteller Resultate benötigt. An solchen Versuchen ist nichts falsch, *sofern sie mit den experimentellen Tatsachen verträglich bleiben*. Andere Arten der Erweiterung des mathematischen Formalismus der Quantenmechanik sind von David Bohm vorgeschlagen worden (vgl. Bells Buch in Anmerkung [15.6]) und von R.B. Griffiths in *Consistent histories and the interpretation of quantum mechanics*, J. Statist. Phys., 36, 219-272 (1984).

16. Quanten: Zählen von Zuständen

[**16.1**]   Eine ernsthafte technische Diskussion würde unserer Analyse ein Körnchen Salz hinzufügen: Es ist unmöglich, die Lage streng auf ein Intervall $[0, L]$ und die Geschwindigkeit auf ein Intervall $[-v_{max}, v_{max}]$ zu beschränken, wenn L und v_{max} endlich sind. (Der technische Grund dafür ist, daß die Fouriertransformierte einer Wellenfunktion ψ mit kompaktem Träger für $\psi \neq 0$ nicht wieder kompakten Träger haben kann.) Aber man kann es so einrichten, daß die Wahrscheinlichkeiten, daß die Lagen außerhalb von $[0, L]$ oder die Geschwindigkeiten außerhalb $[-v_{max}, v_{max}]$ sind, sehr klein sind. Die Physiker wissen, daß Diskussionen, die kleine Rechtecke verwenden, so wie wir es getan haben, nicht ganz korrekt sind. Aber sie sind bequem und geben oft die richtige Antwort. Man sollte jedoch im Auge behalten, daß Quantenmechanik nicht einfach eine statistische Theorie ist, die auf den Heisenbergschen Unschärferelationen beruht, obwohl diese Art, die Dinge anzusehen, oft richtige Anworten auf einfache Fragen gibt.

[**16.2**]   Für N Teilchen in einem Volumen V mit gesamter kinetischer Energie höchstens E benutzen wir die Formel

$$\text{Anzahl der Zustände} = \frac{1}{N!} S_{3N} \Big(\frac{1}{h^3} V (2mE)^{3/2} \Big)^N .$$

Das ist das Volumen im Phasenraum in Einheiten von h^{3N}, dividiert durch die Anzahl der Permutationen $N!$, um die Ununterscheidbarkeit von Teilchen einzubeziehen ($h = 6,6\mathrm{E}(-34)$ Joule $\times$ s ist die Plancksche Konstante, S_{3N} ist das Volumen der $3N$-dimensionalen Kugel vom Radius 1 und m die Masse eines Teilchens, in diesem Fall $m = 7\mathrm{E}(-27)\,\mathrm{kg}, V =$

E(-3)m^3, $N = 2,7$E22). Wir setzen $E = \frac{3NkT}{2}$ ($k = 1,4$E(-23) Joules / Grad Kelvin ist die Boltzmannkonstante und T ist die absolute Temperatur, in diesem Fall 300° Kelvin). So erhält man

$$\text{Anzahl der Zustände} \approx \frac{1}{h^3 N} \left(\frac{V}{N}\right)^N (2\pi m k T)^{3N/2} e^{5N/2}$$
$$\approx 1\text{E}5000000000000000000000000 \ .$$

Wir haben die technischen Probleme der Quantenstatistik und des Spins ignoriert; diese sind nicht wesentlich für die gegenwärtige Diskussion.

17. Entropie

[**17.1**]   Der *erste Hauptsatz der Thermodynamik* sagt aus, daß die Energie in allen Prozessen erhalten bleibt. (Das ist wahr, sofern man alle Formen von Energie, einschließlich der Wärme, in Betracht zieht.)

[**17.2**]   Später (im 19. Kapitel) werden wir das folgende sehen. Wenn wir die Zustände von 1 l Wasser, für die die Gesamtenergie höchstens gleich E ist, betrachten, dann scheinen uns makroskopisch die meisten Zustände wie 1 l Wasser bei einer gewissen (durch E bestimmten) Temperatur. Wenn E_I die Energie von 1 l kaltem Wasser ist und E_{II} die von 1 l warmem Wasser, dann scheinen uns makroskopisch 2 l Wasser, deren Energie höchstens gleich $E_I + E_{II}$ ist, wie 2 l lauwarmes Wasser. Es ist wahr, daß einige Zustände wie 1 l kaltes Wasser plus 1 l warmes Wasser aussehen, aber man kann ausrechnen, daß die Anzahl der Zustände von 2 l Wasser der Energie $\leq E_I + E_{II}$ viel größer ist als das Produkt der Anzahl der Zustände eines Liters der Energie $\leq E_I$ und eines Liters der Energie $\leq E_{II}$.

18. Irreversibilität

[**18.1**]   *Ergodizität.*   Man betrachte N Heliumatome in einem 1-l-Behälter, die ein klassisches mechanisches System bilden sollen (die Heliumatome werden von den Wänden des Behälters zurückgeworfen, und wir lassen zu, daß sie auch untereinander wechselwirken). Für jedes Atom sei x_i seine Lage und mv_i das Produkt seiner Masse und seiner Geschwindigkeit (= Impuls). Die Versammlung X der x_i und mv_i ist ein Punkt im Phasenraum M unseres Systems. Nach der Zeit t wird der Punkt X durch den neuen Punkt $f^t X$ ersetzt und $f^t X$ hat dieselbe Gesamtenergie wie X. Man bezeichne die Menge M_E von Punkten X derselben Energie E als *Energieschale*. Das Phasenraumvolumen (das Produkt der dx_i und mdv_i über alle i) induziert in natürlicher Weise ein Volumen der Energieschale. Wenn A eine Teilmenge von M_E ist und vol A ihr Volumen, dann gilt

$$\text{vol}\,(f^t A) = \text{vol}\,A \; ,$$

d.h. das Volumen bleibt über die Zeitentwicklung erhalten. All das würde ein bißchen Sorgfalt für eine präzise Formulierung verlangen (beispielsweise muß man für A Meßbarkeit annehmen), aber bis hierher ist alles ziemlich unkompliziert und nicht sehr tiefsinnig. Hier ist nun etwas Neues. Wir sagen, daß die Zeitentwicklung auf der Energieschale M_E *ergodisch* ist, wenn eine invariante Teilmenge J von M_E (d.h. $f^t J = J$ für alle t) entweder das Null- oder das volle Volumen vol M_E hat.

Man nehme an, daß die Zeitentwicklung f^t ergodisch ist. Dann ist für fast jede Anfangsbedingung X und für jede Teilmenge A von M_E der Zeitanteil, den $f^t X$ in A verbringt, vol $A/\text{vol}\,M_E$. Genauer, wenn $l(X, A, T)$ die Zeit ist, die $f^t X$ im Zeitintervall $0 < t < T$ in A verbringt, dann ist $\lim l(X, A, T)/T = \text{vol}\,A/\text{vol}\,M_E$ falls $T \to \infty$. Dies ist eine Form des *Ergodensatzes*. Für ergodische Zeitentwicklungen sind also die Zeitmittelwerte einfach bezogen auf die Volumina in der Energieschale, und dies ist der Grund, warum Ergodizität so wichtig ist. Unglücklicherweise ist es sehr schwierig zu beweisen, daß ein mechanisches System ergodisch ist. Das hat man für Sinais Billard von Kapitel 7, aber nur für sehr wenige andere interessante Systeme erreichen können. Für unser System von Heliumatomen bleibt uns nur die Hoffnung, daß die "Ergodenhypothese" korrekt ist.

[18.2]   Für eine ergodische Zeitentwicklung haben wir lange Wiederkehrzeiten für makroskopisch außergewöhnliche Ausgangszustände, und das liefert eine Erklärung für Irreversibilität. Aber wir können selbst ohne Ergodizität lange Wiederkehrzeiten haben. Eine Abschwächung der Ergodenhypothese ist demnach möglich und könnte in einigen physikalischen Theorien notwendig sein. Ich habe in Kapitel 17 erwähnt, daß empfindliche Abhängigkeit von den Anfangsbedingungen nützlich ist, um die Irreversibilität zu verstehen. Wie geht das? Tatsächlich ist die empfindliche Abhängigkeit von den Anfangsbedingungen nicht für die Ergodizität nötig, aber sie hilft und ist beispielsweise der erste Schritt in dem Ergodizitätsbeweis für Sinais Billard.

Für eine Zeitentwicklung, die nicht ergodisch ist, wird ein kleines bißchen Perturbation oder äußeres Rauschen das System von einer *ergodischen Komponente* zu einer anderen schieben, sofern die Energieschale eine zusammenhängende Menge ist. Diese Wirkung kleiner Perturbationen (wie der Gravitationseffekt eines Elektrons am Rande des bekannten Universums) tritt auf, wenn eine empfindliche Abhängigkeit von den Anfangsbedingungen vorliegt, und er wird als Ergebnis haben, daß selbst ein nichtergodisches System ergodisch aussehen wird.

Wo all das gesagt ist, muß man feststellen, daß sich einige mechanische Systeme weigern, sich ergodisch zu benehmen. Tatsächlich gibt die KAM-Theorie (die wir A.N. Kolmogorov, V.A. Arnold und J. Moser verdanken) wichtige Beispiele für Ergodizitätsverletzung. (Für eine allgemeine Diskussion der KAM-Theorie vergleiche J. Moser, *Stable and unstable motions in dynamical systems*, Ann. Math. Study, 77, Princeton University Press, Princeton, 1973.) Auch die Computersimulation der Zeitentwicklung gewisser Systeme zeigt nichtergodisches Verhalten.

[18.3]   I. Prigogine, *From being to becoming*, Freeman, San Francisco, 1980 (dt. *Vom Sein zum Werden. Zeit und Komplexität in den Naturwissenschaften*, Piper). Übrigens ist eine wichtige Frage, wie und warum es so kam, daß unser Universum bei so wenig Entropie seinen Anfang nahm. Eine Diskussion dieses Sachverhalts würde die Urknalltheorie von der Entstehung des Universums einbeziehen und würde uns zu weit vom Thema wegbringen.

[18.4]   Die Invarianz der physikalischen Gesetze gegenüber Zeitumkehr ist nur für die *schwachen Wechselwirkungen* der Elementarteilchen in Frage gestellt. Für diese Wechselwirkungen ist die Operation T der Zeitumkehr keine exakte Symmetrie, dagegen glaubt man, daß eine andere Operation TCP, die auch die Zeit umkehrt, eine ist. Es ist aber so, daß die meisten Physiker meinen, diese Tatsachen hätten wenig Bedeutung für die Irreversiblität, die man auf der makroskopischen Ebene beobachtet.

19. Statistische Mechanik des Gleichgewichts

[19.1]   W. Fucks und J. Lauter, *Exaktwissenschaftliche Musikanalyse*, Forschungsberichte des Landes Nordrhein-Westfalen Nr. 1519, Westdeutscher Verlag, Köln-Opladen, 1965. Ich verdanke diesen Literaturhinweis Karine Chemla.

[19.2]   Ein Aspekt dieser harten Arbeit ist das, was schließlich als die Theorie der *großen Abweichungen* bekannt wurde. Vergleiche D. Ruelle, *Correlation functionals*. J. Math. Phy., 6, pp. 201-220 (1965); O. Lanford, *Entropy and equilibrium states in classical statistical mechanics*, pp. 1-113 in *Statistical mechanics and mathematical problems*, Lecture Notes in Physics 20, Springer, Berlin, 1973; R.S. Ellis, *Entropy, large deviations and statistical mechanics*, Grundlehren der Math.Wiss. 271, Springer, New York, 1985.

[19.3]   Das Maximum von $S_I(E_I) + S_{II}(E_{II})$ unter der Bedingung $E_I + E_{II} = E$ ist das Maximum von $S_I(E_I) + S_{II}(E - E_I)$ bezüglich E_I, und das tritt auf, wenn die Ableitung dieser Größe nach E_I verschwindet. Das liefert $S_I'(E_I) - S_{II}'(E - E_I) = 0$, d.h. $T_I = T_{II}$.

20. Siedendes Wasser und die Tore zur Hölle

[**20.1**]   Wenn Sie geschmolzenes Glas statt Wasser nehmen und ihm erlauben, sich abzukühlen, wird es zunehmend viskoser und am Ende ziemlich starres und festes kaltes Glas. Aber die Physiker werden Ihnen erzählen, daß Glas kein regulärer Festkörper ist: seine mikroskopische Struktur ist nicht im Gleichgewicht und wird sich verändern, wenn Sie lange genug warten. Es wird sich allerdings nicht merklich zu Ihren Lebzeiten verändern. Das bedeutet, daß Gläser sich außerhalb des Stücks physikalischer Wirklichkeit befinden, das durch die statistische Mechanik des Gleichgewichts gut beschrieben wird.

[**20.2**]   Vergleiche insbesondere D. Ruelle, *Statistical mechanics, rigorous results*. Benjamin, New York, 1969; Ya.G. Sinai, *Theory of phase transitions: rigorous results*, Pergamon, Oxford, 1982.

[**20.3**]   Vergleiche beispielsweise D.J. Amit, *Field theory, the renormalization group, and critical phenomena*, 2nd ed., World Scientific, Singapore, 1984, und die dort zitierte Bibliographie.

[**20.4**]   Es ist ein typischer Prozeß bei Vakuumfluktuationen, daß ein Elektron und ein Positron gleichzeitig entstehen, sich sehr schnell danach gegenseitig vernichten und verschwinden. Ein Elektron kann wegen der Ladungserhaltung nicht allein aus dem Vakuum entstehen oder dort verschwinden. Prozesse wie der obenerwähnte werden in der *Quantenelektrodynamik (QED)* studiert; das Buch von Feynman gibt eine verständliche Einführung in dieses faszinierende Gebiet der Physik (vgl. Anmerkung [15.1]).

[**20.5**]   Ein interessantes Buch über Schwarze Löcher ist K.S. Thorne, R.H. Price und D.A. Macdonald, *Black holes: The membrane paradigm*, Yale University Press, New Haven, 1986. Dies ist ein Fachbuch voller komplizierter Formeln, aber die Darstellung der komplizierten Formeln ist für einen Physiker wichtig, der eine Idee davon bekommen möchte, wie die schmutzigen technischen Einzelheiten der Theorie aussehen, auch wenn er selbst darin kein Experte werden möchte. Sehr viel besser verständlich ist natürlich Hawkings eigene populäre Darstellung: S.W. Hawking, *A brief history of time*, Bantam, London, 1988 (dt. *Eine kurze Geschichte der Zeit. Die Suche nach der Urkraft des Universums* Rohwolt; s. auch Rororo TB 8850).

21. Information

[21.1]   Da das Aids-Virus ein RNA-Virus ist, sind die vier Buchstaben ursprünglich nicht A, T, G, C; es wird vielmehr durch umgekehrte Transskriptase eine Kopie in dieses Alphabet gemacht.

[21.2]   Für eine Familie von Nachrichten mit den Wahrscheinlichkeiten $p_1, p_2, \ldots$ ist der Informationsgehalt einer Nachricht gegeben durch

$$\text{mittlere Information} = - \sum_i p_i \log p_i \ .$$

Gibt es N Nachrichten, jede mit der Wahrscheinlichkeit $\frac{1}{N}$, dann ist die mittlere Information $\log N$. In vielen Fällen reduziert das *Breiman-McMillan-Theorem* das Studium von Nachrichten mit verschiedenen Wahrscheinlichkeiten auf das Studium von gleichwahrscheinlichen Nachrichten. Für eine gute Fachdiskussion der Informationstheorie einschließlich des Breiman-McMillan-Theorems konsultiere man B. Billingsley, *Ergodic theory and information*, John Wiley, New York, 1965.

[21.3]   C. Shannon, *A mathematical theory of communication*, Bell System Tech. J., 27, 379-423, 623-656 (1948).

[21.4]   Um den Informationsgehalt einer Melodie zu studieren, möchte man eine Statistik benützen, die Gruppen von 2, 3, 4, ... aufeinanderfolgenden Noten entspricht. Aber die Intervalle zwischen zwei aufeinanderfolgenden Noten stellen eine passende obere Abschätzung für die Information dar.

[21.5]   Vgl. den Literaturhinweis in Anmerkung [19.1]. Natürlich muß man Musikstücke gleicher Länge vergleichen oder die Information durch die Länge des Stücks dividieren.

[21.6]   In einer spezifischen Diskussion sollte die Familie der zugelassenen Nachrichten angegeben werden, beispielsweise die der rechteckigen Gemälde mit nur einer Farbe. (Diese Klasse enthält wenig Information, weil man nur die Ausdehnung des Rechtecks und eine spezielle Farbe wählen kann und die Anzahl der Wahlmöglichkeiten, die man unterscheiden kann, nicht besonders groß ist.) Es mag schwierig sein, explizit die zugelassene Familie von Nachrichten bei einer gegebenen Kunstform (wie der "abstrakten Malerei") zu spezifizieren, aber wir haben üblicherweise ein Gefühl dafür, wie wenig oder wie viel Freiheit zur Verfügung steht, will man beispielsweise Sonette bzw. Romane schreiben.

22. Algorithmische Komplexität

[**22.1**]   Vgl. M.R. Garey und D.S. Johnson, *Computers and intractability*, Freeman, New York, 1979. Dies ist die Standardreferenz für algorithmische Komplexität, und sie enthält insbesondere eine Diskussion der Turingmaschinen.

[**22.2**]   Effiziente Algorithmen für das Lineare Programmieren sind von L.G. Khachiyan und (praktikabler) von N. Karmarkar gefunden worden. Vgl. Anmerkung [6.1] wegen der Formulierung der Probleme endlicher Nullsummen-Zweipersonenspiele als Probleme der Linearen Programmierung.

[**22.3**]   *NP* steht für *Nichtdeterministisches Polynom.* Das deshalb, weil (wie im Text diskutiert) eine positive Antwort in polynomialer Zeit verifiziert werden kann, wenn *(nichtdeterministisch)* eine korrekte Vermutung gemacht worden ist. Die *NP-vollständigen* Probleme sind alle gleichermaßen schwierig: Wenn Sie eines lösen können, können Sie alle lösen; daher die Bewertung *vollständig*.

[**22.4**]   Für Spingläser und ungeordnete Systeme vgl. M. Mézard, G. Parisi und M.A. Virasoro, *Spin glass theory and beyond*, World Scientific, Singapore, 1987. Das Spinglasproblem, wie wir es definiert haben, wird nicht in Garey and Johnson (Anmerkung [22.1]) diskutiert, ist aber ähnlich dem SMC (*Simple Max Cut*), von dem man weiß, daß er *NP*-vollständig ist.

[**22.5**]   Die Baumstruktur der natürlichen Evolution ist analog der Baumstruktur von *Tälern* in der Parisilösung des Spinglasmodells (vgl. dazu *Spin glass theory and beyond*, Anmerkung [22.4]). Diese Analogie scheint auch auf der quantitativen Ebene weiter zu gelten (vgl. H. Epstein und D. Ruelle, *Test of a probabilistic model of evolutionary success*, Physics Reports, 184, 289-292 (1989)).

23. Komplexität und Gödels Theorem

[**23.1**]   Die Geschichte hörte ich von R.V. Kadison.

[**23.2**]   Das folgende Buch (auf französisch) ist hier hilfreich, will man sich über Freuds Arbeit orientieren: J. Laplanche und J.-B. Pontalis, *Vocabulaire de la psychoanalyse*, PUF, Paris, 1967 (dt. *Das Vokabular der Psychoanalyse*, Suhrkamp TB Wiss.7).

[**23.3**]   Was bedeutet es, daß eine Aussage wahr ist, wenn sie weder aus den Axiomen bewiesen noch widerlegt werden kann? Um das zu verstehen, ist es notwendig, die Art des Spiels, das von den mathematischen Logikern gespielt und *Metamathematik* genannt wird, zu verstehen. Die Mathematiker haben verschiedene Theorien A, B, . . ., die jede auf einem System von Axiomen, die man für nicht widersprüchlich hält, aufgebaut sind. Beispielsweise könnte A eine axiomatische Darstellung der Arithmetik der ganzen Zahlen und B eine der Mengenlehre sein. (Gödel hat gezeigt, daß man die Widerspruchsfreiheit der von den Mathematikern benutzen Art von Axiomensystemen nicht beweisen kann. Hier ist also einiger Glaube notwendig. Aber die meisten Mathematiker sind ziemlich überzeugt, daß aus den Axiomen der Arithmetik oder der Mengenlehre, die sie benutzen, niemals ein Widerspruch entstehen wird.) Die Axiome, Theoreme und Regeln des Schließens der Theorie A können jetzt als mathematische Objekte gesehen werden, auf welche Theorie B angewendet werden kann. Man blickt demnach auf die Theorie A *von außen*, und auf diese Art ist es möglich, über sie Dinge zu prüfen, die *von innen* unzugänglich sind. Das ist das metamathematische Spiel, und das ist recht subtil. Wenn man aber an die Widerspruchsfreiheit von A (oder von B) glaubt, sind Konsequenzen wie Gödels Unvollständigkeitssatz unvermeidbar.

[**23.4**]   R.J. Solomonoff, *A formal theory of inductive inference*, Inform. and Control, 7, 1-22, 224-254, 1964; A.N. Kolomogorov, *Three approaches to the definition of the concept 'quantity of information'*, Probl. Peredachi Inform. 1, 3-11 (1965); G.J. Chaitin, *On the length of programs for computing finite binary sequences*, J. ACM, 13, 547-569, 1966. Siehe auch G.J. Chaitin, *Algorithmic information theory*, Cambridge University Press, Cambridge, 1987, G.J. Chaitin, *Information, randomness, and incompleteness*, World Scientific, Singapore, 1987.

[**23.5**]   Vergleiche Satz 2 im Anhang von G.J. Chaitin, *Information-theoretic computational complexity*, IEEE Trans. Inform. Theory, IT-20, 10-15, 1974. Diese Arbeit ist abgedruckt auf den Seiten 23-32 in *Information, randomness, and incompleteness* (s. Anmerkung [23.4]).

[**23.6**]   Siehe in M. Davis, Y. Matijasevič, und J. Robinson, *Hilbert's tenth problem. Diophantine equations: positive aspects of a negative solution*, pp. 323-378 in *Mathematical developments arising from Hilbert problems*, Proc. Symp. pure Math. XXVII, Am. Math. Soc., Providence, R.I., 1976.

[**23.7**]   Vgl. das Buch *Algorithmic information theory*, auf das in Anmerkung [23.4] Bezug genommen wurde. Chaitins Folge wird tatsächlich erst nach einer endlichen Anzahl von Termen zufällig.

[23.8] Eine Vermutung von Pierre Cartier ist, daß die Axiome der Mengenlehre tatsächlich inkonsistent sind, aber daß ein Beweis des Widerspruchs
so lang wäre, daß er nicht in unserem physikalischen Universum durchgeführt werden könnte! Etwas konservativer gedacht können wir erwarten,
daß weitere Entwicklungen der mathematischen Logik, obwohl sie mit dem,
was gegenwärtig akzeptiert ist, verträglich sein werden, neues Licht auf die
Grundlagen der Mathematik werfen werden.

24. Die wahre Bedeutung von Sex

[24.1] Wir können annehmen, daß die Anzahl der Nachkommen erster
Generation einer Nachricht proportional zu exp $[E$ (Nachricht)$]$ ist, und
wir können Mutationen von einer Nachricht zu sehr ähnlichen Nachrichten
zulassen. Der grundlegende Defekt dieses Modells (oder dieser Metapher)
des Lebens ist, daß es nicht die dynamischen Aspekte der Beziehungen einer
Nachricht mit Nachrichten derselben Art und mit Nachrichten von verschiedener Art erfaßt (d.h. Populationsdynamik ist nicht in Betracht gezogen).

[24.2] Wegen der mathematischen Einfachheit denken wir hier an Punktmutationen (obwohl andere Typen von Mutationen große Bedeutung für die
Evolution haben). Punktmutationen entsprechen einem Zufallspfad in der
Zufallsumgebung, die durch die Funktion E gegeben wird. Die Annahme,
daß die Anzahl der Nachkommen erster Generation einer Nachricht proportional zu exp $[E(\text{Nachricht})]$ ist, bedeutet, daß große Werte von E bevorzugt werden. Man weiß, daß zufälliges Fortschreiten in einer zufälligen
Umgebung sehr langsam vor sich geht, weil es, will man von einem Berg
zur einem anderen gehen, erst notwendig ist, herunterzusteigen, und das
ist ein sehr unwahrscheinlicher Prozeß. (Vgl. Ya.G. Sinai, *Limit behavior of
one-dimensional random walks in random environments.* Teor. Verojatn. i ee
Primen., 27, 247-258, 1982. Englische Übersetzung in Theor. Probab. Appl.,
27, 247-258, 1958; E. Marinari, G. Parisi, D. Ruelle und P. Windey *On the interpretation of 1/f noise*, Commun. Math. Phys., 89, 1-12, 1983: R. Durrett,
*Multidimensional random walks in random environments with subclassical
limiting behavior*, Commun. Math. Phys., 104, 87-102, 1989). Der Zufallspfad hat daher die Tendenz, auf den Gipfeln kleiner Berge eingefangen zu
werden. Das könnte vermieden werden, indem man die Mutationsrate an-
hebt, aber eine solche Anhebung ist durch die Notwendigkeit, sinnvolle genetische Nachrichten zu behalten, ernsthaft eingeschränkt. In der Tat, geht
man von einfachen Organismen mit kurzen genetischen Nachrichten über
auf komplexe Organismen mit langen genetischen Nachrichten, dann findet
man immer fehlerfreiere Replikationsmechanismen, die die Mutationen auf
immer niedrigere Niveaus drücken. Gerade das sollte man vom informationstheoretischen Standpunkt aus erwarten. (Vgl. M. Eigen und P. Schuster, *The*

hypercycle, a principle of natural selforganization, Springer, Berlin, 1979).
Insgesamt sehen wir, warum die Evolution viele andere Tricks und nicht
nur Punktmutationen benutzt; (das Anwachsen oder die Vernichtung genetischen Materials, Sex und Symbiose sind wichtig für die Evolution).

[24.3]   Sex ist unter lebenden Organismen nicht universell, aber sehr
üblich. Einige Bakterien haben genetische Rekombinationen und daher Sex.
Das bedeutet nicht, daß es immer zwei verschiedene Geschlechter gibt (das
ist eine weniger wichtige Neuerung, wie wichtig auch immer sie für uns ist).

[24.4]   Üblicherweise wird akzeptiert, daß Sex der Evolution hilft, aber
es gibt Stimmen, die dem widersprechen. Vgl. L. Margulis und D. Sagan,
Origins of sex, Yale University Press, New Haven, 1986.

[24.5]   R. Dawkins, *The selfish gene*, Oxford University Press, Oxford, 1976
(dt. *Das egoistische Gen*, Springer).

[24.6]   Die Erde wurde vor 4,5E9 Jahren geformt und 3,5E9 Jahre alte
Felsen geben Hinweise auf Leben. Nach geologischen Standards scheint es,
daß sich Leben gebildet hat, sobald es die Umweltbedingungen erlaubten.
Lassen Sie uns bemerken, daß die Funktion E(Nachricht) zu dieser Zeit
ziemlich verschieden war von der, zu der sie jetzt geworden ist.

25. Intelligenz

[25.1]   D. Marr, *Vision*, Freeman, New York, 1982.

[25.2]   Die Prozesse, an denen Freud interessiert ist, sind *Verstandespro-
zesse.*

[25.3]   Natürlich ist es eine Idealisierung, unsere Welt als dreidimensionale
und als eine, die Objekte enthält, die von Oberflächen begrenzt sind, anzusehen. Die Wissenschaftler benutzen ebensogut viele andere Idealisierungen,
aber diese Idealisierung wurde durch die Evolution speziell ermutigt und ist
in unsere Gehirne eingegraben. Es ist eine Idealisierung, die uns gute Dienste geleistet hat, sowohl für das Überleben als auch für die Entwicklung der
Geometrie und anderer Wissenschaften.

[25.4]   E. Wigner, *The unreasonable effectiveness of mathematics in the
natural sciences*, Comm. pure appl. Math., 13, 1-14, 1960.

26. Epilog: Wissenschaft

[**26.1**] ⁻ Ein eigenartiger und interessanter Essay sollte hier erwähnt werden: R. Penrose, *The emperor's new mind*, Oxford University Press, New York, 1989 (dt. *Computerdenken*, Spektrum der Wissenschaft). Dies ist eine brillante Darstellung moderner wissenschaftlicher Ideen. Gleichzeit ist es ein sorgfältig ausgearbeitetes Plädoyer dafür, daß die Gesetze der Physik geändert werden sollten, um Gewissen einzuschließen, und für die selbstkritische Sicht, daß unser Verstand nicht wie ein Computer funktioniert. Klarerweise müssen die Gesetze der Physik geändert werden, um Quantengravitation einzuschließen, aber ich habe große Zweifel, daß dies mit Penroses Ideen übereinstimmt. Wenn wir es mit Gewissen und selbstkritischen Gewißheiten zu tun haben, sollten wir immer in Erinnerung behalten, wie schlau und wie mächtig unser Verstand in der Selbsttäuschung ist. Das ist eine Lehre aus der Psychoanalyse, die nicht leichtfertig übergangen werden kann.

Hannie van Rijsingen

Unsichtbare Affären
PER MAUSKLICK ZUM SEXKICK

*Aus dem Niederländischen
von Cécile Speelman*

ORLANDA

Inhalt

Ich hätte schon früher Alarm schlagen sollen,
früher auf mein Gefühl hören sollen.
Aber ich traute mich nicht, der Realität ins Auge zu sehen.

Ich hätte wütend werden sollen,
meinen Kummer zeigen sollen,
aussprechen sollen, dass ich es schrecklich fand,
und dass ich mich ausgeschlossen fühlte.

Stattdessen fand ich, durch die vorherrschenden Vorstellungen beeinflusst,
dass ich mich nicht so anstellen sollte,
nicht herumnörgeln sollte.
Also ...
hielt ich den Mund.
Und in der Zwischenzeit wurde es nur noch schlimmer.

Ich ignorierte mein Gefühl
und wurde mir so in keiner Weise gerecht.
Doch nicht nur mir –
auch meinem Partner!

Es hat uns unsere Ehe gekostet.

Ich hoffe und erwarte, dass Ihr Buch dazu beiträgt, dass sich Frauen
trauen, viel mehr auf ihr Gefühl zu hören.
Dass sie eher den Mut finden zu erkennen, was okay für sie ist und was
nicht, und die Kraft finden, das auszusprechen.
Dass sie sich trauen, ihre eigenen Grenzen zu ziehen und vor allem:
weiterhin an sich selbst glauben.

Selbst wenn das nicht ihre Ehe rettet,
so rettet es zumindest sie selbst.

Anne (36)

Vorbemerkung

> *»Ich möchte Ihnen mitteilen, dass ich Ihr Buch* Seks, alles of niets *(Übers.: Sex, alles oder nichts) in einem Zug durchgelesen habe. Wahrscheinlich war das nicht so gedacht, aber das Buch hat mich sehr gepackt, weil ich so vieles wiedererkannte. Es fügten sich viele Puzzleteile zusammen. Aber geht es mir jetzt wirklich besser? Ich bin froh, dass mein Mann einen Termin mit Ihnen ausmachen will, und hoffe, dass Sie ihm helfen können.«*
>
> *Frau (32)*

Seit Erscheinen des oben genannten Buches *Seks, alles of niets* (September 2005) – meinem vierten zum Themenbereich Sexualität und Beziehungen – begegne ich immer öfter Männern, die ihr sexuelles Verhalten als problematisch erfahren oder die langsam beginnen, es so wahrzunehmen.

Das Bedürfnis, sich von mir beraten zu lassen, wird bei ihnen oft durch die Tatsache ausgelöst, dass ihre Partnerin ihnen droht: »Du änderst etwas daran oder ich verlasse dich«. Diese Ansage jagt vielen von ihnen einen gehörigen Schreck ein und bringt die Erkenntnis mit sich, dass ihr Vergnügen doch nicht so unschuldig ist, wie sie sich selbst vormachen.

Nach einiger Zeit sagen fast alle dieser Männer: »Ich bin meiner Frau/Freundin dafür dankbar, dass sie es sich nicht (länger) hat gefallen lassen. Die Probleme wären sonst noch größer geworden, und dann hätte ich sie verloren.« Mit dieser Aussage – in vielen Variationen – zeigen Männer deutlich, dass sie die Kontrolle über ihr Verhalten komplett verloren hatten, und dass ihre Frau oder Freundin ihnen die Grenze aufzeigte, die sie selbst nicht mehr sahen.

Und dass sich Grenzen verschieben, ist die große Gefahr beim Konsum von Pornografie und Internetsex. Darin steckt ein Suchtpotential, dem sich viele Menschen (Männer und Frauen) nicht widersetzen können. Ehe sie sich versehen, verbringen sie immer mehr Zeit damit und entfremden sich schleichend vom Partner, von den Kindern, der Arbeit und sich selbst. Ich bekomme das daraus folgende Elend in meiner Praxis zu sehen.

Auch andere Formen obsessiven sexuellen Verhaltens – wie Bordellbesuche und/oder ständig Geliebte neben der Ehefrau zu haben – können durch den Konsum von Pornografie und Internetsex zunehmen. Denn fast jeder Mann, der zu mir in die Praxis kommt, weil er zwanghaft Prostituierte aufsucht oder mit großer Regelmäßigkeit außerehelichen Sex hat, gibt an, auch viel Zeit mit Internetsexaktivitäten am Computer zu verbringen.

Ich richte mich mit diesem Buch in erster Linie an Frauen, die Schwierigkeiten mit dem Pornografiekonsum ihrer Männer haben, und das betrifft laut einer Studie von *Psychologie Magazine* (einer monatlich erscheinenden niederländischen Zeitschrift für Psychologie) 5% der Frauen mit Partner. Das sind in den Niederlanden immerhin rund 200.000 Frauen (eine von zwanzig!), die ein mehr oder weniger großes Problem mit dem Pornografiekonsum ihres Partners haben.*

In zweiter Linie möchte ich die Frauen erreichen, die angeben, keine Probleme damit zu haben, dass sich ihr Partner Pornofilme ansieht, obwohl 42% dieser Gruppe eine oder mehrere der negativen Auswirkungen, wie sie auf Seite 97 benannt werden, erfahren.

---

*   Bisher sind die Niederlande das einzige europäische Land, in dem einschlägige Studien zum Konsum von Cybersex durchgeführt wurden. Vergleichbare Statistiken für den deutschsprachigen Raum existieren noch nicht, daher können die niederländischen als Orientierung dienen.

Außerdem wende ich mich an die Frauen, die der Meinung sind, dass »das erlaubt sein muss«, aber in ihrem Innersten Fragezeichen dahinter setzen – auch wenn sie noch nicht genau wissen, worin diese bestehen.

Und schließlich richte ich mich an alle, die über die Frage nachdenken möchten, ob Pornografie und Internetsex einen positiven Beitrag zur sexuellen Gesundheit im Allgemeinen leisten. Auf diese Art möchte ich meinen Teil zur Debatte über gesunde Sexualität und harmonische, erfüllende Beziehungen im Internetzeitalter beisteuern.

Der Inhalt dieses Buches beruht nicht auf Untersuchungen (*evidence-based*), sondern auf Erfahrungen aus meiner Praxis (*practice-based*). Meine Klienten haben mich durch ihre Offenheit sehr unterstützt. Sie haben mir ausnahmslos ihre Zustimmung dafür gegeben, aus ihren Erfahrungen zu schöpfen, und manche fügten sogar hinzu: »Wenn ich anderen damit helfen kann, können Sie von mir verwenden, was Sie möchten.« Immer wieder bin ich von ihrem Vertrauen beeindruckt, dem Vertrauen darauf, dass ich auf diskrete Art mit ihren Erfahrungen umgehe. Hierfür möchte ich mich bei meinen Klienten ganz herzlich bedanken!

Hannie van Rijsingen,
Lelystad, September 2008

Vorwort

Wenn Frauen mitbekommen, dass ihr Partner mit großer Regelmäßigkeit Pornografie beziehungsweise Internetsex konsumiert, dass er hierfür nachts sogar aufsteht, kann das für sie äußerst verstörend sein. Ihre Erwartungen und Vorstellungen im Hinblick auf Beziehungen und Ehe stehen plötzlich kopf, und was sie im Leben als sicher betrachteten, ist es plötzlich nicht mehr.

Obwohl dieses Verhalten des Partners als Verrat empfunden wird, zweifeln Frauen auch an sich selbst. Gefühle wie Ärger oder Wut, Kummer, Schmerz und Angst kommen auf. Und dennoch glauben sie selbst, dass sie sich nicht so anstellen sollten – schließlich sind sie moderne, tolerante Frauen, die ihren Kerl nicht an die Kette legen wollen.

Aber ... eine kleine Stimme im Hintergrund sät leise Zweifel. Vorsichtig beginnen sie mit anderen darüber zu sprechen, die oft Antworten geben wie:

- o *»Das macht mein Freund/Mann auch. Darüber solltest du dir nicht so viele Sorgen machen.«*
- o *»Solange er sich nur den Appetit woanders holt, aber bei mir zu Hause isst, finde ich es völlig in Ordnung.«*
- o *»Männer wollen nun mal häufiger, das ist eben ihre Natur ...«*
- o *»Jeder Mann sieht sich doch Pornofilme an ...«*
- o *»Jeder hat so seine Probleme ...«*

Diese Art von Antworten sind wahrscheinlich dazu gedacht, die Frauen zu unterstützen, aber sie bewirken nichts. Es sind keine Antworten auf die folgenden Fragen:

13

- Sollte ich weniger empfindlich sein?
- Bin ich zickig, wenn ich es nicht akzeptiere?
- Ist sein Verhalten wirklich so normal, wie das alle behaupten?
- Muss ich es ihm gönnen? Und was ist dann mit mir?

FRAUEN SIND ZU TOLERANT

Es ist gut, wenn Frauen Pornografiekonsum nicht selbstverständlich finden und es ist sinnvoll, sich hierzu Fragen zu stellen. Auch folgende Aussage von Fachleuten, die viele meiner weiblichen Klienten zu hören bekommen, bevor sie zu mir in die Praxis kommen, muss man nicht akzeptieren: »Sie dürfen nicht so überempfindlich sein und müssen toleranter werden.«

Vor drei Jahren entdeckte eine Frau (60 Jahre) zum zweiten Mal in ihrer dreißigjährigen Ehe, dass ihr Mann (61 Jahre) extrem viele Pornos aus dem Internet herunterlud. Erschüttert ging sie zum Hausarzt. Der sprach mit beiden und verwies sie an einen befreundeten Psychiater. Im Laufe des zweiten Gespräches sagte der Psychiater zu der Frau: »Betrachten Sie es als ein Hobby. Es ist genau wie Angeln oder Briefmarken sammeln.« Sie antwortete: »Mein Vater sammelte Briefmarken, aber ich habe nie gesehen, dass er sich dabei einen runterholte.«

Es hat lange gedauert, bis sie es wagte, erneut professionelle Hilfe in Anspruch zu nehmen.

Ich erhalte regelmäßig Mails mit Hilferufen, Zweifeln, Fragen oder einfach nur Geschichten über das sexuelle Verhalten des Mannes oder Freundes. Problematisches sexuelles Verhalten oder Sexsucht ist mit der Zeit zu meinem Spezialgebiet geworden. In meiner Praxis begegne ich ziemlich vielen Frauen, die einen Partner mit einem solchen Problem haben. Und es trifft mich, wenn ich mitbekomme, wie viele Frauen sich nicht sicher sind, welche Haltung sie gegenüber

Pornografie und Internetsex einnehmen sollen. Wie sie mit den oben genannten Themen ringen und sich Fragen stellen wie:

- Soll ich dieses Verhalten als ein Problem betrachten?
- Soll ich es als »die neue Freiheit« begrüßen?
- Soll ich es dulden und so tun, als bekäme ich nichts davon mit?
- Soll ich so lange darüber streiten, bis er damit aufhört?

Ich begann mich zu fragen, ob dies Themen sind, mit denen sich nur meine weiblichen Klienten auseinandersetzen – schließlich suchen sie hierzu Hilfe – oder ob sich auch andere Frauen damit beschäftigen. Diese Frage legte ich der Redaktion der Zeitschrift *Psychologie Magazine* vor. Die Redaktion war derart interessiert, dass sie – in Zusammenarbeit mit Esther Bremer – von dem Forschungsinstitut RM Interactive unter dem Titel »Partner und Sex online« eine Untersuchung durchführen ließ. An der Studie nahmen Niederländer/innen zwischen 18 und 64 Jahren teil, die eine Beziehung haben und im Internet aktiv sind. Es wurde nach ihren eigenen Pornografie- und Internetsexaktivitäten gefragt und danach, was ihr Partner/ihre Partnerin ihres Wissens beziehungsweise ihrer Einschätzung nach diesbezüglich tut. An dieser repräsentativen Stichprobe nahmen teil:

	FRAUEN	MÄNNER
Befragte	367	371
Altersdurchschnitt	37,6	44,6
Durchschnittl. Beziehungsdauer	15,5	15,5
Heterosexuell	97%	94%
Homosexuell	1%	3%
Bisexuell	2%	3%

In meinem Buch werde ich mich regelmäßig auf die Ergebnisse dieser Untersuchung stützen.

WAS MÖCHTE ICH MIT DIESEM BUCH ERREICHEN?

Ich wünsche mir, dass Frauen nicht länger an sich selbst zweifeln, sondern ihrem Bauchgefühl bezüglich Pornografie und Internetsex folgen. Das möchte ich, weil ich mich für gesunde Beziehungen mit einer gesunden Sexualität stark mache, aus der beide Partner emotionale und körperliche Befriedigung schöpfen; für Beziehungen, in denen Harmonie und eine enge Verbundenheit den Ton angeben und die Kindern – den Erwachsenen der Zukunft – eine liebevolle, beschützende Umgebung bieten.

Ich bin davon überzeugt, dass Beziehungen glücklicher sind, wenn sie Intimität zulassen, und Ehrlichkeit, Offenheit und Respekt für den anderen selbstverständlich sind – auch wenn dieser eine abweichende Meinung oder Einstellung hat. Solche Beziehungen gewährleisten, dass die Partner gerne nach Hause kommen, weil es der Ort ist, an dem sie sich völlig entspannen und ganz sie selbst sein können: ihr sicherer Hafen.

Wenn jedoch einer der Partner (oder auch beide) eine Sexsucht entwickelt und sich häufig im Internet pornografisches Material – Bilder oder Filme – ansieht und Chatrooms besucht (mit oder ohne Webcam), und/oder Verabredungen trifft, um außerhalb der Beziehung Sex zu haben, dann geraten Harmonie und Verbundenheit schwer unter Druck. Nur zu oft entwickelt die betreffende Person ein heimliches Sexleben. Offenheit, Ehrlichkeit und Respekt weichen dann Lügen, Opportunismus und Betrug. Die Energie, die nötig ist, um eine Beziehung lebendig zu halten, schwindet dahin, weil sie für Aktivitäten eingesetzt wird, die ausschließlich selbstzentriert sind und die Beziehung unterminieren.

Hiermit meine ich nicht die Menschen in einer Beziehung, die ab und zu in einem Pornoheft blättern oder eine Porno-Website besuchen, sondern diejenigen, die so häufig damit beschäftigt sind, dass es sie selbst (oder ihre Umgebung) in Schwierigkeiten bringt. Wenn dies zutrifft, ist ihnen die Kontrolle abhanden gekommen und der Pornokonsum kann so problematisch werden, dass von einer (beginnenden) Sexsucht gesprochen wird.

WAS IST EINE SEXSUCHT?

Der Begriff »Sexsucht« ist keine Definition aus einem psychiatrischen Lehrbuch, sondern der Begriff für ein Denkmodell, um ein bestimmtes Verhalten zu verstehen, ihm entgegenzutreten und es eventuell zu behandeln. Es handelt sich nicht um eine feststehende Diagnose oder deutlich abgrenzbare Krankheit, die jemand hat oder nicht hat. Der Begriff bezieht sich auf das Verhalten von jemandem, der nicht gut mit sich selbst umgeht, der dazu neigt, die Verantwortung für sein Verhalten außerhalb seiner selbst zu suchen, und der diesbezüglich häufig und über einen langen Zeitraum lügt. Dies tut die Person nicht, weil sie süchtig ist, sondern einzig und allein weil die Verweigerung von Verantwortung der Kern des Problems ist. Es ist ein nicht Annehmen der Verantwortlichkeit, die zum Erwachsensein dazugehört. Ich denke hierbei an die Verantwortung als Ehepartner, Vater, Arbeitnehmer oder Arbeitgeber, als Sohn, Bruder und so weiter.

> Mann (41 Jahre), geht seit seinem 28. Lebensjahr ins Bordell, surft bereits seit 11 Jahren auf Porno-Seiten und knüpft im Internet sexuelle Kontakte
> *»Ich habe mit meiner Frau nie über Gefühle und Emotionen gesprochen, das war für mich immer zu schwierig. In all den Jahren, in denen wir zusammen waren, kam es zu keiner Vertiefung. Ich lebte mit mir selbst, für mich selbst und in mir selbst, ohne Rücksicht auf sie zu nehmen, und flüchtete vor Problemen und lästigen Gesprächen. Auch in sexueller Hinsicht*

gab ich mir in keiner Weise Mühe, zusammen etwas daraus zu machen – die Flucht in Pornografie und Bordellbesuche war für mich eine einfache Art, meine sexuellen Bedürfnisse zu befriedigen. Es ist unglaublich traurig, dass ich erst jetzt erkenne, dass dies zu meiner Sexsucht geführt hat. Ich habe es immer als etwas gesehen, das losgelöst von meiner Ehe war, losgelöst von meiner Frau …«

Jemand, der eine (beginnende) Sexsucht zeigt, hat seine Beziehung zwar nicht körperlich, wohl aber geistig zu einem (großen) Teil hinter sich gelassen. Oder er war – wenn die Sucht bereits vor der Beziehung bestand – nie zu hundert Prozent darin präsent.

Obwohl auch Frauen süchtig nach Internetsex sein können, und auch männliche Partner in hetero- oder homosexuellen Beziehungen die Leidtragenden sein können, gehe ich in diesem Buch vor allem von Frauen mit männlichen Partnern aus. Nicht weil ich andere Lebensformen nicht ernst nehme, sondern einzig und allein weil ich bis jetzt in meiner Praxis die meiste Erfahrung mit sexuell problematischem Verhalten von Männern in einer heterosexuellen Beziehung habe.

Ich bin jedoch davon überzeugt, dass sowohl weibliche als auch männliche Partner viel von diesem Buch lernen können.

Kapitel 1

Pornografie und Internetsex, wie häufig kommt das vor?

WAS IST EIGENTLICH PORNOGRAFIE?

Pornografie ist das Abbilden von menschlicher Nacktheit und/oder sexuellem Verhalten mit dem Ziel, bei den Konsument/innen sexuelle Erregung auszulösen. Dies kann variieren – von aufreizenden Posen auf Fotos oder in Filmen, über gezeichnete Bilder, geschriebene oder gesprochene Texte bis hin zu akustischen Reizen. Pornografie in Zeitschriften besteht meist aus einer Kombination von geschriebenem Text und Fotomaterial.

In der Pornografie wird zwischen »Softcore« und »Hardcore« unterschieden. Softcore umfasst Material, in dem vor allem Nacktheit und sexuell suggestive Szenen vorkommen, Hardcore beinhaltet Material, das wenig der Fantasie überlässt, wie direkte Aufnahmen von Geschlechtsteilen und alle Arten sexueller Aktivitäten.

Im Internet finden sich weltweit Millionen von erotischen Websites. Das Internet gilt heute als wichtigster Sektor der Pornografie-Industrie.

DIE STELLUNG VON PORNOGRAFIE IM INTERNET

Good Magazine, eine philantropisch orientierte (Online-)Zeitschrift, hat diesbezüglich eine Untersuchung durchführen lassen, die im Mai 2007 zu folgenden Ergebnissen kam:

- 12% aller Websites sind Porno-Websites;
- 25% aller Suchaufträge sind pornografischer Natur;
- 35% aller Downloads bestehen aus anzüglichen Bildern und Filmen.

Jede Sekunde besuchen 28.258 Internetnutzer/innen eine Sex-Website. Es werden 89 Dollar pro Sekunde für Sex im Internet ausgegeben. Jeden Tag kommen weltweit 266 Porno-Websites hinzu und es wird geschätzt, dass es insgesamt ungefähr 372 Millionen Sex-Websites im Netz gibt.

70% der pornografisch orientierten Internetaktivitäten finden zu Bürozeiten statt, und 28% der Nutzer sind weiblich – auf welcher Seite der Kamera sie sich befinden, wird allerdings nicht erwähnt ... Allein in den Vereinigten Staaten, wo 89% aller Online-Pornografie produziert wird, erwirtschaftet die Sexindustrie einen Umsatz von fast drei Milliarden Dollar mit Cybersex.

WAS IST INTERNETSEX?

Internetsex bedeutet das Nutzen des Internets mit dem Ziel, sexuell erregt zu werden und/oder einen Orgasmus zu bekommen.

Auf allen Porno-Websites kann man sich über Links mit Bezeichnungen wie »mehr« oder »andere Kategorien« weiter durchklicken. In kostenpflichtigen Bereichen kann man weitere Angebote in Anspruch nehmen, wie das Herunterladen von DVDs, Filmen oder Fotos. Es besteht auch die Möglichkeit persönlicher Chats oder Telefongespräche, mit oder ohne Livebilder über die Webcam. Die Bezahlung erfolgt per Kreditkarte oder Telefonrechnung.

Statistiken zum Konsum von Pornografie/Internetsex in den Niederlanden

Eine Untersuchung der Forschungs- und Beratungseinrichtung *Rutgers Nisso Groep* zu sexuellem Verhalten in den Niederlanden (November 2006) und eine Studie des *Psychologie Magazine* (September 2008) liefern einige signifikante Daten über Männer und Frauen (siehe Seiten 22 und 23).

In Zusammenhang mit diesem Buch ist es wichtig zu wissen, dass sich 68% der männlichen Teilnehmer mit Pornografie beschäftigen, und dass von dieser Gruppe wiederum zwei Drittel (das sind 48% der Männer insgesamt) angeben, dass ihre Partnerin davon weiß. Daraus können wir schließen, dass ein Drittel der Partnerinnen es eben nicht weiß oder höchstens vermutet. Bei einem von fünf fest liierten Männern weiß die Partnerin also nicht wirklich Bescheid über seine pornografischen Aktivitäten.

Statistik aus der Untersuchung der *Rutgers Nisso Groep*
zu sexuellem Verhalten in den Niederlanden (November 2006)

MÄNNER	FRAUEN
80% sehen sich Pornos an, davon:	40% der Frauen betrachten ab und zu erotisches Material, davon:
• tun 66% das mindestens einmal pro Monat, unabhängig vom Alter oder Hintergrund	• tun 18% dies mindestens einmal pro Monat
• 10% beschäftigen sich mit Internetsex, beispielsweise Chatten mit oder ohne Webcam, Besuchen von Peepshows und vielem anderen mehr	• 6% beschäftigen sich mit Internetsex
• 8% haben Sex mit einer Person, die sie über das Internet kennengelernt haben	• 4% haben Sex mit einer Person, die sie über das Internet kennengelernt haben
• Einer von 20 Männern hat ein so großes Bedürfnis nach Sex, dass er selbst darunter leidet	• Eine von 66 Frauen hat ein so großes Bedürfnis nach Sex, dass sie selbst darunter leidet

Statistik aus der Studie des *Psychologie Magazine*
(September 2008)

MÄNNER	FRAUEN
89% sehen oder sahen sich ab und an klassische Pornos an, davon:	64% sehen oder sahen sich ab und an klassische Pornos an, davon:
• tun 36% dies mindestens einmal pro Woche, und • 75% von ihnen zusammen mit ihrer Partnerin/ihrem Partner	• tun 7% dies mindestens einmal pro Woche, und • 55% von ihnen zusammen mit ihrem Partner/ihrer Partnerin
• 74% besuchen kostenlose Sex-Websites, und • 13% kostenpflichtige Sex-Websites	• 25% besuchen kostenlose Sex-Websites, und • 2% kostenpflichtige Sex-Websites
• 27% beschäftigen oder beschäftigten sich mit erotischem Chatten, • 20% mit erotischem Mailen/ mit erotischen Mails, und • 15% nutzen bei erotischen Kontakten die Webcam (die Betreffenden können sich gegenseitig sehen) und	• 16% beschäftigen oder beschäftigten sich mit erotischem Chatten, • 16% mit erotischem Mailen/ mit erotischen Mails, und • 7% nutzen bei erotischen Kontakten die Webcam, und
• 8% verabreden sich zum Sex.	• 5% verabreden sich zum Sex.

WELCHE EINSTELLUNG HABEN MENSCHEN IN DEN NIEDERLANDEN ZU PORNOGRAFIE/INTERNETSEX?

Bemerkenswerterweise geben 75% der Männer an, dass sie zusammen mit ihrer Partnerin »traditionelle Pornografie« konsumieren, was dagegen nur 55% der Frauen angeben. Wie genau dieser Pornokonsum aussieht, wurde nicht gefragt, aber bei meiner Arbeit höre ich oft, dass sich Paare ab und zu ein Video oder eine DVD ansehen, um »sich aufzuwärmen«. Hierauf gehe ich in diesem Buch nicht näher ein, weil ich mich auf die Probleme in Zusammenhang mit Pornografie konzentrieren möchte, so wie sie mir in meiner Praxis begegnen.

An dieser Stelle folgen Zahlen über das Maß der Akzeptanz durch Partner/innen, die wissen, dass sich ihr Mann/ihre Frau mit Pornografie oder Internetsex beschäftigt:

- Drei Viertel der Frauen und 60% der Männer finden es inakzeptabel, wenn ihr Partner/ihre Partnerin kostenpflichtige Sex-Websites besucht. Das Besuchen von kostenlosen Sex-Websites wird weniger problematisch gesehen: 28% der Frauen und 11% der Männer finden dies inakzeptabel.
- Erotisches Chatten mit anderen wird weniger toleriert: 81% der Frauen und 54% der Männer finden dies (sehr) inakzeptabel.
- Erotisches E-Mailen wird von Frauen noch etwas kritischer gesehen: 86% finden dies inakzeptabel, demgegenüber stehen 53% der Männer.
- Das Nutzen der Webcam bei erotischen Kontakten finden fast alle Frauen inakzeptabel (91%), genau wie knapp zwei Drittel (63%) der Männer.

- Am problematischsten werden Verabredungen für Sex »in real life« gesehen: 96% der Frauen und 77% der Männer finden dies inakzeptabel.
- Die Frauen und Männer in dieser Untersuchung sind dem Betrachten von Sexfilmen gegenüber am tolerantesten. Nur 9% der Frauen und 7% der Männer finden dies inakzeptabel.

Obwohl auch die Männer viel mehr Schwierigkeiten mit aktiven Pornoaktivitäten der Partnerin/des Partners haben als mit passiven, sind sie insgesamt im Hinblick auf pornografisch orientierte Internetaktivitäten toleranter. Um dies weiter zu belegen, folgen hier ein paar Beispiele aus meiner Praxis.

Toine (52 Jahre) und Joke (48 Jahre)
Joke hat entdeckt, dass Toine häufig Porno-Webseiten besucht. Sie ist der Meinung, dass er süchtig sei, aber er bestreitet das. Er gibt zu, dass er es schön findet, aber der Kick für ihn liege eher darin, heimlich Pornos zu sehen, während sie im gleichen Raum mit etwas anderem beschäftigt ist. Es gebe ihm ein Gefühl von Freiheit und Unabhängigkeit ...

Toos (28 Jahre) hatte folgende Frage:
»Mein Partner hat das Bedürfnis, sich im Internet Pornos anzusehen und masturbiert dabei. Dies tut er nach eigenem Bekunden ungefähr dreimal die Woche, und wir schlafen auch regelmäßig miteinander. Er sagt, dass er die Pornos nicht aufgeben will, weil es etwas ist, was nur ihn betrifft und überhaupt nichts mit uns zu hat. Ich finde es schwierig, das zu akzeptieren, weil es sich nach meinem Gefühl in unsere gemeinsame Intimität drängt. Sehe ich das richtig? Oder muss ich akzeptieren, dass er das tut?«

Toos fasst das in Worte, was viele meiner Klientinnen erleben. Seit ich als Sexologin arbeite, höre ich Frauen sagen, dass sie die Exklusivität, Intimität und das Zusammengehörigkeitsgefühl als die wichtigsten Merkmale der Beziehung mit ihrem Lebenspartner ansehen. Sie finden, dass dazu Monogamie und Freundschaft gehören, aber auch das Reden über Gefühle. Viele Frauen sind der Meinung, dass das Sprechen über erregende sexuelle Fantasien – sofern sie sich das trauen – ausschließlich in die Intimität der (ehelichen) Beziehung gehört. Tut der Partner dies außerhalb der Beziehung, so wird das nicht nur als eine große Bedrohung der Exklusivität empfunden, sondern auch als Verrat der Beziehung. Den Maßstab, den die Frauen an sich selbst legen, wenden sie auch für ihren Partner an. Sie schreiben ihm dieselben Vorstellungen und Gefühle zu.

Dass dies in einer Beziehung zu Problemen führen kann, ist naheliegend. Auf welche Schwierigkeiten Paare in Zusammenhang mit Pornokonsum und/oder Internetsex stoßen können, wird in den folgenden Kapiteln beschrieben.

Kapitel 2

Auswirkungen von Pornografie und Internetsex auf die Nutzer/innen und auf ihre Umgebung

WIE SICH PORNOGRAFIE UND INTERNETSEX AUF DIE NUTZER/INNEN AUSWIRKT

Pornografie und Internetsex sind unkompliziert

Internetsex ist leicht zugänglich. Er kann zu jeder Zeit stattfinden, am eigenen Computer in den eigenen vier Wänden; man braucht dafür nicht rauszugehen. Er kann anonym stattfinden, man muss niemandem dabei in die Augen sehen, man braucht kein gewandtes Auftreten oder gutes Aussehen. Es besteht auch keine Gefahr, sich eine Geschlechtskrankheit zuzuziehen. Internetsex ist billig und Bedürfnisse werden schnell erfüllt, ohne dass Forderungen an einen gestellt werden.

Im Internet können alle heimlichen Fantasien ausgelebt werden. Zu jedem Thema findet sich eine Website. Und wer eine Fantasie ausleben möchte, kann dies in der »virtuellen« Welt der Online-Spiele tun (so zum Beispiel im Spiel »Second Life«).

Indem man vorgibt, noch arbeiten oder etwas recherchieren zu müssen, kann man sich zurückziehen und sich heimlich mit Pornografie und anderen Sexaktivitäten im Netz beschäftigen. Dieses Geheimnis kann man relativ leicht für sich behalten, auch langfristig – erst recht, wenn man allein wohnt.

Die Gefahr der Eskalation

Doch es besteht die Gefahr, immer mehr und anderes zu wollen. Personen, die Schwierigkeiten haben, sich selbst Grenzen zu setzen – »bis hierhin und nicht weiter« – sind am meisten in Gefahr, sich nicht zügeln zu können. Bevor sie es merken (auch wenn sie es vielleicht nicht zugeben wollen), finden sie sich in der Gefahrenzone des problematischen sexuellen Verhaltens wieder, was sich darauf auswirkt, inwiefern sie sozial funktionieren.

Auswirkungen auf Einstellungen und Empathiefähigkeit

Bei meiner Arbeit mit Männern mit einer (beginnenden) Sexsucht stellte ich fest, dass das häufige Betrachten bestimmter Bilder nicht nur deren Einstellungen zu Frauen und Sex beeinflussen kann, sondern auch ihre Fähigkeit zur Empathie – was natürlich Konsequenzen für alle Aspekte des sozialen Lebens hat. Diese Wirkung wurde nachgewiesen durch die niederländische Wissenschaftlerin Saskia Schwinghammer von der Universität Tilburg, Fachbereich Wirtschaftspsychologie. Sie führte unter Gymnasiast/innen eine Untersuchung dazu durch, auf welche Weise sexuell geladene Musikvideos Vorstellungen der Zuschauer/innen über sich selbst und das andere Geschlecht beeinflussen. Eine Gruppe bekam Videos zu sehen, in denen Frauen als Sexobjekte dargestellt wurden oder nur eine dekorative Funktion hatten, und der anderen Gruppe wurden Ausschnitte vorgelegt, in denen Frauen eine klare Funktion erfüllten, wie zum Beispiel als Fernsehmoderatorin. Anschließend verteilte die Wissenschaftlerin (angeblich im Rahmen einer anderen Studie) einen Fragebogen, in dem unter anderem das Selbstbild, traditionelle Werte und Sexismus abgefragt wurden.

Ihre Schlussfolgerungen finde ich ziemlich besorgniserregend. Die Untersuchung ergab, dass die sexistischen Videos sowohl bei den Jungen als auch den Mädchen Unsicherheiten über das eigene Aussehen verstärkten. Die Jungen, die sexistische Videos zu sehen bekamen, stimmten in höherem Maße traditionellen Ansichten über Männer und Frauen zu (die Mädchen viel weniger), wie zum Beispiel »eine Frau gehört an den Herd« und »ich will nicht, dass mein Chef eine Frau ist«, oder Thesen wie »Mädchen, die belästigt werden, sind oft selbst schuld«.

Nach dem Konsum von sexistischen Videos waren sowohl die Jungen als auch die Mädchen gegenüber sexueller Belästigung weniger kritisch eingestellt.

Eine ältere Studie unter Studierenden im Alter von 18 bis 25 Jahren, denen Filme vorgespielt wurden, in denen gewalttätiger Sex und Vergewaltigungen positiv dargestellt wurden, ergab, dass vor allem männliche Studenten nach regelmäßigem Konsum solcher Bilder sexuelle Gewalt weniger schlimm fanden. Sie reagierten auch immer weniger verstört und *fühlten immer weniger mit den weiblichen Opfern mit*. Die jungen Männer dachten am Ende, dass Frauen es nicht schlimm, oder sogar schön finden, vergewaltigt zu werden.

Doch ich muss hierbei eine Randbemerkung machen. Bis heute gibt es nach meinem Kenntnisstand in der Forschung keine eindeutigen Ergebnisse zum Einfluss von Pornografie auf Männer. In manchen Untersuchungen werden Auswirkungen gemessen, wie ich sie zuvor beschrieben habe, in manchen wiederum nicht. Es stellt sich dabei auch immer die Frage, inwieweit Ergebnisse, die unter Laborbedingungen zustande kamen, in die reale Welt übertragbar sind.

Wie sich Pornografie und Internetsex auf die Beziehung auswirkt

Männer berichten mir, dass häufiger Pornokonsum in jungen Jahren ihr Denken darüber bestimmt hat, was man beim Sex tun und wie man sich in Beziehungen verhalten muss.

Mann (36 Jahre)

»Als ich anfing, mit meiner Frau zu schlafen, machte ich es so, wie ich es immer gesehen hatte. Doch nach ein paar Monaten hatte sie schon etwas daran auszusetzen. Ich war völlig ratlos. Ich machte es genau so wie es sein sollte und nun war es nicht recht ...«

Mann (39 Jahre), verheiratet, geht zu Prostituierten und konsumiert Internetsex

»Ich habe durch das Betrachten von Pornografie in Heften, Videos und im Internet sowie durch Bordellbesuche ein verzerrtes Bild von Frauen, Sex und Intimität bekommen. Bei mir entstand der Eindruck, dass Frauen immer wollen und perfekt sind. Ich habe fast immer das Gefühl, im Bett eine Leistung erbringen zu müssen. Um das zu schaffen, spiele ich Bilder aus Pornofilmen vor meinem inneren Auge ab, in denen Männer mit einer enormen Erektion es schaffen, eine Frau eine halbe Stunde lang zu mehreren Höhepunkten zu bringen. Das muss ich auch können, denn ich will ein perfekter Liebhaber sein und meine Frau befriedigen. Wenn mir das nicht gelingt, bin ich enttäuscht.«

Seine Frau (36 Jahre)

»Ich habe oft das Gefühl, dass mein Mann überhaupt nicht anwesend ist, wenn wir Sex haben. Als ob er durch mich hindurchsehen würde. Jetzt verstehe ich auch warum: Er sieht mich wirklich nicht. Sein Blick ist auf die pornografischen Bilder aus dem Internet gerichtet, die vor seinem inneren Auge ablaufen.«

Bericht einer Frau, die mit einem Mann verheiratet ist, der bereits lange vor ihrem Kennenlernen pornografiesüchtig war

»Wenn ich mit meinem Mann schlafe, kriegt er es nicht hin, mich zu streicheln. Es ist das Abarbeiten eines bestimmten

Programms: Zungenküsse, Brustwarzen, lecken, blasen, vögeln.
Denn alle Pornofilme haben denselben Ablauf. Er macht es
genauso. Außerdem äußert er in regelmäßigen Abständen den
Wunsch nach analem Sex. Das lehne ich jedes Mal entschie-
den ab. Wenn ich dem nachgeben würde, wäre sein nächster
Wunsch Sex mit zwei Männern, dann Sex mit einer weiteren
Frau ... Ich sehe schon die dunklen Wolken am Horizont auf-
ziehen. Er ist in solchen Dingen einfach maßlos.«

Bilder, die man häufig sieht, setzen sich – manchmal ohne dass
man sich dessen bewusst ist – im Gedächtnis fest. Sexuelle Gedanken und Fantasien beginnen zwar mit dem Betrachten von Bildern,
dem Hören von Geräuschen oder Lesen sexuell geladener Texte,
doch sie hören nicht auf, sobald man diese Aktivitäten unterbricht.
Sie bleiben haften und beeinflussen unbewusst das Denken und
Handeln der betreffenden Person.

Die Interviewergebnisse von Pamela Paul

Pamela Paul, eine amerikanische Journalistin, die für die *Newsweek*
arbeitet, bestätigt die Erfahrungen aus meiner Praxis. Sie inter-
viewte 100 Personen, die sich Pornografie ansehen, von manchmal
bis extrem häufig. Ihre Schlussfolgerung ist klar und deutlich:

Pornografie hat keine befreiende Wirkung. Im Gegenteil, sie ver-
giftet gesunde Mann-Frau-Beziehungen.

Sie stellt die These auf, dass Pornografie ein verzerrtes Bild von
Männern, Frauen und Beziehungen wiedergibt. Frauen sind darin Lustobjekte und keine Menschen mit Meinungen und Stim-
mungen, Wünschen und Sehnsüchten. Sie sind nur dazu da, die
sexuellen Bedürfnisse der Männer zu befriedigen – wie bizarr diese
auch immer sein mögen. Pornografie vermittelt kein Bild von lie-
bevollen und respektvollen Beziehungen: Der Mann ist dominant

und eheliche Treue ist nur ein Hindernis für das Erleben höchster Sinnenfreuden; Monogamie ist unmöglich und Fremdgehen ist das einzig Wahre. Sex ist also ein egoistisches Ereignis, bei dem sich alles nur um die Person selbst (den Mann) dreht. Andere Aspekte des Lebens, wie Arbeit, Kinder oder platonische Freundschaften bleiben völlig außen vor.

Pamela Paul verweist auch auf Untersuchungen, die belegen, dass häufiger Pornokonsum unter anderem dazu führt, dass das Einfühlungsvermögen in den eigenen Partner abnimmt. Hierdurch entsteht Entfremdung und Distanz.

WIE SICH PORNOGRAFIE UND INTERNETSEX AUF DIE KINDER AUSWIRKT

Alle Erwachsenen waren mal Kinder

Um beurteilen zu können, ob sich die (beginnende) Sexsucht eines Elternteiles schädlich auf die Entwicklung der Kinder auswirkt, ist es wichtig zu wissen, wie eine gesunde sexuelle Entwicklung aussieht. Kurz gesagt, muss ein Kind beim Sammeln von Erfahrungen sein eigenes Tempo bestimmen können. Konkret bedeutet dies, dass ein Kind zu einem selbstgewählten Zeitpunkt mit selbsterwählten Personen in körperlicher und sexueller Hinsicht die Dinge tut, die es selbst möchte.

Die Begleitung durch die Eltern sollte aus einer zeitgemäßen Aufklärung über alle körperlichen und psychischen Aspekte von Sexualität bestehen. Dazu gehört auch eine offene Kommunikation über Verliebtheit und Sex, sowie Respekt für sich selbst und den anderen, für den eigenen Körper und den des anderen.

Wenn ein Kind auf die eine oder andere Art mit Sex zu tun bekommt, obwohl es eigentlich noch nicht so weit ist, kann es sich nicht altersgerecht entwickeln. Bis zum Alter von ungefähr sieben Jahren ekeln sich Kinder häufig beim Anblick von sexuellen Handlungen, weil Sex für sie »merkwürdig« und »heftig« aussieht. Der Anblick ruft bei ihnen negative Gefühle hervor, weil sie die Bilder noch nicht richtig interpretieren können. So können Kinder zum Beispiel denken, dass ein sich liebendes Paar dabei ist, miteinander zu kämpfen, und dann Angst bekommen, dass die Erwachsenen in ihrer Umgebung sich auch so »wild« verhalten. Hierdurch können sie Sex »unheimlich« oder »eklig« finden. Es kann aber auch das Gegenteil der Fall sein: Der Körper kann reagieren und die Hormone können verfrüht aktiv werden, wodurch ein nicht altersgemäßes Interesse an Sex und sexuellen Handlungen entstehen kann.

Wenn Kinder also im Grundschulalter ungefragt mit Sex konfrontiert werden, auf welche Weise auch immer, dann ist das etwas sehr Einschneidendes. Die Handlungen oder Bilder, die sie aufgedrängt bekommen, passen nicht zum Tempo der Entfaltung ihrer eigenen sexuellen Gefühle. Negative Assoziationen mit Sex und die Störung der eigenen natürlichen Entwicklung sexueller Gefühle sind die Folge. Dies kann für ihr späteres Leben schädliche Folgen haben.

Beispiel

Ein Junge und ein Mädchen aus der ersten Klasse werden bei Sexspielen erwischt. Eine Woche später werden sie erneut nackt angetroffen, während das Mädchen den Penis des Jungen im Mund hat. Die Schulleitung ist alarmiert; zu Recht, wie ich finde. Kinder zeigen manchmal ein solches Verhalten, weil sie wiederholen, was sie bei Erwachsenen tun oder erleiden müssen. Doch seit dem Aufkommen des Internets kann es auch sein, dass sie solche Handlungen auf dem Bildschirm gesehen haben. Was mag wohl bei diesen Kindern der Fall gewesen sein?

Kinder können zuviel zu sehen bekommen

In meiner Praxis begegne ich regelmäßig Erwachsenen, die als Kind häufig Pornografie ausgesetzt waren und/oder sexuelle Handlungen mit ansehen oder über sich ergehen lassen mussten. Da sie schon früh in ihrer Kindheit die Kontrolle über ihre eigene sexuelle Entwicklung verloren haben, konnte ihre emotionale Entwicklung nicht reifen. Meines Erachtens ist dies häufig eine zentrale Ursache für die Entwicklung einer Sexsucht oder einer sexuellen Störung, wie der Erektionsstörung, oder dafür, keine Lust auf oder sogar Widerwillen gegen Sex mit dem Partner zu haben.

> Frau (27 Jahre)
> *»Bei meinem Vater lagen immer und überall Pornos herum. Ich war immer darauf gefasst, dass er solche Dinge auch mit mir tun wollte. Ich fand es unheimlich und hatte Angst davor. Zum Glück sah ich ihn nicht so oft, denn ich wohnte bei meiner Mutter.«*

Mann (42 Jahre), süchtig nach Sex mit Männern auf Park-
plätzen
*»Meine Eltern waren geschieden, und als ich fünf Jahre alt war,
fand ich bei meinem Vater zu Hause zum ersten Mal Pornohefte. Sie lagen überall herum. Ab dem ersten Moment war ich
davon fasziniert, und das hat sich eigentlich nie mehr geändert.
Ich habe eine sehr liebe Frau und zwei tolle Kinder, aber ab
und zu muss ich Pornos gucken und Sex mit Männern haben.
Ab und zu wird jetzt aber zu oft, und ich habe Angst, dass
meine Frau dahinterkommt.«*

Kinder wissen mehr als man denkt

Mann (26 Jahre)
*»Als ich noch zu Hause wohnte, stand ich nachts manchmal
auf, um mich an den Computer auf dem Dachboden zu setzen. Es gab nur einen Computer im Haus, und den benutzten mein Vater und ich gemeinsam. Ich wusste genau, welche
Porno-Websites er besuchte, denn er kannte sich zu wenig mit
Computern aus, um seine Spuren zu löschen. Jedes Mal war ich
wieder erleichtert, wenn es normale Heteropornografie war. Ich
wusste nicht, was ich hätte tun sollen, wenn es Schwulen- oder
Kinderpornografie gewesen wäre.«*

Oft denken Eltern, dass ihre Kinder nicht wissen, was los ist. Man
darf Kinder jedoch nicht unterschätzen. Vielleicht wussten sie
schon viel länger als die Mutter, was ihr Vater so alles im Internet
treibt. Denn Kinder lernen heute schon früh mit den neuen Medien umzugehen und sind dabei schnell viel geschickter als ihre
Eltern. Das ist übrigens ein Phänomen, das heutzutage in vielen
Familien auftritt, weil hinsichtlich der digitalen Medien eine Kluft
zwischen Kindern und Eltern entstanden ist.

Mangel an Aufmerksamkeit

Da das süchtige Elternteil – meistens der Vater – alle Zeit für sich selbst benötigt, gibt er den Kindern kaum oder keine Aufmerksamkeit. Er ist nicht da, um zusammen mit seinem Sohn das Fahrrad zu reparieren, steht bei Fußballturnieren nicht am Rand des Sportplatzes, und fehlt bei wichtigen Schulfestivitäten. Oft ist er, auch wenn körperlich anwesend, mit seinen Gedanken woanders und schlecht gelaunt, wenn er mit seiner Familie einen Ausflug oder Familienbesuch machen muss. Er hat nämlich nur eines im Sinn: Wie kann ich mein Verlangen stillen und so schnell wie möglich wieder an den Computer kommen? Eine derartige emotionale Abwesenheit führt nicht nur zu wenig Respekt, sondern ruft beim Kind auch Widerstand, Wut und Verachtung hervor. Tief in seinem Innersten möchte ein Kind nichts lieber, als stolz auf seine Eltern zu sein.

Wenn Kinder Zeugen von Auseinandersetzungen zwischen den Eltern werden

Das heimliche Leben, die geistige und/oder körperliche Abwesenheit sowie das Lügen und Betrügen in Zusammenhang damit führen zu Spannungen, Auseinandersetzungen und bitteren Vorwürfen. Doch auch wenn die Sexsucht ans Licht gekommen ist, können noch heftige Auseinandersetzungen stattfinden.

> Frau
>
> *»Mein Mann war bereits seit zwei Wochen bei uns ausgezogen, als er eines Abends betrunken vor der Tür stand. Er interessiere sich jetzt nicht mehr für Pornografie und andere Frauen ... Kurz und gut, er sei nicht mehr süchtig. Er fand also, er könne wieder zu Hause wohnen. Bevor ich sagen konnte: ›Das denke ich nicht. Da muss schon noch mehr passieren‹, hatte er mich bereits zur Seite geschoben. Als ich ihm zu verstehen gab, dass er nicht willkommen sei und wieder gehen solle, prügelte er mich*

grün und blau. Als die Kinder schrieen, haben die Nachbarn
die Polizei alarmiert. Die stand plötzlich im Wohnzimmer. Die
Polizisten nahmen ihn mit, und ich habe Anzeige erstattet. Er
saß ein paar Tage im Gefängnis.«

Wenn sich Eltern oft streiten und einander dabei nach Herzenslust verletzen und demütigen, dann hat das für Kinder oft zur Folge, dass sie die Schuld bei sich selbst sehen. Die Kinderlogik funktioniert folgendermaßen: »Es muss an mir liegen, dass sie so unglücklich miteinander sind.« Kinder denken außerdem oft, dass es ihre Aufgabe sei, etwas, das schief läuft, wieder in Ordnung zu bringen. Da sie sich jedoch für etwas verantwortlich fühlen, woran sie gar keinen Anteil haben, entsteht automatisch ein Gefühl der Machtlosigkeit, des andauernden Versagens, der Angst, nicht gut genug zu sein, und so weiter. Aus diesem Grund führen heftige Auseinandersetzungen in Anwesenheit der Kinder zu einer Stagnation ihrer emotionalen Entwicklung. Derartige Streitereien verursachen bei Kindern Gefühle der Angst und Einsamkeit, Schuld, Scham und Machtlosigkeit, und einen Mangel an Selbstvertrauen und Selbstwertgefühl. Es kann auch passieren, dass sie das aggressive Verhalten und/oder den Mangel an Impulskontrolle übernehmen.

Wenn Kinder mit den rechtlichen Folgen von unzulässigem sexuellen Verhalten konfrontiert werden

Wenn der Vater Pornografie aus dem Internet herunterlädt, darunter gesetzeswidriges Material wie Kinderpornografie, dann kann die Polizei plötzlich vor der Tür stehen und den Computer beschlagnahmen. Wenn der Vater dann auch noch des tatsächlichen sexuellen Missbrauchs verdächtigt wird, wird er darüber hinaus in polizeilichen Gewahrsam genommen. Dies ist eine traumatisierende Erfahrung für Kinder. Hierdurch wird das Weltbild des Kindes, in dem die Eltern noch eine alles umfassende Rolle ausfüllen, bis ins Mark erschüttert: Aus Sicherheit wird Unsicherheit, und der Vater scheint nicht der zu sein, für den er sich immer ausgab. Das Ansehen der Familie wird in höchstem Maße beschädigt, wie es das folgende Beispiel verdeutlicht.

> Mann (42 Jahre)
> *»Über meiner Kindheit hing ein Grauschleier, da mein Vater, ein Hausarzt, wegen Missbrauch von Kindern verurteilt war. Ich schämte mich enorm und war unendlich erleichtert, als sich meine Mutter von ihm scheiden ließ und wir in einen anderen Ort zogen. Aber erst als ich zum Studieren nach Amsterdam ging und meine heutige Frau kennenlernte, wurde ich wirklich glücklich. In ihrer Familie wurde ich liebevoll aufgenommen, und es ist noch immer so, dass ich mich bei ihnen wohler fühle, als bei meinen eigenen Eltern.«*

Wenn Kinder unangemessenes sexuelles Verhalten von Erwachsen (virtuell) mit ansehen müssen

Wie ich bereits zuvor erläuterte, können Kinder in jungem Alter Bilder von Körperlichkeit und Sex noch nicht richtig einordnen. Sie sind die ganze Zeit damit beschäftigt, soziales Verhalten zu erlernen, indem sie beobachten, imitieren und das Gelernte anwenden. Zu diesem sozialen Verhalten sollten Zärtlichkeit, Aufmerksamkeit und Rücksichtnahme gehören. Wenn jedoch in dieser Entwicklungsphase das vorgelebte Verhalten keine Vorbildfunktion erfüllt, kann die Entwicklung einer gesunden Sexualität gestört werden.

> Mann (41 Jahre)
> *»Solange ich mich erinnern kann, sah ich meinen Vater grapschen, unter die Bluse meiner Mutter, unter ihren Rock, in ihre Hose. Dann sagte er zu uns: ›Das findet sie schön!‹ Ich bezweifle das, denn sie haben sich scheiden lassen, als ich zwölf war. Danach hatte mein Vater schon bald wieder eine andere. Die war*

auch da, wenn wir am Wochenende bei ihm waren. Die Geräusche aus dem Schlafzimmer waren eindeutig. Das erregte mich und ich entwickelte ein heftiges Sexleben mit mir selbst und den Pornoheften, die überall im Haus herumlagen.«

Auch wenn ein Kind seinen Vater masturbieren sieht, ist das eine Erfahrung, die es nie vergisst.

Paula (28 Jahre)
»Als meine Eltern noch verheiratet waren, lagen zu Hause immer Sexhefte herum. Einmal habe ich meinen Vater dabei erwischt, wie er mit einem solchen Heft vor der Nase masturbierte. Ich fand es ekelerregend. Ich kann es immer noch nicht ertragen, wenn mein Freund masturbiert.«

Ein solches Erlebnis hat auf einer unbewussten Ebene Einfluss auf die Haltung zum Masturbieren im Allgemeinen, aber auch zur eigenen Selbstbefriedigung oder der des Partners/der Partnerin. Es kann eine milde bis heftige Abneigung verursachen, was ein gesundes Sexualleben negativ beeinflusst.

Marga (36 Jahre) und John (38 Jahre)
Sie haben heftige Spannungen in ihrer Ehe, weil Marga nach der Geburt ihres Sohnes vor drei Jahren fast nie Lust auf Sex hat. Vor einem halben Jahr hat sie John masturbierend im Badezimmer angetroffen und seitdem ist sie so misstrauisch, dass sie ihm regelmäßig nachspioniert. Sie hatte ihm vor der Hochzeit gesagt, dass sie Masturbieren als etwas Animalisches empfindet, und eine solche Aktivität von ihrem Ehemann nicht tolerieren kann. John versprach damals, dass er es nie tun würde. Marga fühlt sich nun verraten, und findet, dass ihre Liebe dadurch beschmutzt wurde. Im Laufe der Behandlung stellt sich heraus, dass sie ihren Vater regelmäßig im Innenhof

in der Sonne sitzend masturbieren sah. Das kleine Tuch, das er gebrauchte, um sein Sperma aufzufangen, lag dann etwas später ausgewaschen auf der Waschmaschine. Jedes Mal, wenn ihre Mutter nicht zu Hause und das Tuch nass war, wusste sie, dass er es wieder getan hatte.

Wenn Kinder entdecken, dass ein Elternteil ein Verhältnis hat

Wenn Kinder entdecken, dass ein Elternteil eine/n Geliebte/n hat, oder eine oder mehrere »Internetaffären«, kommen unweigerlich Gedanken auf wie: Inwieweit sind meine Eltern verlässlich? Ist mein familiäres Umfeld wirklich so sicher und beschützend, wie ich denke? Wenn mein Vater meine Mutter (oder umgekehrt) so betrügen kann, dann kann er auch mich hintergehen.

Männer über ihre Teenagerzeit

o *»Mein Vater war auf Dienstreise, als ich den Computer anschaltete und aus Versehen auf seine E-Mails stieß. Ich fand eine Nachricht von einer Frau, mit der er am selben Tag um 10:00 Uhr morgens eine Verabredung hatte. Ich erschrak zu Tode und konnte nicht glauben, dass mein Vater so etwas tat. Ich war wütend und verängstigt zugleich. Ich sagte zu meinem Vater: ›Entweder Du sagst es Mama, oder ich tue es.‹ Da hat er es getan.«*

o *»Früher, als ich noch ein Teenager war, begleitete ich meinen Vater häufig. Er war Gebrauchtwarenhändler, und ich musste ihm helfen. Er hatte überall Geliebte. Dann gab er mir einen Zehnguldenschein und sagte: ›Geh mal was essen oder ein Bier trinken. Ich bin in einer Stunde zurück.‹ Daran hielt er sich dann auch meistens, das schon! Aber ich wusste nur zu gut, dass ich meiner Mutter kein Sterbenswörtchen darüber sagen durfte.«*

Kinder fühlen es bewusst oder unbewusst, wenn ihre Bezugsperson die eigenen Bedürfnisse – aus welchen Gründen auch immer – über die des Kindes stellt. Und darunter leiden sie.

Das erinnert mich an die folgende Geschichte, die ich einmal irgendwo gelesen oder gehört habe (mit Dank an die Person, die sie sich ausgedacht hat):

Es war einmal ein Kind, dass während eines Unwetters Angst vor dem Donnergrollen hatte. Es fragte seinen Vater mit ängstlicher Stimme: »Was höre ich da?«

Sein Vater – der von Kindern nur wenig Ahnung hatte, denn er war immer viel zu beschäftigt mit seinen eigenen Dingen – sagte: »Das ist Gott, der im Himmel die Möbel verrückt. Aber Du brauchst keine Angst zu haben, denn Du bist in seinen Armen sicher.«

»Das ist gut zu wissen«, antwortete das Kind, »aber mir ist es lieber, wenn Du mich in die Arme nimmst.«

Wie ich bereits sagte: Kinder haben das Recht auf Sicherheit, Beständigkeit, Zuneigung und Aufmerksamkeit. Ein Vater, der seine ganze freie Zeit für sich selbst verwendet, wird seinen Kindern nicht im Entferntesten gerecht. Wenn er dann noch als Sexsüchtiger ein verzerrtes Bild von Sexualität und Beziehung vermittelt, führt dies beim Kind nicht nur zu Verwirrung, sondern beeinflusst auch seine Vorstellungen und Erwartungen in Zusammenhang mit Beziehungen und Sexualität. Deswegen ist es schon den Kindern zuliebe so wichtig, dass Erwachsene, die sexsüchtig sind oder drohen es zu werden, den Konsequenzen ins Auge sehen.

Natürlich ist dies nicht einfach, aber man sollte sich dabei vergegenwärtigen – das ist zumindest meine Erfahrung als Mutter und Therapeutin –, dass Kinder Fehler im Allgemeinen nicht als unüberwindbar empfinden. Wichtiger ist, dass darüber gesprochen werden kann. Kinder sind sehr großzügig und nicht nachtragend, wenn Eltern sich trauen, zu erkennen und zuzugeben, dass sie Fehler machen oder gemacht haben. Sie finden es nicht schlimm, dass ihre Eltern Menschen sind, die nicht alles können und die bestimmte Dinge im Leben schwierig finden. Für die Eltern-Kind-Beziehung ist es viel schädlicher, wenn die Eltern nicht über ihr Verhalten sprechen wollen oder können, und jede Form der Konfrontation mit Leugnen und verbaler und/oder körperlicher Aggression beantworten. Dies ist nicht nur das Gegenteil von Liebe, Sicherheit und Schutz, worauf jedes Kind ein Recht hat, sondern es verzerrt auch noch die Wahrnehmungsfähigkeit der Kinder. Sie bekommen dadurch die Vorstellung, dass ihre Wahrnehmungen nicht zutreffen, nichts taugen und nicht in Ordnung sind. Auf diese Art zieht man Menschen heran, die, ihrer Authentizität entfremdet, ihren eigenen Wahrnehmungen und Urteilen nicht trauen. Um Sympathie und Zuneigung zu bekommen, achten sie nicht auf ihre eigenen Bedürfnisse, und kommen den Erwartungen von anderen so weit wie möglich entgegen. Dies ist eine Haltung, die für die Betroffenen sehr problematisch werden kann. Darauf werde ich in den nächsten Kapiteln eingehen.

Kapitel 3

Reaktionen des Partners und die Folgen

WARUM FRAUEN SICH NICHT ÖFTER AUFLEHNEN

Niemand ist gerne der »Whistleblower«

Whistleblower sind Menschen, die Kopf und Kragen riskieren, um Missstände an den Pranger zu stellen. Früher wurde den Überbringern schlechter Nachrichten oft der Kopf abgeschlagen, heute tun wir das auf etwas kultiviertere Art: Die Nachricht, die der Whistleblower überbringt, wird fast immer geleugnet oder bagatellisiert, und der Whistleblower selbst wird sofort oder später in Misskredit gebracht. »Schlage Alarm und ruiniere dein Leben« war der Titel eines Artikels, den Yvonne Hofs in der niederländischen Tageszeitung *Dag* veröffentlichte.* Dieser Artikel handelt von den Erfahrungen von Fred Bos, der im Oktober 2001 einen Bauskandal an die Öffentlichkeit gebracht hatte. Er ist das lebende Beispiel dafür, wie schwer es auch im 21. Jahrhundert denjenigen gemacht wird, die Missstände anprangern.

Derselbe Mechanismus spielt sich in Beziehungen ab. Wenn eine Frau einen Missstand innerhalb der Beziehung anspricht, wie zum Beispiel Pornokonsum oder Internetsex, darf sie nicht erwarten, dass dies dankbar aufgenommen wird. Denn in diesem Fall hat sie die Rolle des Whistleblowers.

---

*   *Dag* vom 16. 04. 2008

Missstände schleichen sich ein

Missstände entstehen nicht von einem Moment auf den anderen. Alle Veränderungen, auch negative, entwickeln sich erst allmählich. Wie ein Dieb in der Nacht schleichen sie sich herein. Deswegen müssen wir aufmerksam bleiben. Übergänge von einer Lebensphase zur nächsten sind schwierige Momente, auf die wir uns nicht gut vorbereiten können. Denn jede Phase des Lebens stellt andere Anforderungen an uns. So gibt es die Übergänge vom Kind zum Pubertierenden, vom Pubertierenden zum Jugendlichen, und vom Jugendlichen zum Erwachsenen. Als Erwachsene/r hat man irgendwann einen festen Partner bzw. eine Partnerin, zieht mit jemandem zusammen oder heiratet, und übernimmt so Verantwortung für eine Paarbeziehung. Man etabliert sich beruflich und bekommt vielleicht Kinder, was wieder andere Verantwortlichkeiten mit sich bringt. Das sind Verantwortlichkeiten, die man als Kind nicht hatte. Erleben wir diese Übergänge bewusst? Oder gleiten wir von alleine hinein, weil das jeder so tut? Stellen Sie sich folgende Situation vor: Sie arbeiten in einer Firma und werden befördert. Fragen Sie sich, ob Sie die neue Funktion genauso gut finden, wie die alte? Oder achten Sie nur auf Ansehen und Gehalt?

Übernommene versus eigene Normen und Werte

Jeder Mensch hat im Hinblick auf die Zukunft Erwartungen und Vorstellungen, seien sie bewusst oder unbewusst, ausgesprochen oder unausgesprochen. Diese Erwartungen und Vorstellungen werden im Laufe des Lebens gesammelt und auf der Festplatte unseres Gehirns gespeichert. Die Daten setzen sich aus Schlussfolgerungen zusammen – wenn auch oft unbewusster Art – aus allem, was wir um uns herum wahrnehmen und erleben. So werden wir nicht nur beeinflusst durch die Familie, in die wir hineingeboren wurden, und durch das Land und die Region, in der wir wohnen, sondern auch durch die Zeit, in der wir leben. Automatisch übernehmen wir vorherrschende Auffassungen, Normen und Werte, und entwickeln so Vorstellungen darüber, wie Männer und Frauen sein sollten, wie Beziehungen aussehen und welche Rolle Sexualität darin spielt.

Kaum sind wir auf der Welt, übernehmen wir schon Normen und Werte. Deswegen ist es schwierig, ein unvoreingenommenes Urteil darüber zu bilden, was gut oder schlecht für uns selbst ist, was zu uns passt oder nicht, was unser eigenes Wohlbefinden und Glück fördert. Um uns von den herrschenden Vorstellungen zu lösen, müssen wir uns öfter die Fragen stellen: Wie finde ich das? Was möchte ich eigentlich? Was passt am besten zu mir?

Auf die gleiche Art sollten wir auf das Phänomen Pornografie und Internetsex reagieren. Statt es bedenkenlos in unserem Leben zu akzeptieren, sollten wir uns fragen: Wie finde ich Pornografie und Internetsex? Wenn ich es tue? Wenn mein Partner es tut? Wenn wir es gemeinsam tun?

Wir sollten uns dann auch fragen, ob es wirklich unsere eigenen Vorstellungen und Überzeugungen sind, die wir da vertreten. Als Hilfestellung habe ich nachfolgend verschiedene Äußerungen und Behauptungen aufgeführt. Ich empfehle Ihnen, sich zu überlegen, welche auf Sie zutreffen – ob die Äußerungen mit Ihrem *unvoreingenommenen Urteil* (also dem, was tatsächlich zu Ihnen passt) übereinstimmen, oder gerade nicht (siehe Tabelle auf den Seiten 47 und 48).

Einige dieser Gedanken, Vorstellungen und Überzeugungen können nicht nur extremen Pornokonsum begünstigen, sondern auch eine Sexsucht aufrechterhalten – ebenso wie eine damit verbundene emotionale Distanz zwischen den Partnern. Ich erwähne dies, weil ich bei den Partnern oft eine tiefe Einsamkeit wahrnehme, da ihnen wirkliche Intimität und Verbundenheit zu fehlen scheinen.

Der Ernst der Lage wird oft unterschätzt

1. Weil Frauen es selbst auch tun oder getan haben.

Die Untersuchung des *Psychologie Magazine* ergab, dass 64% der Frauen Pornos oder Internetsex konsumieren/konsumierten, gegenüber 89% der Männer (siehe auch Kapitel 1).

2. Weil Frauen über den Pornokonsum ihres Partners Bescheid wissen.

43% der Frauen geben an, über die Internetaktivitäten ihres Partners informiert zu sein (Männer 48%). Die Studie weist nach, dass die Frauen, die Bescheid wissen, Pornokonsum weniger problematisch finden als die, die nicht darüber Bescheid wissen. Man darf aber nicht vergessen, dass dieser Untersuchung zufolge einer von fünf Männern, die in einer Beziehung leben und Pornos konsumieren, ihrer Partnerin davon nichts sagen.

3. Weil Frauen nicht wissen wollen, was ihr Partner im Internet tut.

BEI FRAUEN	BEI MÄNNERN
Pornos gucken und Sex-Websites besuchen ist ein normales »männliches« Verhalten.	Pornos gucken und Sex-Websites besuchen ist ein normales »männliches« Verhalten.
Jeder Mann ist doch ein bisschen sexsüchtig.	Jeder Mann ist doch ein bisschen sexsüchtig.
Eine Frau hat einem Mann sexuell zur Verfügung zu stehen.	Eine Frau hat einem Mann sexuell zur Verfügung zu stehen.
Männer sind Jäger; jeder Mann tut es.	Männer sind Jäger; jeder Mann tut es.
Er arbeitet so hart, da braucht er etwas Zerstreuung.	Das ist die einzige Art, wie ich für einen Moment alles vergessen kann.
Nur eine bestimmte Sorte Männer geht zu Prostituierten, meiner gehört nicht dazu.	Ich gehe nicht wirklich fremd, es ist alles nur virtuell.
Ich glaube ihm, was er sagt, und ignoriere meine Intuition.	Da muss ich nicht erst lang quatschen, bevor ich mal ran darf.
Mein Mann mag Intimität, also tut er so etwas nicht.	Ich habe so viele Verpflichtungen, aber bei diesen Damen bin *ich* mal an der Reihe …
Mein Mann hat zu viel zu tun, um ins Internet zu gehen.	Wenn ich es tue, während ich im Ausland bin, hat sie dadurch doch keinen Nachteil …
Mein Mann lässt kein gutes Haar an Männern, die zu Prostituierten gehen.	Frauen und Sex gehören zum Geschäftsleben dazu. Wenn man da nicht mitmacht, wird man nicht für voll genommen.
Wenn ich Forderungen stelle, verlässt er mich vielleicht.	Sex ist nicht das Wichtigste in einer Beziehung, den kann ich auch bei einer anderen bekommen

BEI FRAUEN	BEI MÄNNERN
Wir haben es gut zusammen, das setzt er nicht aufs Spiel.	Wenn sie nicht ständig rummeckern würde, würde ich es nicht tun.
Ich bin eine richtige Pessimistin, das sagt jeder	Wenn sie sich mal etwas sexier anziehen würde …
Ich kann froh sein, ihn als Lebenspartner zu haben; dass er ab und zu mit einer anderen schläft, ändert nichts daran.	Ich muss es heimlich machen, weil sie so eifersüchtig ist …
Pornografie ist immer dasselbe, das wird ihn irgendwann langweilen.	Meine Frau weiß, dass wenn ich mich in irgendwas hineinstürze, es irgendwann auch wieder vorbeigeht.
Er hat keine Zeit, auf Sex-Websites zu surfen.	Sie darf es wissen, und da sie nichts dazu sagt, findet sie es in Ordnung.
Ich bin gut im Bett, also braucht er keine andere.	Ich fasse keine andere Frau an, also gehe ich auch nicht fremd.
Es bereichert unser Sexleben.	Was sie nicht weiß, macht sie nicht heiß …
Mein Mann tut so etwas nicht. Wenn er es tun würde, würde er es mir sagen. Wir sind ehrlich zueinander.	Meine Frau ist dadurch freier geworden.
Männer sind nun einmal so, da muss man sich als Frau nicht so anstellen.	Meine Frau gibt mir nicht, was ich brauche, also muss ich mir das woanders holen.
Einen schönen Mann hat man nie allein.	Es bedeutet nichts, denn ich liebe meine Frau.
Ich kann nicht ohne ihn leben.	Es ist meine Sache; es hat nichts mit ihr zu tun, sie braucht es also auch nicht zu wissen.

DEM ERNST DER LAGE INS AUGE ZU BLICKEN, ERFORDERT MUT

Es ist nicht leicht, dem Ernst der Lage ins Auge zu blicken (siehe auch Kapitel 8). Deshalb finde ich es verständlich, dass viele Paare, die zu mir in die Praxis kommen, eine Phase hatten, in der sie den Einfluss von Sexsucht, Porno- und/oder Internetsexkonsum unterschätzt haben. Ich finde es ebenfalls nachvollziehbar, wenn Paare eine Zeitlang bewusst oder unbewusst die Augen davor verschließen, und die Illusion aufrechterhalten, eine gute Beziehung zu haben.

> Mann (69 Jahre)
> *Er ist sein ganzes Leben fremdgegangen, obwohl er behauptet, ganz vernarrt in seine Frau zu sein. Aber jetzt, wo er im Ruhestand und älter ist, wollen die Frauen nicht mehr so gerne, sagt er. Und das vermisst er ganz fürchterlich!*
> *Auf meine Frage, ob seine Frau nie etwas bemerkt habe, berichtet er Folgendes: »Sie hat mal – vor Jahren – eine Serviette mit Lippenstift in meiner Jackentasche gefunden, mit der Frage: ›Wann sehe ich dich wieder?‹*
> *Diese Serviette hat sie auf mein Kissen gelegt mit einem Kärtchen dazu, auf dem stand: ›Ich weiß, dass ich einen so schönen Mann nicht für mich alleine haben kann. Aber ich erwarte, dass du mich respektierst und mich davon nichts merken lässt.‹«*

Viele Partner/innen, vor allem Frauen, geben ihr Allerbestes, um sich anzupassen und etwas aus ihrer Ehe zu machen. Zum einen, weil sie gerne an ihrer Vorstellung einer guten Beziehung festhalten möchten, und zum anderen, weil sie oft an ihrer eigenen Wahrnehmung zweifeln.

Doch das größte Hemmnis ist *Angst* – Angst, den Tatsachen ins Auge zu sehen, Angst vor den Konsequenzen, Angst plötzlich alleine dazustehen, weil sie meinen, ohne den anderen nicht leben zu können, Angst vor der Wut oder Aggression des Partners, »weil der so schnell explodiert«. Partner/innen können auch Angst davor haben, dass andere »das Geheimnis« entdecken.

Das zweite Hemmnis ist *Scham* – Scham darüber, dass der Partner so etwas tut, dass man so einen Partner ausgewählt hat, dass man selbst versagt hat. Schließlich hätte der Partner dies nicht tun müssen, wenn man selbst alles hätte geben können …

Das dritte Hemmnis ist *Bequemlichkeit*. Dadurch, dass viel Energie nach außen geht, stellt der Betreffende weniger Forderungen an die Partnerin/den anderen Partner, es wird keine tiefere Verbundenheit angestrebt. So wird ein bestimmter Abstand aufrechterhalten, und auch die Partnerin/der Partner des Süchtigen muss nicht alles von sich preisgeben. Beide halten sich gegenseitig in einer »Komfortzone«, in der Illusion, dass alles »in Ordnung« sei. Ja, natürlich nicht immer, aber bei wem ist das schon so. Im Allgemeinen gibt es kein Gemecker, und keiner macht Stress. Alles plätschert so vor sich hin. Die glückliche kleine Familie, das hübsche Paar in dem schönen, gemütlichen Haus. Warum sollte man all das aufs Spiel setzen?

Und das vierte Hemmnis ist *Widerstand* – Widerstand gegen die zum Vorschein kommende Realität, Widerstand dagegen, dass »irgendwas nicht stimmt«. Man lebt lieber mit der Illusion, als den Tatsachen ins Auge zu blicken. Die eigene Vorstellung davon, wie eine Beziehung aussehen sollte, wird über die tatsächliche Beziehung gestülpt, und mit dieser Illusion ist man zufrieden. Die Signale, dass es sich nur um eine Illusion handelt, werden ignoriert, denn eine der tragenden Säulen vieler Verbindungen – vielleicht sogar die wichtigste – ist die »Verschwörung der Stille«.

GEHEIMNISSE BREITEN SICH AUS UND UNTERMINIEREN DAS LEBENSGLÜCK

Mit Geheimnissen zu leben ist nicht leicht, auch nicht für denjenigen, der ein Geheimnis mit sich trägt. Wenn der eigene Partner ein geheimes Sexleben hat, kann man davon ausgehen, dass Lügen und Betrug Teil der Beziehung sind.

Frau (44 Jahre), zweite Beziehung

»Mein Mann bat mich, seine Kreditkarte aus dem Koffer zu holen, um damit einen Urlaub zu bezahlen. Ich sah einen Briefumschlag, und da ich annahm, er müsse zur Post gebracht werden, nahm ich ihn in die Hand. Er war offen. Ich sah einen Zettel mit seiner Handschrift. Das machte mich neugierig. Was ich dann sah ... war eine ganze Liste mit Namen von Prostituierten, ihren Maßen, Telefonnummern und Adressen. Ich konfrontierte ihn damit, und er behauptete, dass er es aufregend fände, die Prostituierten anzurufen, aber dass er es dabei beließe. Doch ich fragte mich: Wer bewahrt denn Telefonnummern und Adressen von Prostituierten auf? Von da an wurde ich aufmerksamer.

Eines Tages, als er eine Fahrradtour mit einem Freund machte, konnte ich es nicht lassen, seinen Computer zu durchsuchen. Mit dem Suchauftrag ›Wenn Ihr Mann zu Prostituierten geht‹ stieß ich auf Ihr Buch. Dann sah ich seine E-Mails durch. Schließlich fand ich eine Nachricht an eine Prostituierte, und ihre Antwort an ihn. Er flehte sie an, sie besuchen zu dürfen. Es war eine liebevolle Mail, so liebevoll wie er schon lange nicht mehr zu mir gewesen war. Aber ... sie war auch kindlich. Und das von einem Mann, der nach außen hin so streng und kühl ist. Er hat mich zu seiner Versorgerin degradiert, und ich habe das zugelassen. Unsere Ehe war eine einzige große Lüge. Ich war für ihn da, aber er nicht für mich.«

In meinem Buch *Wie wil ik zijn* (Übers.: Wer möchte ich sein) lege ich dar, dass Menschen, die Geheimnisse haben, es mit Ehrlichkeit, Aufrichtigkeit und Transparenz nicht so genau nehmen. Dieselben Täuschungs- und Ablenkungsmanöver kommen zum Einsatz, wenn einer der Partner/innen ein geheimes Sexleben hat. Um der Verantwortung für das eigene Verhalten aus dem Weg zu gehen, werden folgende Taktiken angewandt:

- vehementes Abstreiten;
- nicht die Wahrheit sagen;
- die Wahrheit verbiegen und verdrehen;
- schweigen über ein Thema oder einen Teil eines Themas, obwohl man genau weiß, dass der andere es wichtig findet;
- wichtige Informationen komplett zurückhalten;
- Desinformationen geben.

Wenn der/die betrogene Partner/in dahinter kommt, erfährt er oder sie die (virtuelle) Untreue nicht nur als Verrat an der exklusiven Liebe, sondern auch – vielleicht noch mehr – als Diffamierung. Wenn man etwas spürt und anspricht, und das vehement abgestritten wird, dann beginnt man – über kurz oder lang –, an sich selbst zu zweifeln. Man denkt dann, etwas falsch interpretiert zu haben … Das ist eine logische und sehr nachvollziehbare Reaktion.

ZUM THEMA EHRLICHKEIT

Unter Ehrlichkeit verstehen wir, dass Menschen einander die Wahrheit sagen, in Momenten, in denen die Wahrheit nicht zurückgehalten werden darf. Die Kommunikation ist also aufrichtig. Die Menschen sagen, was Sache ist, und verdeutlichen ihren Standpunkt offen und ehrlich. Alle betroffenen Personen bekommen alle Informationen, die wichtig sind und die sie über ein Thema haben müssen. Das bedeutet nicht, dass jeder Gedanke, jede persönliche Angst, jede düstere Erinnerung, jede wechselnde Sichtweise, jede Meinung oder Reaktion auf den Tisch gebracht werden muss, um sie zu diskutieren oder näher zu beleuchten. Dabei würde jeder verrückt werden. Es bedeutet nur, dass Ehrlichkeit auf Aufrichtigkeit und Transparenz fußt.

> Frau (34 Jahre)
> *»Es ist natürlich schlimm, dass er mit einer anderen Sex hatte, aber am schlimmsten finde ich seine Lügen. Jedes Mal aufs Neue. Die Mail, die ich fand, ›hat nichts zu bedeuten‹. Wenn ich fragte: ›Wie war dein Tag?‹, sagte er, wenn er bei ihr gewesen war: ›Nichts Besonderes, ich bin zu Hause geblieben.‹*
> *Dass etwas komisch war, habe ich verdrängt. Ich habe mich bestimmt geirrt, dachte ich. Als es so weiterging, und er weiterhin alles leugnete, fing ich sogar an, an mir selbst zu zweifeln.«*

ZUM THEMA AUFRICHTIGKEIT

Aufrichtigkeit bedeutet, dass jemand bereit ist, klar zu sagen, wie er oder sie sich fühlt. Das geschieht nicht, indem eine Person der anderen die Schuld an etwas gibt, sondern indem sie sagt, welche Gedanken, Emotionen und vielleicht auch körperlichen Empfindungen eine bestimmte Situation oder ein Ereignis bei ihr auslöst. Wenn jemand nicht aufrichtig ist, dann ruft das Unmut hervor und weckt auf lange Sicht Misstrauen.

> Jaap (41 Jahre)
> *Jaap erschreckt sich, als seine Frau mit Kaffee ins Zimmer kommt. Er war dabei, zu chatten und klickt schnell auf eine andere Seite. Sie fragt ihn:* »*Was machst du da eigentlich? Ich hatte dich schon lange unten erwartet ...*«
> *Jaap:* »*Ich entspanne mich einfach ein bisschen, und du gönnst mir das nicht. Du musst gleich rummeckern, dass ich nach unten kommen soll.*«

Jaaps Antwort ist nicht ehrlich und aufrichtig. Er hält seiner Frau nicht nur Informationen vor, sondern macht sie auch noch schlecht, indem er sie beschuldigt, ihm nichts zu gönnen. Damit verlagert er den Fokus von seinem Verhalten auf ihres. Eine aufrichtige Antwort wäre gewesen: »Ich bin gerade dabei zu chatten und habe überhaupt keine Lust, nach unten zu kommen, weil mich das nach einem harten Tag im Büro mehr entspannt als fernzusehen.«

ZUM THEMA TRANSPARENZ

Ehrlichkeit, Aufrichtigkeit und Transparenz stehen dafür,
- keine Geheimnisse zu haben;
- nichts zu verschweigen, anders darzustellen, zu verschleiern oder zu verbergen;
- nichts auszusparen oder ungesagt zu lassen;
- keine Rätsel aufzugeben oder Spielchen zu spielen;
- dem anderen keinen Honig um den Mund zu schmieren.

Ehrliches Verhalten kennzeichnet sich durch Sichtbarkeit und Transparenz. Dabei sind die Menschen in allem was sie tun und sagen, klar und deutlich. Sie haben zu keinem Zeitpunkt und in keiner Situation etwas zu verbergen. Wenn Menschen nicht transparent sind, dann besteht die Gefahr, dass sie Geheimnisse voreinander haben. Intransparentes Verhalten kann Misstrauen wecken, was dazu führen kann, dass ein eventuell vorliegendes Geheimnis aufgedeckt wird.

> Frau (52 Jahre)
> *»Wenn das Handy meines Mannes – er ist Lastwagenfahrer – ausgeschaltet ist, dann werde ich unruhig. Warum tut er das? Er hat eine Freisprecheinrichtung, also braucht er sein Telefon nicht abzuschalten. Das letzte Mal, als er das tat, ging er fremd. Finden Sie es verrückt, wenn ich denke, dass er es wieder tut?«*

Ehrliches Verhalten ist auch in Bezug auf Pornokonsum erforderlich. Wenn man so etwas heimlich tut, oder verschweigt, worum es dabei geht und wie viel Zeit und Geld man darauf verwendet, dann ist die Gefahr groß, dass man die Beziehung damit unterminiert. So wie eine Frau mir berichtete: »Wenn er offen gesagt hätte: ›Ich will mal etwas anderes‹, dann hätte ich einen Standpunkt einnehmen können. Ich hätte es nicht schön gefunden, aber immerhin. Dadurch, dass er alles heimlich getan hat, hat er mir keine Chance gegeben, auf die Tatsache zu reagieren, dass er etwas anderes wollte.«

MIT OFFENER UND EHRLICHER KOMMUNIKATION KANN MAN VIEL LEID VERMEIDEN

Oft kommen Paare in meine Praxis, die sich darüber wundern, dass sie Probleme haben, obwohl sie bereits eine ganze Weile nicht mehr miteinander über Dinge sprechen, die sie in ihrem Innersten beschäftigen. Ja natürlich, sie sind ein gut funktionierendes Team, alles läuft wie geschmiert: der Haushalt, die Kinder, die sozialen Kontakte ... alles! Nur eben nicht der Kontakt zwischen den beiden ... »Wir schaffen es nicht mehr, miteinander zu kommunizieren«, sagen zwei Menschen, die ansonsten nicht auf den Mund gefallen sind, aber schon lange nicht mehr miteinander über ihr Seelenleben sprechen. Wenn wir nachforschen, was zu dieser Entfremdung geführt hat, entdecken wir unter der Oberfläche häufig ein Minenfeld an Irritationen. Ein Minenfeld, das durch »Überempfindlichkeit« entstanden ist und dadurch, den anderen schonen zu wollen. Denn niemand hört gerne, dass der Partner etwas in der Beziehung als negativ erfährt.

In meinem Buch *Wie wil ik zijn* beschreibe ich, dass ein wichtiger Grund für misslungene oder mangelnde Kommunikation die Unfähigkeit oder das Widerstreben ist, bestimmte Botschaften zu hören. Logisch! Wenn das, was man zu sagen hat, nicht gehört oder dem augenblicklich widersprochen wird, hört man irgendwann von alleine auf zu reden. Nicht umsonst heißt es: »Wo sich der Esel einmal stößt, da nimmt er sich in acht«.

Ein zweiter wichtiger Grund für Fehlkommunikation ist die Angst, Schwäche und Verletzlichkeit zu zeigen. Denn wenn wir uns ein Herz fassen und gleich durch einen Gegenangriff, ein negatives Urteil oder einen zersetzenden Kommentar niedergemacht werden, dann hören wir sofort damit auf. Diese Art miteinander umzugehen führt unvermeidlich zu Unverständnis und Verletzungen. Wenn sich solches Verhalten häuft, entsteht gewissermaßen ein Minenfeld längs des gemeinsamen Weges, der stets schmaler wird, weil die Partner/innen genau spüren, dass jeder Schritt eine Explosion zur Folge haben könnte.

Ein dritter wichtiger Grund dafür, nicht mehr offen miteinander zu kommunizieren, ist der Gedanke, den anderen schonen zu wollen. Dies klingt zwar schön und nobel, aber es ist einfach nicht wahr. In Wirklichkeit schont niemand den anderen, sondern nur sich selbst, um den Folgen einer Konfrontation – der Reaktion – aus dem Weg zu gehen. Meiner Meinung nach ist dies die Ursache für fast jedes Geheimnis, auch für eine (beginnende) Sexsucht.

Kapitel 4

Wenn Sie vermuten, dass Ihr Partner Internetpornografie konsumiert

EIN GEHEIMNIS IN DER BEZIEHUNG

Von den männlichen Teilnehmern der Studie vom *Psychologie Magazine*, die in einer Beziehung sind und Pornos oder Internetsex konsumieren oder konsumierten, geben 29% an, dass ihre Partnerin nichts davon weiß. In diesem Kapitel finde ich folgende Ergänzung angebracht: Mehr als die Hälfte dieser Männer (59%) geht davon aus, dass ihre Frau es (mehr oder weniger) problematisch finden würde, wenn sie es wüsste.

Männer wissen also genau, dass ihr geheimes Sexleben Folgen für ihre Beziehung haben kann. Ihnen ist aber oft weniger bewusst, dass es auch beeinflusst, wie sie in der Partnerschaft miteinander umgehen. Häufig ist sich die Partnerin hierüber schneller im Klaren, als der betreffende Mann, wie das folgende Beispiel zeigt.

Mein Mann und ich haben fast so lange wie unsere Beziehung dauert (gut 15 Jahre) Probleme mit Sex und Intimität. Ich dachte lange Zeit, dass mein Mann einfach nicht so ein Bedürfnis danach hatte, bis ich ein Taschentuch mit Lippenstift im Auto entdeckte. Ich wurde aufmerksamer. Als ich merkte, dass der Beifahrersitz regelmäßig verstellt war, und ich ihn fragte, ob er eine Geliebte habe, ging es los: Wie ich nur so etwas denken könne von einem Mann, der so hart arbeitet, um uns alles zu ermöglichen, Blabla … Ich wollte gerne glauben, dass ich

59

unrecht hatte und hielt meinen Mund. Aber ... die Stellung des Autositzes veränderte sich nicht mehr.

Außerdem wusste ich, dass mein Mann sich manchmal Sexhefte anschaut. Das tut jeder Mann ab und zu, dachte ich. Aber ich wusste nicht, dass er jeden Tag fanatisch damit beschäftigt war, im Internet Porno-, Chat- und Datingseiten zu besuchen. Das habe ich vor zwei Wochen entdeckt, und da brannten bei mir die Sicherungen durch. Ich habe ihn aus dem Haus geworfen.

Ich weiß, dass mein Mann mich und unsere Kinder sehr liebt und unsere Familie nicht aufs Spiel setzen wollte. Da er sehr große Angst davor hat, uns zu verlieren, ist er inzwischen wieder zu Hause und fragt sich nun, wie es dazu kommen konnte. Er bereut es sehr und will gerne dahinterkommen, warum er dies tut. Er sagt, er sei »erleichtert«, dass ich es entdeckt habe. Wir machen jetzt natürlich eine schreckliche Zeit durch: viel Streit, Verzweiflung, Misstrauen und so weiter. Da mich Ihre Website sehr ansprach und ich viele unserer Probleme wiederfinde (Sexsucht und die Unfähigkeit, Intimität teilen zu können), möchte ich Sie fragen, ob Sie uns helfen können.

SIGNALE, DIE AUF EIN GEHEIMES SEXLEBEN DEUTEN KÖNNEN

Keine oder nur wenig Initiative auf sexuellem Gebiet

Frau, seit zwölf Jahren verheiratet
»Nach unserer Hochzeit veränderte sich unser Sexleben. Eine Stimme in mir sagte: Irgendwas stimmt nicht. Denn er wies mich beinahe sofort darauf zurück. Er fing auch bald an, zu meckern und sich zu beklagen, dass der Sex nicht mehr so spannend sei. Wir schliefen ungefähr einmal pro Woche miteinander und bei mir kam es so an: Er gibt sich überhaupt keine Mühe, damit es auch für mich schön ist. Er war außerdem der Meinung, dass ich *mich verändern solle. Deswegen dachte ich, dass es meine Schuld sei. Aber diese Stimme blieb. Ich wusste auch, dass er im Internet unterwegs war … Ich hatte kein Problem damit, dass er ab und zu Pornos schaute. Ich dachte: Er ist nicht mein Eigentum. Ich wollte ihn nicht kontrollieren. Damals wusste ich noch nichts von seinen Telefonaten … 0900-Hotlines. Ich habe auch mal ein Foto von unserer Nachbarin gefunden: oben ohne. Das hatte er heimlich aufgenommen. Als ich ihn damit konfrontierte, bekannte er seine Schuld, zerriss das Foto und warf es weg. Er sagte, er würde bereuen, das getan zu haben. Ich wollte ihm nur zu gerne glauben.«*

Regelmäßiges Drängen, beim Sex Dinge auszuprobieren, die die Partnerin/der Partner nicht tun möchte

Angeregt durch Bilder, Filme oder Webcam-Aktivitäten aus dem Internet versuchen viele Männer ihre Partnerin zu Praktiken zu überreden, die ihr absolut nicht entsprechen. Wenn sie da nicht mitmachen möchte, bekommt sie den Stempel aufgedrückt, verklemmt oder lustfeindlich zu sein.

Jeanette (35 Jahre), lebt seit fünf Jahren mit einem Mann zusammen

»Ich finde es schwierig, dass mein Freund so oft Sex will. Manchmal sogar öfter als einmal am Tag. Da ich dem weder entsprechen kann noch will, sucht er im Internet nach Websites, auf denen Paare sexuellen Kontakt mit anderen Paaren suchen. Mindestens dreimal pro Woche versucht er mich zu überreden, hierbei mitzumachen. Mir fehlt nicht nur das Bedürfnis nach so etwas, sondern es ist mir absolut zuwider. Und doch spiele ich ihm zuliebe das Spiel manchmal mit … Bis es darum geht, sich konkret zu verabreden … denn da liegt meine Grenze. Aber da ich nicht weitergehe, frage ich mich, ob mein Freund sich nicht alleine verabredet. Er bestreitet dies ganz entschieden, aber er ist Handelsvertreter und daher viel auf Reisen. Er hat alle Gelegenheiten zu tun, was er will …«

Viele Frauen trauen sich nicht, ihre Vermutungen auszusprechen, und wenn sie es doch tun, bekommen sie oft bagatellisierende und dementierende Antworten, wie zum Beispiel:

- o *»Du bist eine verklemmte Kuh. Wenn es nach dir ginge, hätten wir nie Sex oder nur ein Nullachtfünfzehn-Sexleben.«*
- o *»Ich arbeite hart, ich werde mir ja wohl ab und zu ein bisschen Spaß gönnen dürfen.«*
- o *»Du willst immer alles beim Alten lassen. Ich nicht, ich mag Abenteuer …«*
- o *»Wenn ich eine andere anlächle, denkst du gleich, dass ich fremdgehe.«*
- o *»Du musst immer hinter allem etwas Schlimmes vermuten.«*

Beispiel

Frau: »Ich finde, dass du wirklich sehr viel Zeit am Computer verbringst. Aber das ist noch nicht mal das Schlimmste. Ich habe das starke Gefühl, dass du Seiten wegklickst, wenn ich mit Kaffee hereinkomme. Was machst du da eigentlich alles?«

Mann: »Das ist mal wieder eine typische Bemerkung von dir. Du musst immer gleich hinter allem etwas Schlimmes vermuten. Kommt dir vielleicht auch mal in den Sinn, dass ich einen anstrengenden Job habe, für den ich auch zu Hause viel tun muss?«

Viel Zeit am Computer verbringen

Wenn der Partner nach Hause kommt und als Erstes auf den Computer zusteuert, statt auf die Partnerin und/oder die Kinder, ist das ein beunruhigendes Verhalten. Man muss sich dann die Frage stellen, was er da so alles am Computer tut. Das muss natürlich nicht nur Internetsex sein; es gibt eine Reihe von Online-Spielen, die eine stark suchtgefährdende Wirkung haben. Ich denke da zum Beispiel an »Second Life«, wo man mit einer anderen Identität ein komplett eigenes, anderes Leben führen kann – auch ein Sexleben.

Mann (44 Jahre), Frau (42 Jahre), zwei gemeinsame Kinder

Frau: »Mein Mann ist süchtig nach ›Second Life‹.«

Mann: »Ich spiele es gerne und das kann sie nicht ertragen. Sie weiß genauso gut wie ich, dass ich, wenn ich etwas schön finde, mich komplett hineinstürze … bis der Reiz weg ist. Das kennt sie von mir. Also verstehe ich nicht, dass sie sich jetzt so anstellt. Sie gönnt mir einfach nicht, dass ich etwas gefunden habe, was mir wirklich Spaß macht.«

Frau: »Ist es normal, dass du den Laptop mit auf die Toilette nimmst, um dort zu spielen, wenn die Kinder dich stören?«

An mich gewandt: »*Von einer ehemaligen ›Second Life‹-Süchtigen weiß ich jetzt genau, was er da tut. Ich habe auch alles im Computer nachgelesen. Das fand ich wirklich nicht mehr witzig. Diese sonderbaren sexuellen Praktiken ...*«

Mann: »*Du findest schnell etwas sonderbar. Außerdem musst du zugeben, dass der Sex zwischen uns schon lange nichts mehr ist ... Und Bedürfnisse habe ich schon!*«

SIGNALE, DIE DEN VERDACHT EINER VIRTUELLEN ODER REALEN UNTREUE BESTÄTIGEN KÖNNEN

- Wenn Sie ins Zimmer hereinkommen, klickt er oft auf eine andere Internetseite.
- Morgens schaltet er als Erstes den Computer an, um seine E-Mails zu checken.
- Er lässt nie sein Handy unbeaufsichtigt herumliegen.
- Sie bekommen nie seine Handyrechnung zu sehen.
- Er ist regelmäßig nicht erreichbar, obwohl er es eigentlich sein müsste.
- Er ist oft unruhig und abwesend.
- Er muss häufig Überstunden machen.
- Sie ertappen ihn oft bei Lügen, auch über andere Dinge.
- Aus den Kontoauszügen ist ersichtlich, dass ohne Absprache Geld abgehoben wurde.
- Für bestimmte Ausgaben hat er keine Erklärung.
- Sie finden Rechnungen von Restaurants und Hotels, in denen er nicht mit Ihnen war.
- Der Beifahrersitz steht regelmäßig in einer anderen Position.
- Er löscht die Liste mit den besuchten Websites (Browserverlauf).

Wahrscheinlich ist diese Liste nicht vollständig. Manche Leute sind nicht nur sehr erfinderisch, sondern auch gewieft, und ich höre immer neue Geschichten.

Wichtig ist nur, dass Sie sich über eines im Klaren sind: Wenn Sie mit Ihrem Partner unglücklich sind, weil er Pornografie oder Internetsex konsumiert, dann haben Sie zwei Möglichkeiten. Entweder Sie spielen die Ahnungslose und sprechen nichts an, oder sie bringen die Situation zur Sprache.

Wenn Sie sich für die erste Möglichkeit entscheiden, dann gehören Sie zu den Anhänger/innen der »heiligen Lüge«. Sie wissen nur zu gut, was los ist, haben aber nicht den Mumm, es anzusprechen. In einer stillen Verschwörung mit Ihrem Partner führen Sie ein Leben der Unaufrichtigkeit, Unechtheit und Distanziertheit.

Wenn Sie sich dagegen für die zweite Möglichkeit entscheiden und darüber reden, dann ist es gut möglich, dass Ihr Partner erleichtert reagiert, weil sein Geheimnis endlich offengelegt wird. Es kann allerdings auch anders kommen. Auf welche Art Partner reagieren können, wird im Kapitel 7 behandelt. Das vorliegende Kapitel möchte ich mit einer Kolumne beenden, in der ich beschreibe, wie ein Gespräch verlaufen kann, wenn eine Frau den Pornografie- und/oder Internetsexkonsum ihres Mannes zur Sprache bringt.

Computersex

Marie (48 Jahre) und Paul (47 Jahre) kennen sich seit fünf Jahren. Beide waren zuvor schon einmal verheiratet. Paul hat Kinder, die bei seiner Ex-Frau leben.

»Er hat mich furchtbar hintergangen«, sagt Marie, und ihre Augen blitzen.

»Sie kann es nicht ertragen, dass ich im Internet surfe«, verteidigt sich Paul, »und ...«

»Surfen ...? Im Internet ...?«, unterbricht sie ihn höhnisch. »Von einer Pornoseite zur anderen ... Dutzende habe ich gefunden ... Und er hat noch ein Abo für Liveshows ... 50 € pro Monat kostet ihn das. Für sein eigenes Vergnügen sorgt er! Und mir zeigt er die kalte Schulter. Ich würde es ja noch verstehen, wenn er sich an den Websites aufgeilen und dann zu mir kommen würde. Aber nichts da, mich lässt er am ausgestreckten Arm verhungern.« Wutschnaubend lehnt sie sich zurück.

»Stimmt das, was sie sagt?«, frage ich Paul.

»Ich gucke manchmal Pornos«, antwortet er zögernd, »aber das tut doch jeder Mann.«

»Jeden Abend? Und bei der Arbeit?«, höhnt Marie. »Und lassen die dabei ihre Frau auch links liegen?« Und zu mir: »Wenn wir mal einen Abend weggehen, verkriecht er sich sobald wir zu Hause sind sofort wieder hinter seinem Computer. Er kann einfach nicht ohne. Jeden Morgen muss ich ihn aus dem Bett schleifen, sonst würde er nie zur Arbeit kommen.«

»Ich habe flexible Arbeitszeiten«, wendet er ein.

»Aus Maries Sicht schlafen Sie zu selten miteinander«, greife ich ein, »und verwenden mehr Zeit auf Ihren Computer als auf…«

»Wenn es nur der Computer wäre«, fällt mir Marie wütend ins Wort.

»Es ist Sex, womit er da beschäftigt ist! Und ich will eine Beziehung mit einem Mann, der mich sieht, mit mir spricht und mit mir schläft. Ich will keinen Mann, der sein Verlangen mit Fotos und Filmen von anderen Frauen stillt.«

»Sie vermisst Sie als Partner und Liebhaber«, fasse ich zusammen, »können Sie das nachvollziehen?«

Paul nickt.

»Bedeutet Ihr Nicken, dass Sie das Besuchen von Porno-Websites auch als Problem empfinden?«

»Wenn Sie das so darstellen…«, sagt er.

»Ich stelle das so dar, weil Marie darunter leidet, dass Sie mehr Zeit mit anderen Dingen verbringen als mit ihr. Und weil sie darunter leidet, ist das auch Ihr Problem. Habe ich mich klar ausgedrückt?«

Er nickt erneut.

»Deswegen schlage ich vor, dass Sie ihr in ihren Wünschen entgegenkommen.«

»Wie?«

»Zunächst werden Sie zwischen heute und unserem nächsten Termin zu Hause keinen Moment mehr am Computer sitzen.«

»Auch nicht, um Überweisungen vorzunehmen?«

»Das dürfen Sie. Aber dann muss Marie sich neben Sie setzen«, sage ich streng.

»Heftig«, sagt er.

»Sie haben auch ein heftiges Problem.«

Als Antwort nicken sie beide.

Erschienen in der niederländischen Frauenzeitschrift MIDI, Oktober 2006

Kapitel 5

Wenn »das Geheimnis« enthüllt wird

WIE HÄUFIG WIRD PORNOGRAFIE UND/ODER INTERNETSEX KONSUMIERT, UND WAS WIRD DIESBEZÜGLICH VOM PARTNER ANGENOMMEN?

Die Tabelle auf Seite 70 (aus der Studie des *Psychologie Magazine*) bestätigt, dass sich Männer viel öfter mit Pornografie beschäftigen als Frauen. Gut ein Drittel der Männer konsumiert Pornografie mindestens einmal pro Woche, gegenüber 7% der Frauen. Und fast die Hälfte der Frauen gibt an, sich nie mit Pornografie zu beschäftigen, während dies lediglich für 13% der Männer gilt.

Der Grund für die Aufnahme dieser Tabelle ist, dass ich zeigen wollte, dass *ein Drittel der Frauen denkt, dass sich ihr Mann nie Pornografie ansieht*, während nur *13% der Männer angeben, sich nie mit Pornografie zu beschäftigen*. Im Gegensatz hierzu denkt ein Drittel der Männer, dass ihre Partnerin *nie* Pornografie konsumiert, obwohl die Hälfte der Frauen angibt, sich selbst nie pornografisches Material anzusehen.

Es besteht also eine Diskrepanz zwischen dem, was Männer tun und dem, was Frauen wissen. Darum beschreibe ich Schritt für Schritt, was eine Frau durchmachen kann, wenn das geheim gehaltene Verhalten ihres Partners ans Tageslicht kommt.

Wie häufig konsumieren Sie bzw. Ihr Partner Pornografie und/oder Internetsex?	Frauen über sich selbst	Frauen über ihren Partner	Männer über sich selbst	Männer über ihre Partnerin
	%	%	%	%
täglich	0	1	2	0
fast täglich	1	1	4	0
ein paar Mal pro Woche	2	6	15	3
ungefähr einmal pro Woche	4	9	15	4
mindestens einmal pro Woche	7	17	36	7
mehrmals monatlich	5	8	11	6
ungefähr einmal pro Monat	6	7	15	10
ein paar Mal pro Jahr	18	14	14	17
weniger häufig	15	19	11	24
nie	48	33	13	35
keine Antwort	1	1	0	0

Quelle: *Psychologie Magazine*

WAS DER ENTHÜLLUNG DES »GEHEIMNISSES« VORAUSGEHEN KANN

Frau (32 Jahre)
»Ich war auf der Suche nach Fotos von unserer kleinen Tochter und fand plötzlich ein Nacktfoto von meinem Mann. Das fand ich sehr seltsam, denn ich hatte es nicht aufgenommen. Ich wurde misstrauisch und durchsuchte seine Mailbox. Nach langem Suchen fand ich eine Nachricht, in der er sich für Sex verabredete. Er hat eine Freundin, dachte ich, er hat genug von mir. Aber als ich ihn mit meiner Entdeckung konfrontierte, wurde er zu einem Häufchen Elend. Er gab zu, schon seit Jahren nach Internetsex süchtig zu sein. Und ... wenn ich es nicht entdeckt hätte, wäre er tatsächlich zu dieser Verabredung gegangen.«

Wie die Zahlen aus der nebenstehenden Tabelle zeigen, wissen Frauen oft nicht, dass ihr Mann obsessiv mental oder real mit Sex beschäftigt ist. Wenn sie es entdecken, kennen sie den Begriff Sexsucht meistens nur aus den Medien. Etwas, was für sie bisher nur andere betraf, bricht dann plötzlich über ihr eigenes Leben herein. Oder ist es bei näherer Betrachtung doch nicht so plötzlich? Die meisten Frauen berichten, dass sie tief in ihrem Herzen schon lange spürten, dass irgendetwas nicht stimmte, aber dass sie nicht genau wussten, was es war.

So erzählte mir die Frau aus dem oben genannten Beispiel, dass sie ihren Mann mehrere Male am Computer beim Anschauen von Pornos angetroffen hatte. »Aber ich wollte ihn nicht verurteilen«, sagte sie dazu, »keine prüde Zicke sein.« Das Einzige, was sie zu ihm sagte, weil sie so selten miteinander schliefen, war: »Das können wir doch zusammen machen ... dann können wir das gemeinsam genießen.« Aber auch damit hörte sie irgendwann auf, weil sie den Eindruck bekam, dass ihre Reaktion ihn noch tiefer in seine Schuld versinken ließ.

Eine Beziehung kann nicht in jeder Hinsicht erfüllend sein

Heutzutage sind wir überzeugt davon, dass eine Beziehung nicht auf allen Gebieten befriedigend sein kann. Viele Frauen denken dann: Jeder hat sein Kreuz zu tragen. Sie verdrängen das Gefühl, alleine für alles verantwortlich zu sein, immer selbst die Beziehung am Laufen halten zu müssen. Eigentlich würden sie gerne mehr mit ihrem Partner teilen und ein Zusammengehörigkeitsgefühl verspüren. Wie oft haben sie schon gesagt: »Wir müssen mal miteinander reden. Wir müssen mehr miteinander unternehmen, es läuft nicht gut zwischen uns!« Wie oft haben sie sich über die Art geärgert, wie der Partner andere Frauen ansieht. Und über seine Antwort, wenn sie dies kommentierten, über seine vorhersehbaren Reaktionen:

- ○ *»Natürlich schaue ich andere Frauen an, das macht doch jeder gesunde Mann!«*
- ○ *»Du bist so überempfindlich, immer gleich diese Eifersucht ...«*
- ○ *»Ich werde ja wohl ab und zu einen Kaffee bei einer anderen Frau trinken dürfen ...«*

Wie oft schoben diese Frauen ihr Misstrauen nur zu gerne wieder zur Seite, und brachten die intuitive Stimme zum Schweigen. Und wie oft versuchten sie, weniger empfindlich zu sein ...

Frau (45 Jahre), ist geschieden und hat seit einigen Jahren einen Freund

»Ich habe mir seinen Computer näher angesehen, als ich eine Zeitlang das Gefühl hatte, dass er emotional verwahrloste. Ich wollte sehen, was ihn so viel Zeit kostete. Ein Impuls, den ich Monate lang unterdrückt hatte, aus Angst davor, tatsächlich etwas zu entdecken. Und so war es! Ich fand eine große Anzahl Porno-Websites und E-Mail-Adressen. Ob er sich auch im realen Leben mit Frauen getroffen hatte? Auf eine eigenartige,

fast unmerkliche Weise stürzte meine Welt zusammen. Aber ich hatte auch das Gefühl: Jetzt habe ich dich!

Und gleichzeitig dachte ich: Niemand darf das erfahren. Warum? Er nahm sich nur wenig Zeit für mich. Andere Dinge gingen vor, nie hat er mal etwas abgesagt. Der soziale Druck von außen ist für ihn viel wichtiger, als unsere Beziehung. An einem Abend habe ich mit ihm über meine Entdeckung gesprochen, in einem Moment großer Intimität. Ich sagte: ›Es ist etwas Schreckliches passiert – ich habe deine geheime Welt entdeckt.‹ Er reagierte mit: ›Was für eine geheime Welt?‹, und dann fing er an zu weinen. Meine Wut und Empörung schmolzen sofort dahin, und wir hatten ein sehr gutes und intimes Gespräch. Er vertraute mir an, dass er kurz davor gewesen war, Frauen zu Hause zu besuchen. Es war, als ob mir jemand ein Messer ins Herz gerammt hätte. Für mich hatte er nämlich kaum Zeit … Aber da er mich beruhigte – das geht mir nur ab und zu so, und kurz danach bin ich diese Gedanken wieder los, und so weiter – war ich nachsichtig mit ihm. Auch weil ich ihn nicht verlieren will.

Nach dieser ›Entdeckung‹ war eine Zeitlang Ruhe. Bis ich in seiner Brieftasche die Wegbeschreibung zu einem Erotikclub in der Nähe von Eindhoven fand. Er muss manchmal geschäftlich in die Stadt. Als ich ihn damit konfrontierte, sagte er, dass er zwar davon fantasieren, aber dem nie nachgeben würde.

Da ich wollte, dass unsere Beziehung weitergeht, weil ich mich trotz allem von ihm geliebt fühlte, beschloss ich, seine Erklärung zu akzeptieren. Aber manchmal beschleicht mich die Angst: Ob er wohl …? So eine Wegbeschreibung ist doch ziemlich nahe an der Umsetzung, oder? Warum hat ein Mann, der so lieb und zärtlich und voller Aufmerksamkeit sein kann, solche Fantasien über Huren nötig?«

DIE ENTHÜLLUNG SELBST

Die Enthüllung eines geheimen Sexlebens des Partners kann auf verschiedene Arten erfolgen:
- der Betreffende erzählt es selbst;
- die Partnerin entdeckt es zufällig;
- eine dritte Person teilt es mit.

Aber wie auch immer es herauskommt, die Welt der Partnerin steht erst einmal kopf. Alle Erwartungen und Vorstellungen in Zusammenhang mit Ehe und Beziehung werden plötzlich in Frage gestellt. Auf drei Ebenen gibt es Veränderungen:
- *Beim Pornokonsumenten/Sexsüchtigen selbst.* Seine geheime Welt ist plötzlich nicht mehr geheim. Sie ist jetzt öffentlich, und das hat Folgen, egal wie man es auch dreht und wendet. Er wird sich mit seinem Verhalten auseinandersetzen müssen.
- *Bei der Partnerin.* Illusionen gehen zu Bruch: Der Partner scheint nicht der zu sein, für den er sich immer ausgab.
- *In der Beziehung.*
  Es handelt sich hierbei um eine unlösbare Dreiheit, die durch die Dynamik des Prozesses miteinander verbunden ist.

Aktivitäten, die ans Tageslicht kommen können

Wenn tatsächlich eine Sexsucht vorliegt, kann diese Sucht aus einer oder mehreren der folgenden Aktivitäten bestehen:
- Bordellbesuche;
- Affären oder Fremdgehen;
- homosexueller Sex;
- Pornografie/Internetsex über den Computer;
- Pornografie/Internetsex und Verabredungen im realen Leben;

- Kinderpornografie ohne reale Begegnungen;
- Kinderpornografie mit realen Begegnungen;
- Sex-Hotlines;
- Fetische, zum Beispiel Damenunterwäsche, Stiefel oder Leder;
- Sex mit Tieren;
- jede Form von Sex.

Alle Männer, denen ich bislang in meiner Praxis begegnet bin, gehen einer oder mehreren der oben genannten Aktivitäten nach. Nur eines haben sie gemeinsam: Nahezu jeder dieser Männer bedient sich für seine pornografischen und/oder sexuellen Aktivitäten des Internets.

Frauen haben das Wort

o *»Mein Computer war kaputt, und da ich Geld überweisen musste, benutzte ich den Computer meines Mannes. Es erschienen allerlei Pop-up-Fenster von Porno-Websites, und deshalb sah ich mir den Browserverlauf an. Was ich da zu sehen bekam … Das erschütterte meine Welt.«*

o *»Ganz zufällig sah ich diese SMS: ›Es war herrlich!! Wann sehe ich Dich wieder? Küsschen, S.‹«*

o *»Als ich den Dachboden aufräumte, fand ich eine Kiste, die ich noch nie gesehen hatte. Ich öffnete sie und erschrak mich zu Tode. Damenunterwäsche aller Art, in allen Größen und Farben. Viel davon war noch nicht mal gewaschen … Mir wurde fast übel. Widerlich!«*

Die Art, wie das geheime Sexleben herauskommt, hat einen großen Einfluss darauf, wie sehr es die Partnerin/den Partner verletzt.

Frau

»Dass er mit einer anderen geschlafen hat, darüber kann ich noch hinwegkommen, aber dass er es mir nicht selbst gesagt hat ... Dadurch fühle ich mich erst wirklich verraten.«

Frau in einem Brief an ihren sexsüchtigen Partner

»Ich muss mir auch eingestehen, dass du mir viel Leid zugefügt hast. Deine Sexsucht hat mich hart getroffen – vor allem die Tatsache, dass du mich jahrelang angelogen hast, und mir selbst dann nichts davon erzählt hast, als wir heirateten. Dass wir mit einer Lüge in unsere Ehe gegangen sind. Dass du der Frau, die du liebst, nicht genug vertrautest, um ihr zu erzählen, wie es dir wirklich ging. Und dass du jahrelang mit einem Geheimnis gerungen hast, das dadurch nur schlimmer wurde und an dir nagte. Dass du mir nicht die Chance gegeben hast, dich zu unterstützen.«

EIN TRAUMATISCHES EREIGNIS FÜR JEDEN PARTNER

Amerikanische Studien haben nachgewiesen, dass Personen, die plötzlich mit einem geheimen Sexleben ihres Partners konfrontiert werden (und hier ist nicht der »Ausrutscher« gemeint) bei den Merkmalen für posttraumatische Stresssymptome höhere Werte erzielen, als die Kontrollgruppe. Die Enthüllung führte zu einer Zunahme von Ängsten, Depressionen, Wut, obsessiven Gedanken, zwanghaftem Kontrollverhalten, Konzentrationsschwierigkeiten, der Neigung, Menschen aus dem Weg zu gehen sowie zu einer erhöhten Wachsamkeit.

Die Auswirkungen eines traumatischen Ereignisses

Die Enthüllung einer (beginnenden) Sexsucht, einer außerehelichen Beziehung, von Internetsex oder anderem problematischen sexuellen Verhalten ist für den Partner durchweg ein einschneidendes Ereignis und zu vergleichen mit anderen psychischen Traumata, wie zum Beispiel dem Erleben eines Gewaltverbrechens oder eines Autounfalls. Das führt zu einer emotionalen Wunde (Trauma = Wunde), die bei vielen Menschen ein Gefühl der Betäubung verursacht. Wie mir eine Frau einmal sagte: »Am Anfang dachte ich nur … wann wache ich auf und alles ist wieder so wie vorher?«

Eine solche Reaktion ist gut. Die Betäubung wirkt wie eine Art Stoßdämpfer und sorgt dafür, dass das traumatische Ereignis psychologisch gesehen in mundgerechte Häppchen aufgeteilt wird. Dadurch ist es möglich, das Erlebte zu verdauen. Vielleicht denkt die Umgebung der betreffenden Person, dass sie sehr stark sei oder sie alles nicht so berührt, aber das trifft nicht zu. Die Verletzung sitzt gerade so tief, dass die Betäubung notwendig ist, um diesen Schlag einigermaßen auffangen zu können.

Traumatische Ereignisse haben für fast alle Menschen emotionale Auswirkungen, die man auch Begleiterscheinungen des Traumas nennen kann. Mittlerweile ist eine große Anzahl dieser

Begleiterscheinungen bekannt, weil sie bei allen Betroffenen einen vergleichbaren Ablauf haben, auch wenn sie über einen unterschiedlich langen Zeitraum auftreten können.

Im nächsten Kapitel führe ich die häufigsten emotionalen Auswirkungen und Begleiterscheinungen, die nach der Enthüllung eines geheimen Sexlebens des Partners auftreten können, im Einzelnen auf.

Kapitel 6

Die Auswirkungen der Enthüllung auf die Partnerin/den Partner

Wie im letzten Kapitel bereits erwähnt, durchleben Frauen nach der Enthüllung eines geheimen Sexlebens des Partners verschiedene Phasen. Diese sind vergleichbar mit den Phasen, die bei der Verarbeitung anderer psychischer Traumata ablaufen.

DIE VERSCHIEDENEN PHASEN DES VERARBEITUNGSPROZESSES

Phase 1. Durch den Schock wird die eigene Welt erschüttert

Jedes traumatische Ereignis hat einschneidende Auswirkungen. Das Alltagsleben wird mit einem Schlag empfindlich gestört. Dasselbe passiert, wenn beim Partner ein geheimes Sexleben entdeckt wird. Auch wenn es bereits (verdrängte) Vermutungen gab, ringen die betroffenen Frauen dann mit Gefühlen wie Bestürzung, Machtlosigkeit, Angst, Ratlosigkeit und Ungläubigkeit. Wir möchten nämlich in unserem Leben von bestimmten Sicherheiten ausgehen. Wenn wir in den Zug nach Amsterdam steigen, vertrauen wir darauf, dass wir dort auch ankommen. Dasselbe gilt für andere Dinge. Wenn wir morgens das Haus verlassen, um zur Arbeit zu gehen, wollen wir davon ausgehen können, abends dorthin zurückzukehren. Ohne solche »Sicherheiten« können wir schlichtweg keine Vereinbarungen treffen oder Pläne schmieden. Aus diesem Grund haben wir ausgesprochene und unausgesprochene Erwartungen an den Ablauf unserer Tage, an unser Leben, uns selbst, unsere

Beziehung, an andere und unsere Zukunft. Viele Frauen stellen sich in Gedanken vor, wie sie mit ihrem Partner die nächsten zehn, zwanzig oder dreißig Jahre verbringen, wie sie als Rentnerehepaar durch die Welt reisen, oder als Großeltern mit den Enkeln spielen. Auch wenn sie genau wissen, dass diese Träume durch Krankheit oder einen Unfall vielleicht nicht in Erfüllung gehen werden, glauben sie nicht wirklich, dass etwas Schlimmes passiert. Doch wenn das geheime Sexleben des Partners ans Tageslicht kommt, verlieren auch diese Träume ihren Wert, denn so etwas hielten die Frauen nicht für möglich. Für die Betroffenen resultiert daraus ein Trauma, mit allen emotionalen Auswirkungen und Begleiterscheinungen, wie zum Beispiel:

- sich ständig mit Fragen über das zu quälen, was passiert ist;
- plötzlich von der Angst überfallen zu werden, das Leben alleine meistern zu müssen (Trennungsangst);
- viel reizbarer zu sein als sonst;
- eine erhöhte Aufmerksamkeit und Wachsamkeit an den Tag zu legen;
- ängstlicher auf Signale zu reagieren, die auf eine Wiederholung des Ereignisses deuten können -
  Beispiel: Wenn sich der eigene Partner früher, wenn er abends nicht im Bett lag, mit Internetsex beschäftigt hat, wird man sehr misstrauisch, sobald er nicht neben einem liegt. Mit Herzklopfen vor Angst schleicht man sich an ihn heran ... um ihn wieder zu erwischen;
- Probleme mit dem Einschlafen und Durchschlafen zu haben, weil man durch Grübeln über das Geschehene nicht einschlafen kann oder beim geringsten Geräusch hochschreckt;
- unter unschönen Träumen zu leiden, die in Albträume ausarten können;
- schnell in Gedanken versunken zu sein oder sich nur schlecht konzentrieren zu können;

- unter Selbstvorwürfen zu leiden, zum Beispiel: Wenn ich nur besser aufgepasst hätte, öfter mit ihm geschlafen hätte etc., dann wäre es nicht passiert;
- so zu tun, als ob nichts sei.

Alle diese Symptome können sich mit Niedergeschlagenheit abwechseln. Viele Frauen haben in solchen Situationen gute und schlechte Tage – Tage, an denen Erinnerungen und Emotionen hochkommen, aber auch Tage, an denen sie nicht daran denken und alles normal zu sein scheint. Diese Abwechslung ist notwendig. Sie gehört zu dem Prozess, der die Verarbeitung erst möglich macht.

Durch das Aufdecken der »Untreue« des Partners wird die Welt der betroffenen Frauen in ihren Grundfesten erschüttert. Nach und nach oder mit einem Schlag dringt zu ihnen durch, dass der Partner nicht der ist, für den sie ihn hielten. Alle Erwartungen und Vorstellungen in Bezug auf Ehe und Beziehung werden umgestoßen. Die Zusammengehörigkeit als Paar steht schlagartig in Frage, und ein Abgrund tut sich auf. Ein solcher Schlag ruft verschiedene Gefühle hervor.

Phase 2. Emotionen und emotionale Reaktionen

Frauen erzählen mir häufig, dass ihre erste Reaktion sowohl aus Erleichterung als auch aus Ungläubigkeit bestand. Erleichterung, weil sich ihre Vermutung: »Irgendetwas stimmt nicht« bewahrheitete. Und Ungläubigkeit, weil sie nicht begreifen konnten oder wollten, dass ihr eigener Mann so etwas tat. Die emotionalen Auswirkungen und Begleiterscheinungen sind im Allgemeinen: sich im Stich gelassen, verraten und gedemütigt fühlen, Ärger oder Wut, Traurigkeit, Schmerz, Angst, Verwirrung, Eifersucht, Verzweiflung und Erleichterung. Diese Gefühle können nicht nur nebeneinander auftreten, sondern auch rasend schnell aufeinander folgen oder miteinander kollidieren. Wogen der Traurigkeit können sich mit Wogen des Zorns abwechseln. Dem Wunsch, ihn aus dem Haus zu werfen kann kurze Zeit später der Wunsch folgen, sich an ihn zu kuscheln und zu sagen, dass alles wieder so wird wie früher.

Frauen haben das Wort

o »*Seit ich es von meinem Freund weiß, habe ich eine Achterbahn der Gefühle erlebt, die immer noch andauert. Im einen Moment möchte ich ihn nur zu gerne aus dem Haus schmeißen, im nächsten schlafen wir leidenschaftlich miteinander. Ich erkenne mich selbst nicht mehr!*«

o »*Als ich mit ihm eine Beziehung anfing, dachte ich: Ich habe einen normalen Mann. Das Einzige, was ab dem Moment des Zusammenziehens fehlte, war Sex und Intimität. Er hat mich nur begehrt, solange wir noch nicht zusammenwohnten. Und jetzt erfahre ich, dass er die ganze Zeit über zu Prostituierten ging, während ich zu Hause auf ihn wartete … Nicht zu glauben, oder? Ich fühle nichts, bin einfach nur fassungslos.*«

o »*Als ich von seinem Doppelleben, seiner Sexsucht, seinen Bordellbesuchen erfuhr … habe ich emotional eine Berg-und-Tal-Fahrt mitgemacht. Mein Mann, mein Fels in der Brandung, dem ich zu hundert Prozent vertraute. Das hätte ich nie gedacht … Von meiner Familie habe ich mit auf den Weg bekommen: Was auch passiert, wir lieben uns weiterhin. Diese Haltung habe ich mit in meine Ehe genommen. Ich fühle mich furchtbar verraten.*«

GEFÜHLE IN ZUSAMMENHANG MIT DER ENTHÜLLUNG

Angst

Besonders präsent ist die Angst, »dass es wieder passiert«. Viele Frauen berichten, dass sie nachts wach werden und sich erschrecken, wenn der Partner nicht neben ihnen liegt. Sofort denken sie, dass er wieder am Computer sitzt, um Pornografie und/oder Internetsex zu konsumieren.

Wut

Heftige Wut taucht früher auf, als der Schmerz der Verletzung. Die Wut liegt wie eine Schutzschicht über dem Schmerz. Sie hat sozusagen die Funktion eines Wachhundes. Die Wut oder der Ärger kann sich auf verschiedene Arten äußern. Frauen können Wut oder Ärger darüber verspüren, was ihnen angetan wurde, was sie alles für diesen Mann und die Beziehung getan haben, aber sie verspüren auch Wut auf sich selbst.

Frauen haben das Wort

o *»Ich bin so wütend! Ich bin jahrelang zu kurz gekommen. Mir erzählte er ständig von seinem harten Job, aber zu Huren zu gehen, dafür hatte der Heuchler wohl Zeit. Das ist jetzt vorbei, das sage ich Ihnen. Jetzt bin ich an der Reihe. Dafür sorge ich schon. Wir haben in den letzten sechs Wochen öfter miteinander geschlafen als in den zehn Jahren davor!«*

o *»Ich bin über die Tatsache wütend, dass ich so lange Zeit mit einem Mann gelebt habe, der mit ganz anderen Dingen beschäftigt war. Ich vermutete schon etwas, aber eigentlich wollte ich es nicht wissen. Das nehme ich mir jetzt selbst übel. Ich bin selber erstaunt, dass ich mir das so lange habe gefallen lassen. Eines weiß ich mit Sicherheit … ich lasse das nicht noch einmal zu. Nie wieder.«*

o *»Wir hatten es so gut zusammen, verdammt noch mal. Er hat alles kaputtgemacht.«*

o *»Alles was wir zusammen hatten, war eine einzige Lüge, alles.«*

Frauen fühlen auch oft Wut, weil ihre Annahme, eine exklusive (sexuelle) Beziehung zu haben, enttäuscht wurde. Enttäuschungen kommen allerdings nicht nur bei Paaren vor, bei denen der Mann ein problematisches sexuelles Verhalten an den Tag legt und/oder fremdgeht. In jeder Beziehung passiert früher oder später etwas, das die Illusion der romantischen Liebe und der Zweisamkeit (stark) erschüttert. Man kann dies als etwas Negatives ansehen, oder aber als eine Herausforderung, daran zu wachsen. Sie haben die Wahl! Bei vielen Frauen kommt in jeder Phase der Verarbeitung eine weitere Schicht der Wut an die Oberfläche.

> Frau (37 Jahre), nach ihrer Scheidung
> *»Was ich so schlimm finde, ist, dass alles was wir hatten, auch das Gute (und davon gab es viel, wir hatten echt ein schönes Leben zusammen), dadurch in den Schmutz gezogen wurde, dass er jahrelang so bodenlos gelogen hat. Jetzt denke ich bei jeder schönen Erinnerung: Vielleicht tat er damals nur so lieb, weil er etwas gutzumachen hatte. Vielleicht war er da gerade bei den Huren gewesen, oder hatte gerade ein Sextreffen über das Internet verabredet. Manchmal habe ich das Gefühl, dass er mir im Nachhinein auch unsere guten Jahre weggenommen hat. Aber diese Wut spüre ich erst jetzt, zum ersten Mal!«*

Einige Frauen bleiben in der Phase der Wut stecken, doch das liegt dann häufig nicht nur an der aktuellen Situation. Wut darüber, was ihnen früher in ihrer Jugend und/oder in früheren Beziehungen angetan wurde, kann durch das Verhalten des jetzigen Partners wieder geweckt werden. Die Erfahrung mit dem aktuellen Partner verstärkt dann die Wut, die aus früheren schlechten oder traumatischen Erfahrungen resultiert.

> Loes (39 Jahre), verheiratet mit Jeroen (46 Jahre), drei Kinder
> *Neben Internetsex hatte Jeroen zweimal eine außereheliche Beziehung. Das liegt mittlerweile schon etliche Jahre zurück, aber Loes kann nicht darüber hinwegkommen. Jede Meinungsverschiedenheit, jedes Abweichen von der Zeit, zu der er sonst nach Hause kommt, jedes Verhalten von Jeroen, das ihr nicht gefällt, führt zu Streit und Vorwürfen über seine Internetsexaktivitäten und sein Fremdgehen. Da sie sich keinen Rat mehr wissen, kommen sie zu mir in die Praxis. Als wir uns näher mit ihrer Lebensgeschichte beschäftigen, berichtet Loes, dass sie von ihrem Vater sexuell missbraucht wurde, und dass Jeroen das wusste. Durch sein Verhalten fühlt sie sich umso mehr verletzt, verraten und missachtet. Das weckt in ihr die Furie, die sie weder unterdrücken noch zurückhalten kann. Sie hat wegen ihrer Missbrauchserfahrungen nie eine Therapie gemacht. Jeroen fühlt sich wegen ihrer Vorgeschichte doppelt schuldig und lässt deswegen ergeben ihre Tiraden über sich ergehen. »Ich habe es mir selber eingebrockt«, sagt er.*

Loes weigert sich, bei ihren Verletzungen ihre Vergangenheit mit einzubeziehen. Sie gibt Jeroen die Schuld an allem, was sie fühlt: »Wenn er nicht fremdgegangen wäre, hätte ich das hier nicht durchmachen müssen.« Dadurch hat sie das Recht, bitter, hart und abweisend zu sein, wenn er sich nicht so verhält, wie er es in ihren Augen sollte, findet sie.

Aber eigentlich weigert sich Loes, Verantwortung für ihr eigenes Verhalten zu übernehmen – und dies ist dasselbe Phänomen, das Männer mit einer (beginnenden) Sexsucht an den Tag legen.

Sie schafft eine Atmosphäre, in der jeder vermeintliche Fehler seinerseits völlig inakzeptabel für sie ist und zu demütigenden, die Beziehung untergrabenden Streitigkeiten führt.

Wut verhindert auch den Übergang zur nächsten Phase, der Phase der Verarbeitung. Am Zorn festzuhalten gibt einem neben den Gefühlen der Macht und Kontrolle auch Schutz. Wenn man die Wut loslässt, kommen Traurigkeit und häufig ein tiefer Schmerz zum Vorschein. Gefühle wie Schwäche, Verletzlichkeit und Schutzlosigkeit treten dann an die Oberfläche. Wut liegt wie eine Decke über dem tiefen Schmerz des Verlustes und der Erkenntnis, dass es nie wieder so sein wird wie früher. Es braucht Mut, um diese Gefühle zu durchleben.

Verzweiflung

Wut überlagert auch oft die Verzweiflung angesichts der Erkenntnis, dass der Partner nicht der ist, für den man ihn hielt. Ein Traum löst sich in Rauch auf. Manche Frauen verlieren dadurch auch das Vertrauen in das Leben an sich. Sie werden gezwungen zu akzeptieren, dass das Leben unberechenbar ist. Zu welcher Verzweiflung dies führen kann, zeigt der folgende Brief.

> *Sehr geehrte Frau Rijsingen,*
> *nach einer zehnjährigen Ehe fast ohne Sex lebe ich seit ein paar Jahren mit der Liebe meines Lebens zusammen. Er begehrte mich heftig als Frau, wollte jeden Tag und manchmal noch öfter Sex, und ich fand es herrlich. Seine beiläufige Bemerkung über »seine Sexsucht« schob ich beiseite.*
> *Aber als er nach der ersten Verliebtheit immer noch so oft Sex wollte, fragte ich ihn, was er mit seiner Bemerkung gemeint hatte. Er erzählte mir dann von seinen täglichen starken sexuellen Begierden und Fantasien. Dass sie so stark seien, dass er*

bei seiner Arbeit darunter leidet. Täglich Sex mit mir zu haben,
würde ihm sehr helfen, sagte er. Um ihm zu helfen, tat ich das
eine Zeitlang, aber ich hatte schon Vermutungen, Ängste und
Sorgen. So sehr, dass ich irgendwann nach greifbaren Bewei-
sen suchte. Im Webseitenverlauf seines Computers fand ich eine
enorme Anzahl Sex-Websites. Normale Sex-Websites, Softcore,
Hardcore, aber auch – und das erschreckte mich am meisten –
viele Inzest-Webseiten. Seitdem behalte ich ihn erst recht im
Auge und habe bemerkt, dass er, sobald er einen Tag keinen Sex
mit mir hat, diese Webseiten besucht. Mein Glück hat sich in
Luft aufgelöst. Ich fühle mich unsicher, ängstlich, wie betäubt
und auch sehr wütend. Er drängt auf Sex, und obwohl ich Sex
schön finde, bekomme ich diese Bilder nicht aus meinem Kopf.
Wenn ich ihm nicht nachgebe, was passiert dann?
Eine ratlose Frau

Schmerz

Bei der Verarbeitung des Erlebten kommt der Schmerz dann zum
Vorschein, wenn die Schutzschicht der Wut nicht mehr so sehr erforderlich ist. Aber emotionaler Schmerz kann sich auch körperlich
äußern. Viele Personen fühlen Schmerzen in der Herzgegend oder
um den Bauchnabel herum, aber auch im Kopf oder im Hals über
dem Schlüsselbein. Der Schmerz hängt mit dem zerstörten Glück
zusammen, den zerstörten Idealen, dem Verrat der Ausschließlich-
keit der Liebe. Der Schmerz kann aber auch aus dem Erkennen
dessen herrühren, was *nicht war* oder sogar *nie gewesen ist.*

Frau (46 Jahre)
»Als ich meinen Mann verließ, war ich unendlich traurig. Aber
mir wurde schon bald klar, dass ich besonders viel Schmerz und
Trauer empfand über das, was wir zusammen hätten haben
können, aber was in Wirklichkeit nie gewesen ist. Denn ab dem

ersten Tag unserer Beziehung habe ich mich allein und von ihm im Stich gelassen gefühlt. Vom ersten Tag an hatte er schon Affären mit anderen Frauen.«

Wie schon zuvor erwähnt, können alle diese Emotionen durcheinandergehen, und vom Gefühl der Erleichterung abgelöst werden.

Frauen haben das Wort
- *»Ich fühle mich schon auch erleichtert. Denn ich hatte immer das Gefühl, dass alles an mir lag. Etwas ist von mir abgefallen. Auch weil er etwas daran ändern will. Aber ich denke schon: Er ist krank.«*

- *»Ich kann jetzt zu meinem eigenen sexuellen Rhythmus zurückkehren. Denn wenn es ein paar Tage nicht passiert war, wurde ich wach vor Unruhe. Weil er es unbedingt braucht, so dachte ich. Sein Bedürfnis nach Sex ist so eng mit meinem Leben verknüpft, da wird mir ganz anders.«*

DER UMGANG MIT DIESEN EMOTIONEN

Der Mensch hat die natürliche Neigung, Schmerz so wenig wie möglich spüren zu wollen. Wenn wir Schmerzen in der einen Gesäßbacke haben, dann verlegen wir unser Gewicht auf die andere – eine ganz normale Reaktion. So ist es auch mit den Gefühlen, die von einem traumatisierenden Ereignis ausgelöst werden. Es ist eine normale Reaktion, das Leid dadurch zu lindern, dass Tatsachen geleugnet, vermieden, verdreht, bagatellisiert oder beschönigt werden.

Die Frauen, die nach der Enthüllung der (virtuellen) Untreue des Partners zu mir in die Praxis kommen, zeigen oft eine oder mehrere der folgenden Reaktionen.

Phase 1. Den Ernst des Geschehenen leugnen

> Frau (31 Jahre), deren Mann während der sechsjährigen Ehe ein Verhältnis hatte
> *»Mein Mann ist froh, dass ich seine Untreue entdeckt habe. Und ich auch, denn ich bin sicher, dass er unsere Familie nicht aufs Spiel setzen wollte. Er hat dann auch damit aufgehört und ich tue alles, damit das nicht wieder passiert.«*

Manche Frauen bagatellisieren die Situation oder stecken den Kopf in den Sand und machen sich vor, dass »alles nicht so schlimm« sei. Oder aber sie versuchen, mit der Pornografie oder anderen Frauen zu konkurrieren, indem sie häufiger mit ihrem Mann schlafen oder andere sexuelle Aktivitäten initiieren. Im letzteren Fall kann es passieren, dass sie ihre sexuellen Grenzen nicht nur verschieben, sondern auch überschreiten.

Frau (46 Jahre)

»Als ich seine Hefte mit den Frauen in Dessous entdeckte, habe ich mir Push-up-BHs und halterlose Strümpfe gekauft. Ich zog auch manchmal Strapse und ein sexy Negligé an. Das funktionierte auch am Anfang, aber nach einer gewissen Zeit erwischte ich ihn doch wieder im Internet.«

Phase 2. Leugnen der eigenen Gefühle

Viele Frauen »vergessen« ihre eigenen Gefühle und setzen sich nur mit den Beweggründen und Emotionen ihres Partners auseinander. Manche tun es ihrem Partner sogar nach, um ihn zu verstehen.

Frauen haben das Wort

○ *»Nachdem ich von seinen Bordellbesuchen erfahren hatte, habe ich auch mal eine Verabredung mit einem fremden Mann gehabt. Und ich habe mich bezahlen lassen ... Jetzt weiß ich, wie es geht, aber ich kann nicht erkennen, was daran so toll sein soll.«*

○ *»Ich würde so gerne verstehen, warum er diese Dinge tut.«*

Andere Frauen bekommen Mitleid mit ihrem Partner. »Er hat wirklich ein Problem ... Wie kann ich ihm helfen?«, fragen sie.

Frauen haben das Wort

○ *»Als mein Mann mir weinend erzählte, dass er schon seit ein paar Jahren zu Prostituierten ginge, habe ich meinen Arm um ihn gelegt und gesagt: ›Zusammen schaffen wir das.‹«*

○ *»Ich habe meinen Mann nie weinen sehen. Aber wenn es um seine Sucht geht, weint er jedes Mal, wenn er sagt, dass er daran nichts ändern kann. Es ist stärker als er selbst, sagt er. Das finde ich dann so traurig, dass ich ihn wieder tröste.«*

o »*Als wir das erste Mal beim Therapeuten waren, fragte der mich: ›Wie fühlt sich das, was er getan hat, für Sie an?‹ Ich musste weinen, und sagte, dass ich darüber sehr traurig sei. Dann begann mein Freund zu weinen: ›Ich habe solche Angst, dass sie mich verlässt.‹ Meine Tränen waren sofort verschwunden und ehe ich mich versah, war ich schon dabei, ihn zu trösten. Seltsam eigentlich, oder?*«

Die meisten Frauen, die ich bis jetzt kennengelernt habe, gehen nicht oder nur kaum ihrem Bedürfnis nach, mit anderen darüber zu sprechen. Sie nehmen ihren Partner und ihre Beziehung in Schutz – vor anderen wird keine schmutzige Wäsche gewaschen. Einerseits tun sie das, weil es zu beschämend für ihren Partner ist, andererseits, weil sie sich selbst dafür schämen, dass ihr Partner so etwas tut. (Das Offenlegen des Geheimnisses ist jedoch ein Teil des Heilungsprozesses.)

Außerdem denken Frauen häufig, dass das problematische sexuelle Verhalten ihres Partners eine Folge davon ist, dass sie zu selten miteinander schlafen, oder dass zwischen ihnen zu wenig sexuelle Spannung vorhanden ist. Oder sie führen sein Verhalten darauf zurück, dass sie aufgrund ihres Alters nicht mehr attraktiv genug sind.

Ich habe die Ergebnisse der Untersuchung von *Psychologie Magazine* daraufhin überprüft, ob sie diese Aussagen unterstützen oder bestätigen (siehe Tabelle auf Seite 79). Urteilen Sie selbst. Etwa 30% der befragten Männer und 44% der befragten Frauen, deren Partner manchmal den genannten Aktivitäten nachgeht, wurden verschiedene mögliche Auswirkungen vorgelegt, zusammen mit der Frage, inwieweit diese zutreffen.

Was mich am meisten trifft, ist: Knapp ein Drittel der Frauen (29%) – gegenüber 13% der Männer – fühlt sich in Bezug auf die eigene sexuelle Attraktivität verunsichert. Dies ist für mich definitiv keine positive Auswirkung.

Außerdem geben Frauen an, dass sie öfter Sex haben möchten (49%) und sexy Dessous anschaffen und tragen wollen (30%, gegenüber 14% der Männer). Sowohl Männer (68%), als auch Frauen (55%) geben an, dass ihr Sexleben abwechslungsreicher geworden ist – und dass sich ihre Grenzen in Bezug auf Sex verschoben haben (51% bei den Männern und 47% bei den Frauen). Im Prinzip ist dies positiv. Ich finde jedoch, dass die Sache einen Haken hat, denn aus diesen Zahlen geht nicht hervor, inwiefern dieses Verhalten wirklich von den Frauen selbst erwünscht ist, oder nur aus dem Bedürfnis resultiert, die Beziehung zu ihrem Lebenspartner aufrechtzuerhalten. Das finde ich sehr schade, weil ich in meiner Praxis oft von Frauen zu hören bekomme:

Frauen haben das Wort

o *»Ich muss auch zugeben: Von Anfang an hatte ich viel seltener Lust als er. Ich habe regelmäßig nur so getan als ob. Aber es half alles nichts.«*

o *»Am Anfang unserer Beziehung hatte ich sogar öfter Lust als er, aber seit der Geburt der Kinder ging es damit ziemlich bergab. Ich kann mir vorstellen, dass er seine Bedürfnisse auf irgendeine Art befriedigen muss. Vielleicht sollte ich froh sein, dass er mir nicht zur Last fällt.«*

o *»Ich habe erst jetzt begriffen, welche Bedeutung Sex für ihn hat. Deswegen tue ich mein Bestes, um viel mehr auf seine Wünsche einzugehen.«*

o *»Seit ich von seinem Internetkonsum weiß, schenke ich uns manchmal abends ein Glas Wein ein und ziehe etwas Schönes an. Wir haben jetzt öfter Sex und er sitzt seltener am Computer.«*

Diese Haltung führt nicht selten dazu, dass Frauen anfangen, sich anders zu verhalten. Oft tun sie das auf eine Art, die dazu führt, dass sie ihre eigenen Grenzen verschieben oder manchmal sogar überschreiten.

o *»Er macht diese Dinge bestimmt, weil er mich nicht mehr attraktiv findet. Ich bin seit der Geburt der Kinder auch nicht mehr superschlank. Aber gut, wer ist das schon in meinem Alter?«*

Männer haben das Wort

o *»Seit ich meiner Frau erzählt habe, was ich alles angestellt habe, haben wir besseren Sex denn je. Verstehen Sie das jetzt?«*

o *»Seit sie weiß, dass ich fremdgehe, tut sie plötzlich Dinge, um die ich immer gebeten oder sogar gebettelt habe.«*

In welchem Maß treffen die unten aufgeführten Folgen zu?

Sie möchten öfter Sex haben

Sie möchten seltener Sex haben

Sie haben angefangen, auf sexuellem Gebiet andere Dinge
zu tun, als Sie eigentlich wollen

Sie haben sich sexy Kleidung gekauft und tragen diese

Ihr Partner möchte, dass Sie mitgucken,
aber Sie möchten das nicht

Sie fühlen sich unsicher in Bezug
auf Ihre eigene sexuelle Attraktivität

Sie merken, dass sich Ihre eigenen Grenzen
auf sexuellem Gebiet verschieben

Ihr Sexleben ist abwechslungsreicher geworden

MÄNNER deren Partnerin manchmal Pornoaktivitäten nachgeht			FRAUEN deren Partner manchmal Pornoaktivitäten nachgeht		
Trifft voll und ganz zu	Trifft ein wenig zu	Gesamt	Trifft voll und ganz zu	Trifft ein wenig zu	Gesamt
15%	56%	71%	15%	33%	49%
0%	8%	8%	5%	8%	13%
1%	10%	11%	1%	10%	11%
0%	14%	14%	4%	26%	30%
0%	7%	7%	1%	6%	7%
0%	13%	13%	6%	23%	29%
7%	44%	51%	9%	39%	47%
21%	47%	68%	19%	36%	55%

Doch eine Sexsucht kann nicht geheilt werden, indem sich der Partner des Betroffenen zu häufigerem und/oder abwechslungsreicherem Sex durchringt.

Frau (49 Jahre)

»Ich hatte alles, als ich ihn kennenlernte. Einen guten Job, ein schönes Haus und ich wohnte in einem netten Provinzstädtchen. Ich habe alles aufgegeben und mich in sein Leben eingefügt. Ich arbeitete in seiner Firma, sorgte für seine Kinder und wusste ... ich darf auf keinen Fall langweilig im Bett sein ... denn er fand seine erste Frau langweilig im Bett. Darum ging er zu Prostituierten. (...)

Er wollte, dass ich aufregende Sachen trug, also zog ich Reizunterwäsche an, trug Strapse und brach mir fast den Hals auf Stilettos. (...)

Er wollte in Swingerclubs gehen, also ging ich in Swingerclubs. Ich fand es schrecklich, aber ich tat es mit der Vorstellung: Wenn wir das einmal getan haben, dann ist die Sache abgehakt. Ich täuschte mich, er wollte noch öfter hingehen! Wir gingen zwei- bis dreimal pro Jahr, aber nach einem Konflikt hatte ich solche Angst, ihn zu verlieren, dass ich selbst vorschlug, einmal pro Monat in den Swingerclub zu gehen. Manchmal konnte ich es abwenden oder mich davor drücken, indem ich die Pille ohne Unterbrechung einnahm und genau an dem Wochenende meine Tage bekam ... Er hat das nie durchschaut ...

Als ich es nicht mehr ertrug, sagte ich ihm das und er fand sich damit ab. Aber ... er ging dann ins Internet. Ich dachte: Besser als zu den Huren. Aber ich bekam davon keine Lust auf Sex, sondern eher ein Ekelgefühl. Oft kam er nämlich total geil ins Schlafzimmer, ließ mich seinen Steifen sehen und ... ich kann es kaum aussprechen, die Vorflüssigkeit in seiner Unterhose.

Da habe ich mich dann noch mehr vor ihm geekelt. Aber nicht nur vor ihm, sondern auch vor mir selbst ...«

Frauen, deren Partner Pornografie konsumiert

Inwieweit halten Sie die aufgeführten Auswirkungen
für problematisch?

	nicht problematisch	Kaum, ein wenig, sehr problematisch
Auf sexuellem Gebiet andere Dinge tun, als man will	10%	14%
Innerer Widerstand gegenüber dem Wunsch des Partners, gemeinsam Pornos zu gucken	9%	3%
Unsicherheit bezüglich der eigenen sexuellen Attraktivität	23%	44%
Verhalten des Partners versuchen zu ignorieren	9%	36%
Vortäuschen sexueller Lust und Aufgeschlossenheit	13%	16%
Widerwille gegen Sex nach Pornokonsum des Ehemanns	14%	40%
Wunsch nach Beendigung des Pornokonsums, aber Angst vor Konfrontation	3%	14%
Regelmäßiger Streit mit dem Partner wegen seines Verhaltens	4%	11%
Exzessiver Pornokonsum des Partners	4%	10%
Wunsch, dass der Partner Hilfe aufsucht	4%	1%
Wunsch nach einer gemeinsamen Therapie	4%	7%
Pornokonsum als möglicher Trennungsgrund	4%	8%
Mindestens eine der oben aufgeführten Auswirkungen	**42%**	**72%**

Viele Frauen leiden mehr unter dem Pornokonsum ihres Partners als ihnen bewusst ist und/oder sie zugeben möchten. Schon seit Längerem habe ich den Eindruck, dass einige Frauen nicht ganz durchschauen, was der Pornokonsum ihres Partners mit ihnen selbst macht, und dass sie nicht wissen, wie sie in ihrem Innersten wirklich dazu stehen. Diese Hypothese finde ich durch die Zahlen aus der Untersuchung des *Psychologie Magazine* bestätigt (siehe Tabelle auf Seite 97): Von den Frauen, die angeben, kein Problem mit dem Pornokonsum ihres Partners zu haben, berichten immerhin 42% von mindestens einer negativen Auswirkung.

Von der Gruppe, die auf die eine oder andere Art ein Problem, und sei es nur ein geringfügiges, mit dem Pornokonsum ihres Partners hat, berichten sogar 72% von mindestens einer der soeben genannten »problematischen« Auswirkungen. Gibt das nicht zu denken…?

Phase 3. Versuche der Frauen, der Krise die Stirn zu bieten

Informationen über Sexsucht und problematisches sexuelles Verhalten sammeln

Frau (26 Jahre)

»*Vor zwei Wochen erzählte mir mein Freund, dass er Mitglied bei Portalen gewesen sei, auf denen sich Frauen anbieten, um sich* ›*gangbangen*‹ *(Anm.: Beim* Gangbang *haben mehrere Männer mit nur einer Partnerin Sex) zu lassen. Er habe auch Kontakt zu diesen Frauen gehabt und sei eingeladen worden, dabei mitzumachen. Er beteuerte, dass er nie darauf eingegangen und nichts geschehen sei, aber ich glaube ihm nicht wirklich. Er hat alles getan und angesehen, was man auf sexuellem Gebiet tun kann: chatten, eine Webcam nutzen, Pornos ansehen, einfach alles.*

Das hat mich total erschüttert. Es ist alles so viel weiter ge-
gangen, als ich je gedacht hätte, und wahrscheinlich ist noch
viel mehr passiert, als ich heute weiß. Ich ekele mich vor ihm
und kann mir nicht vorstellen, dass ich ihm je wieder vertrau-
en werde. Wenn ich mehr darüber weiß und die Dinge besser
einordnen kann, verschwindet das Gefühl vielleicht und alles
kommt wieder in Ordnung … Deswegen bin ich auf der Su-
che nach so vielen Informationen wie möglich. Können Sie mir
helfen?«

Wenn Männer zu Prostituierten gehen oder über das Internet ero-
tische Treffen verabreden, haben viele Frauen den Wunsch, so viel
wie möglich darüber in Erfahrung zu bringen.

Die Frau eines ehemaligen Süchtigen
»Damals wollte ich alles wissen. Ich fragte meinen Mann, wie
es ablief, wie lange so ein Besuch dauerte, was es kostete, welche
Art Frauen er sich aussuchte, wirklich alles! Das klingt jetzt
wie eine Art Selbstquälerei, aber ich wollte wissen, wogegen ich
ankämpfte.
Außerdem habe ich mich auch mit voller Kraft in die Therapie
gestürzt. Ich war echt froh, als mein Mann sagte: ›Die The-
rapeutin will auch mit dir sprechen.‹ Ich hatte ein unglaub-
lich starkes Bedürfnis, etwas zu unternehmen. Wenn ich das
Problem an seiner Stelle hätte lösen können, dann hätte ich es
getan.«

Die gesammelten Informationen unbedingt dem Partner vorlegen

Frau
»Ich habe sofort Ihr Buch bestellt, es an einem Abend gelesen
und ihm hingelegt. Jetzt ist er an der Reihe.«

Das Verhalten des Partners kontrollieren, »Detektiv spielen«. Manche Frauen loggen sich sogar in denselben Chatroom ein wie ihr Partner und nehmen unter einem falschen Namen mit ihm Kontakt auf. »Ich möchte sehen, wie weit er geht«, ist dann ihre Rechtfertigung.

Frauen üben auch Kontrolle aus, indem sie Taschen oder Jacken durchsuchen, den Computer ständig checken, das Handy überprüfen oder kontrollieren, ob der Beifahrersitz verstellt ist.

Frauen haben das Wort
- o *»Wenn er alleine zu Hause war, fasse ich kurz an den Computer, wenn ich nach Hause komme. Wenn er noch warm ist, dann weiß ich Bescheid.«*

- o *»Seit ich diese Porno-DVDs in seiner Tasche gefunden habe, checke ich immer, was drin ist. Ich weiß, dass ich das nicht tun sollte, aber na ja …«*

- o *»Ich rufe ihn ein paar Mal pro Tag unter irgendwelchen Vorwänden an, um zu checken, ob sein Telefon eingeschaltet ist. Wenn das nicht der Fall ist, spreche ich ihm drauf, dass er mich zurückrufen soll. Und wenn er das nicht tut …«*

Manche Frauen üben auch Kontrolle aus, indem sie abends länger aufbleiben, als ihnen eigentlich guttut, oder indem sie so oft wie möglich zu Hause sind. In ihren Augen ist ihre Anwesenheit die einzige Garantie dafür, dass ihr Partner dem Computer fernbleibt.

Frau (26 Jahre), lebt mit einem Mann zusammen
»Ich habe solche Angst vor einem Rückfall, dass ich meine Arbeitszeiten komplett an seine angepasst habe. Ich gehe ohne ihn nicht mehr aus dem Haus und ich sorge auch dafür, dass er zur gleichen Zeit ins Bett geht wie ich.«

Ihn für das ganze sexuelle Unrecht der Welt verantwortlich machen. Mit seinem Verhalten unterstützt er die Diskriminierung von Frauen, den Frauenhandel und so weiter.

Frau (41 Jahre)
»Ich bin davon überzeugt, dass sich hinter jeder Form der Pornografie (und Prostitution, etc.) etwas Schlechtes verbirgt, aber dass die Meisten das nicht durchschauen (wollen). Ich würde sehr gerne wissen, welche Frustrationen hinter der Pornografie stecken, warum Frauen immer wieder so abgebildet werden müssen.«

Auf Absprachen drängen, um die Sucht einzudämmen.

o *»Ich will, dass du ab jetzt ehrlich bist.«*

o *»Es macht mir gar nicht so viel aus, dass er es wieder getan hat. Am meisten hat mich verletzt, dass er sich nicht an die Absprache gehalten hat, dass er es mir sagen soll, wenn es ihm schlecht geht. Dass er seine Probleme endlich mit mir teilen soll. Aber anscheinend bin ich dieser Mühe nicht wert.«*

o *»Ich gehe jede Woche die von dir besuchten Webseiten mit dir durch.«*

o *»Ich werde mich um die Finanzen kümmern, du gibst mir deine EC-Karte und bekommst nicht mehr als 10 Euro Taschengeld mit. Dann kannst du wenigstens nicht mehr zu den Huren gehen.«*

Die Aufmerksamkeit, die der Partner anderen schenkt beziehungsweise schenkte, für sich selbst einfordern.

Frau (49 Jahre)
»*Ich habe ihm gesagt: ›Ich habe in der ganzen Zeit zu wenig Sex und Aufmerksamkeit bekommen, weil du entweder gearbeitet hast oder müde warst, aber jetzt will ich diese Aufmerksamkeit. Und die wirst du mir verdammt noch mal auch geben.‹ Ich muss Ihnen sagen, seitdem schlafen wir pro Woche öfter miteinander als früher in einem halben Jahr.*«

Wie verständlich diese Versuche auch sind, sie sind meistens nicht dazu geeignet, das Problem zu lösen. Es besteht sogar die Gefahr, dass das Problem durch den erhöhten Druck größer wird. Sexsüchtige Männer sind es nicht gewohnt, schwierigen Situationen ins Auge zu blicken, sondern sie gehen ihnen aus dem Weg, indem sie sich in ihre sexuellen Aktivitäten flüchten.

In den nächsten Kapiteln wird es darum gehen, wie Frauen angemessen auf eine (beginnende) Sexsucht ihres Partners reagieren können.

Kapitel 7

Wie weiter?

MÖGLICHE ABWEHRSTRATEGIEN DES PARTNERS

Frauen, die ihrem Partner Fragen dazu stellen, warum er so viel Zeit am Computer verbringt, so spät nach Hause kommt, so lange weg-bleibt, bestimmte Ausgaben tätigt, Anrufe nicht entgegennimmt, sein Handy versteckt, SMS sofort löscht etc., müssen mit Widerstand rechnen. Dieser kann sich auf verschiedene Arten äußern, die ge-bräuchlichsten Abwehrstrategien werden nachfolgend aufgeführt.

Strategie 1: Alles abstreiten.

Frau (42 Jahre)

o *»Er hat immer alles abgestritten, er hat mich sogar ein paar Mal geschlagen, als ich darauf beharrte, dass irgendetwas nicht stimmt. Es ist wirklich verrückt, dass ich bei ihm geblieben bin. Ich verstehe es selbst nicht ... Warum kämpfe ich noch um ihn? Auf Partys führte er sich auf der Tanzfläche wie ein Irrer auf, er machte sich total lächerlich. Mich behandelte er wie Luft. Ich wusste zwar, dass er neben mir keine Beziehung hatte, aber ich sah auch, wie er auf Frauen reagierte. Sie haben ihn schon gereizt ...«*

o *»Seit ich ihn kenne, finde ich sein Verhalten verdächtig. Es stör-te mich beispielsweise, dass er, wenn wir in ein Konzert gingen, oft seinen Blick nicht auf die Bühne richtete, sondern auf eine knapp bekleidete Frau. Wenn ich etwas dazu sagte, war seine Antwort immer ›nein‹. Ich würde das falsch sehen!«*

Strategie 2: Sofort alles (oder manches) zugeben, Reue zeigen und Besserung geloben.

E-Mail eines Mannes, dessen Partnerin mich um Hilfe gebeten hat:

In der Vergangenheit habe ich mit großer Regelmäßigkeit Dating- und Chatseiten besucht. Ich suchte dort Spannung und Bestätigung. Außerdem war ich sehr neugierig darauf, was andere dazu veranlasst, und was es ihnen bringt. Ich wollte auch wissen, welche Art von Menschen dies tut. Seit meine Partnerin sich an Sie gewandt hat, wurde mir jedoch bewusst, dass ich mich falsch verhalten habe. Ich habe dann auch damit aufgehört. Ich verspüre momentan diese Neugier überhaupt nicht, aber da meine Partnerin denkt, dass diese wieder aufleben könnte, würde ich gerne zu Ihnen in die Sprechstunde kommen. Ich würde mich freuen, von Ihnen zu hören.

Strategie 3: Erleichterung bekunden – weil es ihn schon eine ganze Weile belastet habe, er sich aber nicht traute, es zu erzählen: »aus Angst, dich zu verlieren«.

Wenn das passiert, müssen die Frauen aufpassen, dass sie nicht in die Mutterrolle rutschen. Ich beobachte regelmäßig, dass eine solche Reaktion den Mutterinstinkt der Frauen weckt, sie sofort die Initiative ergreifen und aktiver nach Hilfe suchen als der Mann selbst.

Gizelle (29 Jahre)

»Letzte Woche bin ich dahintergekommen, dass mein Mann – trotz aller Absprachen, die wir hatten – immer noch jeden Tag stundenlang auf Porno-Webseiten surft. Er gibt auch zu, dass er sich regelmäßig per Webcam zuschauen lässt; ›wegen der Spannung und des Kicks‹. Letztes Jahr habe ich ihn außerdem masturbierend am Computer erwischt. Ich habe dieser Sache damals Einhalt geboten und ihm zu verstehen gegeben, dass

damit Schluss sein muss. Jetzt stellt sich heraus, dass er es immer noch auf seiner Arbeit tut, womit er enorme Risiken eingeht. Er sagt, dass er in solchen Momenten nicht über die Folgen nachdenkt. Das klingt doch ausgesprochen süchtig, finden Sie nicht? Ich habe ihm mit Scheidung gedroht, wenn er sich keine Hilfe sucht. Am Anfang war er damit einverstanden – er betrachtet es als Krankheit -, aber jetzt hat er seine Meinung wieder geändert. Er sagt, dass er unglaublich froh darüber sei, dass ich dahintergekommen bin, und dass er sich fürchterlich erschreckt habe. Er versichert mir hoch und heilig, dass er es nie wieder tun wird. Können Sie es nachvollziehen, dass ich ihm nicht glaube? Ich habe dann im Internet recherchiert und unter anderem Ihre Webseite gefunden. Ich habe Angst, dass er über kurz oder lang den gleichen Fehler wieder begehen wird, wenn sich nichts verändert. Er versteht nicht, was er mir damit angetan hat. Soll ich ihn weiterhin drängen, sich Hilfe zu suchen? Und habe ich vielleicht selbst auch Hilfe nötig?«

Strategie 4: »Es ist passiert, ich habe meine Schuld bekannt, Reue gezeigt und versprochen, dass es nicht mehr passiert. Was soll ich denn noch tun?«

Auch dies ist eine Reaktion, die weniger von Erwachsensein und Verantwortung übernehmen zeugt, als von einer kindlichen Naivität. Damit hält der Betreffende nicht nur seine Partnerin zum Narren, sondern auch sich selbst. Bei einer Sexsucht reicht es nicht aus, zu sagen: »Ich habe Reue gezeigt, jetzt können wir einen Neuanfang machen, zumindest wenn du nicht so rumnörgeln würdest.«

Strategie 5: Alles (oder manches) zugeben und sofort hinzufügen, dass es nie wieder passieren wird. Das Argument lautet dann oft: »Durch dich bin ich zur Einsicht gekommen, dass es falsch ist. Darum habe ich damit aufgehört.« (Dies ist eine Kombi-Strategie).

Marco (54 Jahre)
Marco ist seit 30 Jahren mit Marije (55 Jahre) verheiratet. Sie haben drei gemeinsame Enkel. Schon immer schaute sich Marco ab und zu Pornohefte an. Seit es Sex-Hotlines gibt, ruft er manchmal eine 0900-Nummer an, und seit es das Internet gibt, besucht er häufig Sex-Webseiten. Marije ist dahinter gekommen, weil sie sich mehr mit dem Computer beschäftigen wollte. Sie hat sich fürchterlich erschreckt und ihm anschließend richtig die Meinung gesagt.

Marco sucht daraufhin den Kontakt zu mir und erzählt, dass er froh sei, dass Marije es entdeckt hat, denn es fing schon an, komplett aus dem Ruder zu laufen. Er hätte sich beinahe verabredet. Er versteht selbst nicht, wie es so weit kommen konnte, denn seit der Entdeckung ist es nicht mehr passiert. Sein Bedürfnis danach ist vollständig verschwunden. Und das kommt dadurch, denkt er, dass er jetzt einsieht, wie falsch er sich verhalten hat.

Strategie 6: Den Whistleblower einen Kopf kürzer machen.
Wer als Frau einen Missstand innerhalb der Beziehung anspricht, läuft – genau wie ein Whistleblower in der Gesellschaft – Gefahr, in Misskredit gebracht zu werden. Manche Männer fragen ihre Partnerin, wie sie sich in Gottes Namen nur so etwas einbilden könne. Andere sagen, dass sie es als Ausdruck des Misstrauens empfinden, denn »wenn du mich wirklich lieben würdest, würdest du solche Sachen nie sagen oder tun.« Es kommt auch vor, dass der konfrontierte Partner eine Szene macht, wobei er seine Partnerin der Eifersucht beschuldigt oder des Unvermögens, ihm zu vertrauen.

Der folgende Brief einer Frau, die mir ihre Geschichte erzählte, veranschaulicht dieses Phänomen.

Frau (39 Jahre), zwei Kinder

»Mein Mann guckt schon seit Jahren Pornos, aber seit es das Internet gibt, ist es völlig außer Kontrolle geraten. Er saß Stunden am Computer, und kümmerte sich nicht mehr um mich und unsere Kinder. Letzten Winter hatte ich es so satt, dass ich einen riesigen Streit angefangen habe und ihm mit Scheidung gedroht habe, wenn er nicht damit aufhört. Auf meine Initiative hin machen wir jetzt eine Paartherapie. Den Computer hat er nicht mehr angerührt, nicht weil er es selbst nicht mehr will, sondern weil ich es ihm nicht erlaube. Wenn wir etwas im Internet nachschauen müssen, muss ich das erledigen, denn: ›Tja, ich darf da ja jetzt nicht mehr dran!‹ Die Stunden, die er zuvor im Internet verbrachte, verbringt er jetzt im Wohnzimmer, aber fragen Sie nicht, wie. Ihm ist langweilig und er ist deprimiert. Beim Therapeuten sagt er, dass er sich wie ein Sklave fühlt, weil er immer für mich und die Kinder bereitstehen muss und sich nicht zurückziehen darf, um sich zu entspannen. Er erwähnt nicht, dass diese Entspannung daraus besteht, zu masturbieren, wobei er den Höhepunkt so lange wie möglich hinauszögert. Ich habe ihn in Anwesenheit des Therapeuten gefragt – weil er kaum noch mit mir schläft und sich seine Kicks auf andere Art verschafft –, ob er auch zu Huren geht. Ich muss doch wohl wissen, ob ich mir eine Krankheit einfangen kann, oder vielleicht schon eingefangen habe? Er wurde fuchsteufelswild und wirft mir nun vor, dass ich ihn einen Hurenbock nenne.«

Dieser Brief zeigt, dass solche Abwehrreaktionen das eigentliche Thema sofort vom Tisch wischen. Und dass die Frauen darum kämpfen müssen, dass nicht ihr Verhalten, sondern das ihres Partners thematisiert wird. Denn ehe sie es sich versehen, sind sie dabei, sich selbst zu verteidigen: »Ich liebe dich doch«, »So habe ich es nicht gemeint«, oder so ähnlich. Die betroffenen Frauen müssen sich darüber bewusst werden, dass eine solche Abwehrreaktion ein perfektes Manöver des Partners ist, sein eigenes Verhalten außen vor zu lassen. Wenn sie sich dies nicht vergegenwärtigen, bleiben die Lügen, der Betrug und die Unaufrichtigkeit weiter bestehen. Es ist wichtig, zu verstehen, dass diese Männer nicht nur über ihr eigenes Verhalten lügen, sondern der Partnerin gleichzeitig ihr Wahrnehmungsvermögen absprechen. Die Folge davon ist, dass viele Frauen an sich selbst zweifeln und einen schwächeren oder gar keinen Standpunkt mehr einnehmen. Eine solche Abwehrstrategie ist ein ernsthafter Angriff auf ihre Integrität als Person, die man auch als Diffamierung bezeichnen kann. Die Integrität des Partners wird erbarmungslos der Aufrechterhaltung des Bildes geopfert, das sich der betreffende Mann von sich selbst machen möchte. Sein Selbstbild ist für ihn wichtiger, als die Verbindung mit seiner Partnerin. Indem er lügt, abstreitet, blufft oder beschuldigt, entzieht er sich der Verantwortung für sein Verhalten. Er lenkt die Aufmerksamkeit von sich ab, hin zu der Person, die sein Verhalten zur Sprache bringt. Jennifer Schneider, eine amerikanische Expertin auf dem Gebiet der Sexsucht, sagt hierzu: »Durch solche Reaktionen des Partners werden Frauen oft augenblicklich entmutigt. Sie fangen an, an ihrem Wahrnehmungsvermögen zu zweifeln, an ihren eigenen Eigenschaften und Fähigkeiten, aus dem ewigen Gefühl heraus, ›nicht gut genug‹ zu sein, um (bedingungslos) geliebt zu werden. Um Sympathie, Anerkennung und Liebe von anderen zu bekommen, machen Frauen allerlei Verrenkungen, auch in ihrer Liebesbeziehung.

Sie tun alles, um es anderen recht zu machen, sagen nie ›Nein‹ und lesen anderen die Wünsche und Bedürfnisse von den Augen ab. Dies ist eine Haltung, die sich mit einem sexsüchtigen Partner voll entfalten kann, die aber gleichzeitig dafür sorgt, dass die Frau selbst in hohem Maße zu kurz kommt.«

Strategie 7: Informationen zurückhalten, Tatsachen verdrehen oder bagatellisieren.

In meiner Sprechstunde sagen Männer häufig:

o *»Es ist lange nicht so schlimm, wie sie sagt ... Manchmal schaue ich mir eine Porno-Webseite an, das schon. Aber jeder Mann tut das ab und zu ... und ich tue das lange nicht so oft, wie sie behauptet.«*

o *»Du kannst es mir ruhig übelnehmen, aber irgendwas muss ich ja machen, denn du hast ja nie Lust.«*

Frau (39 Jahre)
»Wenn ich meinen Exfreund ab und zu anrufe und ihn frage, wie es ihm geht, sagt er: ›Jetzt geht es mir sehr gut.‹ Wenn ich dann weiterfrage (aber das tue ich immer seltener), stellt sich heraus, dass seine Antwort bedeutet: ›Letzte Woche hatte ich einen Rückfall, daher bin ich froh, dass ich mich jetzt wieder ein paar Tage beherrschen konnte.‹ Das ist doch auch eine Art zu bagatellisieren, oder?«

Strategie 8: Das eigene Verhalten rationalisieren oder rechtfertigen.

Oft versuchen Männer, ihrer Partnerin weiszumachen, dass das Problem ihre schlechte Ehe, schlechte Kommunikation oder schlechter Sex sei. Dies ist eine moderne Variante des klassischen »Meine Frau versteht mich nicht«. Und Frauen nehmen sich diese Beschuldigung nur allzu oft zu Herzen. Wie eine Frau, Mutter von vier Kindern eines Mannes, der seit Beginn ihrer Ehe fremdging, so treffend sagte: »Männer geben Schuld und nehmen Trost, Frauen nehmen Schuld und geben Trost.«

Guido (48 Jahre) ist ein gutes Beispiel für einen Mann, der Schuld gibt und Trost nimmt. Er ist mit Margriet (48 Jahre) verheiratet und sie haben drei gemeinsame Kinder. Guido kommt zu mir in die

Praxis, weil seine Ehe nicht gut läuft und er und seine Frau fast nie mehr miteinander schlafen. Das führt er auf die Depression seiner Frau zurück, die deswegen Medikamente nimmt und in psychologischer Behandlung ist. Guido erzählt, dass er seine sexuellen Bedürfnisse befriedigt, indem er häufig Sex-Webseiten besucht und bei Sex-Hotlines anruft. Als ich weiter nachfrage, stellt sich heraus, dass er schon seit Beginn der Ehe Pornos konsumiert und auf Dienstreisen Callgirls bestellt. Er schiebt die Verantwortung dafür Margriet zu. Sie habe seine Bedürfnisse nie wirklich verstanden, und er bittet mich um Hilfe, ihr zu verdeutlichen, wie wichtig Sex für ihn ist. Als ich ein Gespräch mit Margriet alleine führe, stellt sich heraus, dass auch sie sich unverstanden fühlt, aber dennoch bereit ist, ein paar Gespräche gemeinsam zu führen. Als die beiden das zweite Mal zu mir kommen, sagt Guido völlig unerwartet, dass er etwas mitteilen möchte, was ihm sehr schwerfällt, und dass er auf Verständnis hofft. Dann beichtet er einen Teil seines geheimen Sexlebens. Margriet ist zutiefst schockiert, woraufhin Guido verärgert reagiert. Nach Vereinbarung eines Folgetermins, verlassen die beiden angespannt die Praxis. Beim nächsten Mal erscheint Guido dann ohne Margriet. »Wir lassen uns scheiden«, sagt er. Er erklärt, ihre Reaktion auf sein geheimes Sexleben sei das soundsovielte Beispiel dafür, dass sie ihn nicht verstehe. Er habe schließlich gesagt, dass es ihm sehr schwerfalle, über diesen Aspekt seines Lebens zu sprechen. Sie hätte also über das Vertrauen, das er ihr gegenüber gezeigt hat, froh sein sollen, statt schockiert und wütend zu sein. Das war für ihn der Tropfen, der das Fass zum Überlaufen brachte. Er sei schon bei einem Anwalt gewesen, um die Scheidung in die Wege zu leiten.

Dieses Beispiel zeigt, dass Guido nicht mit der normalen und logischen Reaktion seiner Frau umgehen konnte. Er war nicht imstande, seinen Anteil in ihrer schwierigen Beziehung zu erkennen. Als Schuldnehmerinnen und Trostspenderinnen unterstützen Frauen das problematische Verhalten ihres Partners.

Wer wegen des Pornokonsums des Partners Unzufriedenheit verspürt, sollte überlegen, inwieweit die eigene Haltung die Situation verschlimmert (suchtunterstützendes Verhalten). Ob Sie sich so verhalten, können Sie anhand der folgenden Fragen testen:

- Haben Sie sich durch das problematische sexuelle Verhalten Ihres Partners schon einmal verlegen, beschämt oder verletzt gefühlt?
- Sprechen Sie mit Ihrem Partner nicht über sein Verhalten, weil Sie Angst haben, dass er wütend wird?
- Sprechen Sie mit Ihrem Partner nicht darüber, aus Angst davor, dass er Sie verlässt?
- Bemühen Sie sich sehr, das problematische sexuelle Verhalten Ihres Partners zu verstehen?
- Haben Sie schon einmal gedroht: »Wenn du damit nicht aufhörst, dann verlasse ich dich«, ohne das dann letztendlich auch zu tun?
- Haben Sie schon einmal versucht, auf die sexuellen Gedanken oder das sexuelle Verhalten Ihres Partners Einfluss zu nehmen, indem Sie pornografisches Material wegschmissen, sexy Kleidung trugen oder mit ihm Sex hatten?
- Hat die Art des Umgangs mit Ihrem sexsüchtigen Partner einen Einfluss darauf, wie Sie mit Ihren Kindern, Freunden oder anderen Familienmitgliedern umgehen?
- Haben Sie schon einmal sich selbst oder anderen gegenüber Argumente angeführt, um das Verhalten Ihres Partners zu rechtfertigen oder zu verteidigen?
- Sind Sie schon einmal aus Angst davor, Ihren Partner zu verlieren, sexuell so weit gegangen, dass Sie sich unwohl fühlten oder sich später schämten?
- Sind Sie manchmal nicht sicher, ob Ihre Wahrnehmung zutrifft, wenn Sie mit Ihrem Partner über sein problematisches sexuelles Verhalten sprechen?

- Hatten Sie schon einmal Sex, damit Ihr Partner am Wochenende keine schlechte Laune hat?
- Sind Sie in Ihrer Beziehung viel mit dem Thema Sex beschäftigt, sprechen oder streiten darüber?
- Haben Sie sich durch den Pornokonsum Ihres Partners schon einmal im Stich gelassen, vernachlässigt oder verletzt gefühlt?
- Haben Sie das Gefühl, einen Einfluss auf das problematische sexuelle Verhalten Ihres Partners zu haben?
- Hat Ihr Partner schon einmal wegen seines eigenen Verhaltens geweint, und haben Sie ihn dann getröstet?
- Haben Sie das Gefühl, mit dem Problem alleine dazustehen?

Je mehr Fragen Sie mit »Ja« beantworten, desto größer ist die Gefahr, dass das emotionale Gleichgewicht von Geben und Nehmen in Ihrer Beziehung gestört ist – dass Sie also das Verhalten Ihres Partners stärker unterstützen, als Ihnen bewusst ist.

(SUCHT-)UNTERSTÜTZENDES VERHALTEN DES PARTNERS/ DER PARTNERIN

Was bei solchen Interaktionen passiert, möchte ich anhand einer bekannteren Sucht, der Alkoholsucht, näher erläutern. Über Alkoholsucht ist bekannt, dass viele Partner/innen von Alkoholiker/ innen ein Verhalten zeigen, das in der englischsprachigen Fachliteratur *enabling* genannt wird, was soviel heißt wie »suchtunterstützendes Verhalten«. Das bedeutet, dass man als Partner/in den/die Alkoholsüchtige/n in die Lage versetzt, immer wieder das gleiche Verhalten an den Tag zu legen. Wenn die Partnerin/der Partner dem nicht Einhalt gebietet, denkt der/die Alkoholiker/in leicht: Ach, so schlimm findet sie (beziehungsweise er) es nicht. Man kann also sagen, dass hinter jedem alkoholkranken Mann eine Frau steht, die es ihm ermöglicht hat, dass es so weit kommt. Zum Beispiel indem sie das Geld hierfür zur Verfügung stellt, sein Verhalten vertuscht, am Montagmorgen im Büro anruft, um ihn zu entschuldigen, weil er wieder einmal seinen Rausch ausschläft, und so weiter.

Analog zur Alkohol- und Drogensucht wird das Verhalten der Partnerin/des Partners eines Sexsüchtigen in der Fachliteratur auch als Co-Abhängigkeit bezeichnet. Damit ist gemeint, dass die Partnerin/der Partner des Abhängigen ungewollt (durch eine helfende, fürsorgliche Haltung) die Sucht unterstützt. Dies hat jedoch meines Erachtens weniger mit der Sucht selbst zu tun, als mit der Tatsache, dass die Sucht wie ein Vergrößerungsglas auf die Dynamik vieler Paarbeziehungen wirkt. In all den Jahren, in denen ich meine Praxis führe – und das ist seit 1974 – kommen Frauen in meine Sprechstunde, die unter mangelndem Selbstwertgefühl, Selbstrespekt und Selbstvertrauen leiden. Frauen, die, um »sich gut zu fühlen«, die Bestätigung und Anerkennung von anderen benötigen – von ihrem Mann oder Freund, Männern im Allgemeinen, Müttern, Vätern, Brüdern, Schwestern und Freundinnen. Natürlich gibt es hierbei eine Parallele zu einer Sucht. Der Süchtige benötigt auch etwas von außen, um sich gut zu fühlen. Ich finde jedoch, dass der Begriff Co-Abhängigkeit den Partnerinnen sexsüchtiger Männer unrecht tut. Es handelt sich oft um gebildete, nicht auf den Mund gefallene, starke Frauen. Aber es sind *Frauen*. Andere zu versorgen, anderen zu helfen und die eigenen Interessen zurückzustellen, wird ihnen gewissermaßen in die Wiege gelegt. Für ihren Geliebten würden sie alles tun. Schon 1985 schrieb Robin Norwood das Buch *Wenn Frauen zu sehr lieben*, mit dem Untertitel *Die heimliche Sucht, gebraucht zu werden*. Das war damals ein Bestseller, aber rund 25 Jahre später investieren viele Frauen noch immer mehr in die Liebe, als in sich selbst. Für sich selbst einzustehen, statt immer nur an die anderen zu denken, Grenzen zu setzen und sich zu fragen, was für das eigene Wohlbefinden wichtig ist, sind Themen, mit denen fast alle Frauen mehr oder weniger zu kämpfen haben. Es ist ein Erbe, das bereits seit Jahrzehnten weitergereicht wird – zu vergleichen mit dem Prinzip einer Zwiebel; jede Generation Frauen schält eine weitere Schicht der Zwiebel ab, indem sie zur Weiterentwicklung der Stärke der Frauen beiträgt.

Die heutige Internetgeneration hat also die Aufgabe, Stellung zu nehmen und Position zu beziehen im Hinblick darauf, wie wir Frauen mit Pornografie und Sex im Internet umgehen wollen. Die Journalistin und Aktivistin Myrthe Hilkens beschreibt in ihrem gut recherchierten Buch *McSex – Die Pornofizierung unserer Gesellschaft* die Auswirkungen der Sexualisierung auf die heutige Jugend. Als Gegengewicht zu den widersinnigen Vorstellungen von Beziehung und Sexualität, tritt sie für eine zeitgemäße und angepasste Aufklärung und Sexualerziehung für Jugendliche ein. Ich unterstütze ihr Plädoyer von ganzem Herzen.

Wenn wir als Erwachsene in Bezug auf Pornokonsum und Internetsex nicht Stellung beziehen, werden Scheidungen zunehmen und die Sprechstunden der Sexologen und Beziehungstherapeutinnen überlaufen. Denn jeder Mensch wird sich entscheiden müssen, welche Haltung er im Hinblick auf die Sexualisierung dieser

Gesellschaft einnehmen will. Jede/r wird für sich entscheiden müssen, ob und wie er/sie das Internet in Zusammenhang mit Sex nutzen will. Sehen wir den im Internet verfügbaren Sex als Bereicherung, wie es laut der Untersuchung des *Psychologie Magazine* viele tun, oder lassen wir unser Leben dadurch bestimmen und verseuchen? Wir haben die Wahl! Jede/r für sich, sowohl Männer als auch Frauen. Das gilt nicht nur für das, was wir selbst tun, sondern auch für das Maß an Akzeptanz, das wir dem Verhalten unseres Partners entgegenbringen.

EIN AUFRUF AN FRAUEN

An dieser Stelle möchte ich alle Frauen, die vom Pornokonsum ihres Partners wissen oder ihn vermuten und darüber Unbehagen verspüren, dazu ermuntern, auf ihr Gefühl zu hören. Denn nicht umsonst suchen sie Unterstützung beim Umgang mit ihrer Unsicherheit und ihren verwirrten Gefühlen.

Ich kann sehr gut nachvollziehen, dass es Mut erfordert, die sexuellen Aktivitäten des eigenen Partners im Internet (oder im realen Leben) als Missstand zu erkennen. Es ist leichter, physischem Fremdgehen entgegenzutreten, weil dies eher als Untreue empfunden wird als Internetsex. Wenn Frauen jedoch das Gefühl haben, dass die Internetsexaktivitäten ihres Partners das gemeinsame Glück unterminieren, dann sollten sie nicht länger schweigen. Der erste Schritt kann das Durchbrechen eines Musters bedeuten, dem Muster einer (beginnenden) Sexsucht.

Frauen, die diesen Schritt noch nicht gewagt haben, ihn aber gerne machen würden, sollten nicht nur wissen, welche Abwehrstrategien ihr Partner nutzt (siehe weiter oben in diesem Kapitel), sondern auch, wie sie selbst automatisch – wie in einem Reflex – darauf reagieren. Die folgenden Regeln können hierbei hilfreich sein.

DIE ZEHN GEBOTE FÜR DEN UMGANG MIT ABWEHRSTRATEGIEN DES PARTNERS

Lesen Sie die folgenden zehn Regeln aufmerksam durch und versuchen Sie, sie sozusagen wie die »zehn Gebote« in Ihr Leben einzupassen.

1. Werden Sie sich bewusst, dass Sie als Partnerin eines Sexsüchtigen primär sich selbst vetrauen müssen, und nicht Ihrem Partner. *Sie sind die einzige Person auf der Welt, auf die Sie sich zu hundert Prozent verlassen können.*
2. Werden Sie sich bewusst, dass Sie nicht seine Mutter sind, sondern seine Partnerin.
3. Werden Sie sich bewusst, dass eine Sexsucht nichts mit Sexualität zu tun hat, sondern mit der Unfähigkeit, mit schwierigen Situationen umzugehen.
4. Werden Sie sich bewusst, dass eine Sexsucht dazu dient, negativen Emotionen aus dem Weg zu gehen und Verantwortung zu vermeiden.
5. Werden Sie sich bewusst, dass der erste Schritt darin besteht, dass der Betroffene seine Sexsucht erkennt.
6. Werden Sie sich bewusst, dass der zweite Schritt darin besteht, dass der Betroffene Verantwortung für seine Sucht übernimmt.
7. Werden Sie sich bewusst, dass Sie seiner Sucht gegenüber machtlos sind.
8. Werden Sie sich bewusst, dass Sie in Bezug auf sich selbst nicht machtlos sind. Übernehmen Sie deshalb die volle Verantwortung für sich selbst – und wenn Sie Kinder haben, für die Kinder.

9. Werden Sie sich bewusst, dass Sie nicht *abwarten* sollten, was er tut, sondern bestimmen Sie, was *Sie wollen*, und womit Sie in einer Beziehung mit einem sexsüchtigen Mann zurechtkommen.

10. Werden Sie sich bewusst, dass Ihnen nichts anderes übrigbleibt, als ihn nicht länger Teil Ihres Lebens sein zu lassen, wenn er seine Sucht selbst nicht erkennt und die Verantwortung dafür nicht übernimmt.

Frauen, die ihren Partner (erneut) mit dem Thema Sexsucht konfrontieren wollen, sollten sich diese Regeln vor Augen halten, und gegebenenfalls auswendig lernen. Sie sollten sich nicht davon abschrecken lassen, wenn sie merken, dass ihr Partner es sehr schwierig findet, über seinen Pornokonsum und Internetsex zu sprechen. Wie verständlich dies auch sein mag, es ändert nichts an seiner Verantwortung für die Konsequenzen seines Verhaltens.

Kapitel 8

Die Tatsachen akzeptieren

AKZEPTIEREN SIE, DASS SEINE SEXSUCHT IHNEN NICHT GUT TUT

Bevor Sie die zehn Regeln aus dem vorherigen Kapitel anwenden können, werden Sie den Tatsachen ins Auge blicken müssen. Machen Sie sich klar, dass die Sexaktivitäten Ihres Partners im Internet (und vielleicht auch anderswo) Auswirkungen auf Sie haben, auf Sie als Paar, auf eventuell vorhandene gemeinsame Kinder und Ihr soziales Leben. Wenn sein Verhalten extreme Formen annimmt oder angenommen hat, müssen Sie sich möglicherweise sogar eingestehen, dass er die Kontrolle über sein Verhalten komplett verloren hat und unter einer Sexsucht leidet – erst recht, wenn er dieses Verhalten bereits an den Tag legte, bevor er Sie kennenlernte.

> Frau (33 Jahre)
> *»Als ich bei ihm einzog, habe ich erst einmal richtig ausgemistet. Säcke voller Pornohefte habe ich in den Müll geworfen, mit der Ansage: ›Diese Schweinerei möchte ich nicht im Haus haben.‹ Aber mir war nicht klar, dass er noch Stapel von DVDs hatte, ganz zu schweigen von seinen Computerdateien.«*

> Ihr Mann (34 Jahre)
> *»Durch die Haltung meiner Frau wurde mir zum ersten Mal bewusst, dass ich sexsüchtig war. Der Prozess, dies zu begreifen, hat lange gedauert. Alles in mir sträubte sich gegen diesen Gedanken. Trotz der Absprachen, die ich mit ihr getroffen hatte,*

119

habe ich jedes Mal wieder die Grenzen verschoben. Als sie zum dritten Mal dahinter kam und aus Wut ein Glas zusammendrückte, bis es zersprang, habe ich einen Mordsschreck bekommen. Erst dann begriff ich wirklich, dass ich die Kontrolle völlig verloren hatte. Ich hatte immer gedacht: Sowas macht doch jeder Mann. Und ich eben auch. Es ist also ganz und gar meine Sache. Es ist unabhängig von meiner Ehe, weil es nichts mit meiner Frau zu tun hat.«

Unabhängig davon, ob er dieses Verhalten schon zeigte, bevor Sie sich kennenlernten, machen Sie sich klar, dass Sie nicht die Ursache für sein Verhalten sind, sondern dass er auf diese Art schwierigen Situationen und Emotionen aus dem Weg geht. Dass seine exzessive Beschäftigung mit Pornografie und Sex Ausdruck emotionaler Unreife ist. Es handelt sich hierbei um ein Verhaltensmuster, das Ihre Beziehung unterminiert und weder gut ist für ihn, noch für Sie.

Frau (40 Jahre)
»Als ich meinen Mann (50 Jahre) kennenlernte, war er sexsüchtig. Er hat regelmäßig gechattet, rief bei Sex-Hotlines an, ging zu Prostituierten und war ständig auf der Suche nach jungen Frauen, mit denen er Sex haben konnte. Als er mich kennenlernte, war das vorbei. Er hatte die wahre Liebe gefunden, und im Gegensatz zu seiner vorherigen Ehe gab es innerhalb unserer Beziehung genug Sex. Er hatte keine Veranlassung mehr, seine Gedanken auf andere Frauen zu richten. Dann bekamen wir zwei Kinder. Unser ältester Sohn lag letzten Monat rund drei Wochen im Krankenhaus. Ich hatte also alle Hände voll zu tun und nur wenig Zeit und Energie für meinen Mann. Nach dem Krankenhausaufenthalt unseres Sohnes habe ich meinen Mann zufällig beim Chatten erwischt. Wir haben uns ausgesprochen und jetzt weiß ich, dass seine Sexsucht zurückgekehrt ist. Ich fühle

mich im Stich gelassen. Wenn es schwierig wird und ich Unter-
stützung brauche, jagt er seinen Vergnügungen hinterher ...«

Diese Frau bringt genau das zum Ausdruck, worum es bei einer
Sexsucht geht: um das Verweigern von Verantwortung. Ich möchte noch einmal in aller Deutlichkeit darlegen, was ich unter einer »Sexsucht« verstehe. Das Wort »Sexsucht« ist keine Definition
aus einem psychiatrischen Lehrbuch, sondern ein Begriff, der ein
Denkmodell wiedergibt, um ein bestimmtes Verhalten zu begreifen, dem entgegenzutreten und/oder es zu behandeln. Noch einmal: Es handelt sich hierbei nicht um eine feststehende Diagnose
oder deutlich abgrenzbare Krankheit, die jemand hat oder nicht,
sondern um das Verhalten von jemandem, der nicht gut mit sich
selbst umgeht, und der dazu neigt, Verantwortung außerhalb seiner selbst zu suchen und über längere Zeit hinweg über sein Verhalten zu lügen. Dies tut er nicht, weil er süchtig ist, sondern weil
das Verweigern von Verantwortung der Kern des Problems ist; der
Verantwortung für seine eigenen Gefühle und sein Verhalten als
Freund oder Ehepartner, als Vater, Arbeitnehmer oder Arbeitgeber,
als Sohn, Bruder und so weiter.

HÖREN SIE AUF, IHN »REPARIEREN« ZU WOLLEN

Die Erkenntnis, dass er selbst verantwortlich ist für sein problematisches sexuelles Verhalten, kann Ihnen als Partnerin Trost spenden – es liegt zumindest nicht an Ihnen –, aber es kann auch als schmerzlich empfunden werden, nichts daran ändern zu können. In beiden Fällen kann Ihnen die siebte Regel der »zehn Gebote« aus dem vorherigen Kapitel Halt geben. Sie können das Problem nicht für ihn lösen, Sie können einzig und allein entscheiden, welche Haltung Sie in Bezug auf sein Verhalten einnehmen wollen.

Die Tatsachen zu akzeptieren geht meist mit der Einsicht einher, dass Sie durch Ihr Verhalten – ob es sich nun langsam eingeschlichen hat oder nicht – seinen Internetsexkonsum und/oder sein Fremdgehen unterstützen.

> Frau (34 Jahre)
> *»Ich hatte in der Vergangenheit oft Sex mit ihm, auch wenn ich keine Lust hatte, nur um ihn vom Computer fernzuhalten. Und ehrlich gesagt: Ich tue das auch heute noch manchmal.«*

Die Tatsachen zu akzeptieren bedeutet außerdem, dass man sich mit den eigenen Problemen beschäftigen muss, mit Themen aus der Vergangenheit, die unser heutiges Verhalten beeinflussen. Darauf werde ich im nächsten Kapitel noch zurückkommen.

HÖREN SIE AUF, DIE KARRE AUS DEM DRECK ZIEHEN ZU WOLLEN

Das bedeutet, dass Sie nicht länger die Verantwortung für die Störungen innerhalb Ihrer Beziehung übernehmen dürfen, für das Wohl und Wehe Ihres Partners, und auch nicht dafür, ob er nun zu der Einsicht gelangt, dass sein Verhalten problematisch ist. Das heißt nicht, dass Sie Pornofilme, Internetsex, Prostituiertenbesuche oder andere Arten des Fremdgehens gutheißen müssen. Sondern es bedeutet, dass Sie damit aufhören müssen, sich in alles einzumischen, ihn »reparieren« zu wollen und an ihm herumzuzerren. Das wird Ihnen leichter fallen, wenn Sie erkennen, dass die einzige Person, die das eigene Verhalten ändern kann, sie selbst ist. Ein anderer kann dies unmöglich für diesen Menschen tun. Das gilt auch für Ihre Situation. Betrachten Sie Ihren Lebenspartner als einen erwachsenen Mann, der seine eigenen Probleme lösen muss und kann. Betrachten Sie sich selbst ebenfalls als Erwachsene. Sehen Sie sich als jemand, die imstande ist, ihr eigenes Leben in die Hand zu nehmen. Sie müssen nicht länger auf den anderen warten, den Prinz auf dem weißen Pferd, der sie glücklich macht. Sie sind selber sehr gut in der Lage, die Verantwortung für sich und (wenn Sie welche haben) die Kinder zu übernehmen. Diese Einsicht ist der erste Schritt auf dem Weg in eine neue Zukunft.

TRETEN SIE AUS IHRER ISOLATION HERAUS

Der zweite Schritt auf diesem Weg ist, die eigene Gedankenwelt und die eigenen Sorgen mit anderen zu teilen. Es ist mittlerweile bekannt, dass es hilft, Traumata zu verarbeiten, wenn man über das Geschehene spricht. Leider merke ich häufig, dass viele Frauen von sexsüchtigen Männern in ihrer Isolation verbleiben und mit niemandem darüber reden. Dies kann folgende Ursachen haben:

Ausgelöst durch die aufgetretenen Probleme haben sie den Kontakt zu sich selbst verloren. Viele Frauen haben sich stark von sich selbst entfremdet, weil sie die Signale und die eigene Intuition in Bezug auf das Abstreiten, die Lügen und den Betrug negiert haben.

Sie möchten ihren Partner in Schutz nehmen und vielleicht auch sich selbst. Denn es ist nicht einfach, selbst wenn es sich um die beste Freundin handelt, zu erzählen, dass der eigene Mann oder Freund auf andere Frauen oder Männer geil ist.

Hallo Frau van Rijsingen,
ich (weiblich, 30 Jahre) weiß seit kurzem, dass mein Partner süchtig nach Internetsex ist. Schon seit längerem bin ich über seinen Internetkonsum, bei dem er immer weiter geht, im Bilde. Die Ausführungen auf Ihrer Webseite kamen mir sehr bekannt vor, und als ich Ihr Buch Seks, alles of niets *las, raste mein Herz wie verrückt. Ich erkenne immer mehr, dass ich tatsächlich die Partnerin eines Sexsüchtigen bin. Und ich bin wirklich froh, dass es dafür Worte gibt und das Thema so an Öffentlichkeit gewinnt. Dafür möchte ich mich an dieser Stelle bei Ihnen bedanken.*
Es ist mir ein Bedürfnis, Ihnen von meiner Situation zu berichten. Bis heute habe ich nämlich noch mit niemandem darüber gesprochen. Das Thema ist zu heikel. Mit Freunden darüber zu sprechen, finde ich schwierig, weil sie meinen Partner auch kennen. Ich habe meinem Partner aber gesagt, dass ich es nicht

für mich behalte, um ihm gegenüber »loyal« zu sein, sondern weil ich es mir selbst nicht erlaube und damit gleichzeitig das Schamvolle bekräftige.

Er hat angekündigt, dass er eine Therapie machen wird, um an den Problemen zu arbeiten, die der Sucht zugrundeliegen. Darüber bin ich froh, aber es ist auch notwendig. Wir leiden beide unter dieser Sucht, vor allem wegen des Vertrauensbruchs. Dass er mich so oft und lange anlügen konnte, und dass ich ihn jedes Mal wieder erwischt habe, fand ich sehr verletzend. Ich frage mich, ob ich ihm jemals (wieder) vertrauen kann …

SPRECHEN SIE MIT ANDEREN, DIE DASSELBE DURCHGEMACHT HABEN

Wissenschaftliche Untersuchungen haben nachgewiesen, dass Menschen, die mit anderen über ihre Probleme sprechen, emotional und psychisch besser gestellt sind, als Menschen, die das nicht tun. Dies gilt auch für das Verarbeiten von Traumata. Verarbeiten bedeutet nicht, das Geschehene zu vergessen. Es handelt sich hierbei um einen Prozess, in dessen Verlauf die Ordnung des Lebens und des Alltags sowie die Zuversicht wiederhergestellt werden müssen. Wenn dieser Prozess gut verläuft, ist es einfacher, das eigene Leben wieder aufzunehmen, ohne ständig von Gedanken, Bildern oder Gefühlen in Bezug auf das Geschehene gequält zu werden.

Darum ist es ein wichtiger erster Schritt, mit Freunden und Freundinnen darüber zu sprechen, was passiert ist. Doch wenn der Verarbeitungsprozess beschleunigt werden soll, ist es ratsam, an Selbsthilfegruppen teilzunehmen.

> Die Frau eines Exsüchtigen
> *»Ich habe in zweierlei Hinsicht erlebt, dass es gut ist, zu reden. Einerseits mit Menschen, die mich und meinen Mann kennen. Durch die Gespräche verstanden sie, dass bei uns einiges im Argen lag. Ich muss sagen, dass die meisten verständnisvoll reagierten. Wenn ich eine Verabredung absagte, weil es mir beziehungsweise uns nicht gut ging, war das kein Problem.*
> *Aber ich fand es mindestens genauso wichtig, mit Leuten zu reden, die auch verstehen, was ich durchmache, die auch einen sexsüchtigen Partner haben. Und die einem dadurch einen Spiegel vorhalten. Ich konnte mich furchtbar über das Verhalten der Partner von den Frauen aus der Gruppe aufregen. Diesen Ärger konnte ich zulassen, denn diese Berichte hatten wenig mit mir zu tun, dachte ich. Bis ich plötzlich erkannte, dass ich nicht auf deren Partner wütend war, sondern auf meinen eigenen.«*

DEN EIGENEN SELBSTWERT (WIEDER-)ENTDECKEN

Gönnen Sie sich genug Zeit für die Wiederherstellung Ihres Selbstwertgefühls. Nehmen Sie sich Zeit für sich; Ihr Partner muss für sich selbst sorgen. Wenn er sich dafür entscheidet, sich zu verändern, können Sie ihn am besten unterstützen, indem Sie die Verantwortung übernehmen für Ihren eigenen Anteil an der Problematik und ... für Ihre persönliche Weiterentwicklung. Das ist der einzige Weg, um zukünftig in der Lage zu sein, eine gesunde, erwachsene Beziehung aufzubauen (mit ihm oder einem anderen) und sie aufrechtzuerhalten.

•

MACHEN SIE SICH KLAR, DASS SEIN VERHALTEN UND IHR UMGANG MITEINANDER EINFLUSS AUF IHRE KINDER HAT

Dies ist für viele Frauen ein sehr schwieriger Punkt. Oft glauben sie, dass die Kinder nichts von allem bemerken, solange darüber Stillschweigen bewahrt wird. Dies trifft nicht zu. Kinder, auch kleine Kinder, reagieren wie ein Kompass auf die Atmosphäre im Haus, auch wenn die Spannung unterschwellig ist und sich nicht in offenen Konflikten und Streitigkeiten äußert. *Unterschätzen Sie Kinder nicht.*

Als Frau und Mutter befinden Sie sich in einer schwierigen Situation. Sie haben Angst davor, dass Ihre Kinder es entdecken. Darum fragen Sie sich, ob Sie es ihnen erzählen sollen oder nicht. Und wenn Sie es tun, auf welche Art? Sie wissen, dass Sie – sobald Sie es den Kindern sagen – aufhören, den Vater der Kinder in Schutz zu nehmen. Das kann unangenehme Konsequenzen mit sich bringen, zum Beispiel Wut auslösen, oder die Kinder veranlassen, es ihren Freunden weiterzuerzählen. Aus Angst vor einer Trennung können die Kinder auch die Rolle eines »Blitzableiters« einnehmen, indem sie anfangen, sich schwierig zu verhalten. Ist es Ihnen das wert?

MEIN STANDPUNKT IN BEZUG AUF KINDER

Sie haben als Mutter in erster Linie die Aufgabe, Ihren Kindern eine sichere und liebevolle Umgebung zu schaffen. Wenn Ihr Partner in dieser Hinsicht versagt – und das tut er, wenn er süchtig nach Internetsex ist –, dann tragen Sie die Verantwortung dafür, seinem Verhalten Konsequenzen folgen zu lassen. Wenn Sie das schon nicht für sich selbst tun, dann müssen Sie es im Interesse Ihrer Kinder tun.

Wenn Sie es Ihren Kindern erzählen, ist es wichtig, dass Sie:
- sagen, dass es Sexsucht gibt (das geht auch, ohne Details zu benennen) und dass ihr Vater darunter leidet;
- zeigen, was das mit *Ihnen* macht.

Kinder leiden am wenigsten, wenn sie offen und ehrlich, gegebenenfalls in einfachen Worten, gesagt bekommen, was los ist. Wenn sie sehen, dass beide Elternteile Verantwortung übernehmen, indem sie daran arbeiten. Auf diese Art lernen sie, dass nicht alles im Leben perfekt sein muss, und dass Probleme angegangen werden können.

Sobald Sie diese Mechanismen erkannt haben und bereit sind, die Konsequenzen auf sich zu nehmen, werden Sie unweigerlich mit der Frage konfrontiert, die im nächsten Kapitel behandelt wird.

Kapitel 9

Kann eine (beginnende) Sexsucht überwunden werden?

Diese Frage wird mir ununterbrochen gestellt, und meine Antwort darauf ist: »Ja, aber es reicht nicht aus, zu entscheiden oder sich zu wünschen, dass sie vorbei sei. Wer eine (beginnende) Sexsucht in den Griff bekommen oder ganz von ihr loskommen möchte, muss einiges dafür tun. Es gibt weder ein Rezept oder Handbuch, in dem man genau nachlesen kann, was zu tun ist, noch gibt es dafür irgendwelche Tricks, die man aus dem Hut zaubern könnte.«

Um die Probleme anzugehen, müssen die beiden Partner Folgendes tun:

VIER SCHRITTE ZUR ÜBERWINDUNG DER SUCHT

Schritt 1: Sie und Ihr Partner müssen beide einsehen, dass Sie ein Problem haben.

Schritt 2: Ihr Partner muss die Bereitschaft und Motivation haben, an seinem Problem zu arbeiten.

Schritt 3: Sie müssen aufhören, sich in alles einmischen zu wollen. Frauen, deren Partner mit einer (beginnenden) Sexsucht kämpft, haben – wie so viele Frauen – einen starken Drang, ihren Mann oder Freund verändern zu wollen. Dieser Veränderungsdrang ist bei jeder Frau unterschiedlich stark ausgeprägt. Er kann sich in ermahnenden Ansprachen äußern, aber auch darin, dem Partner so sehr auf den Leib zu rücken, dass er keinen Schritt mehr tun kann, ohne dass sie es weiß oder ihr Urteil dazu abgibt.

Die Ursache hierfür kann darin liegen, dass Frauen sich oft in starkem Maße für das Gelingen ihrer Beziehung verantwortlich fühlen, weil sie daraus einen großen Teil ihres Selbstwertgefühls und Selbstvertrauens gewinnen. Meiner Ansicht nach ist dies auch der Grund dafür, dass Frauen mehr und länger in eine Beziehung investieren, als gut für sie ist. Dies kann dazu führen, dass sie sich vollkommen »ausgelaugt und am Boden zerstört« fühlen, wenn ihre Beziehung zu scheitern droht oder gescheitert ist.

> Frau (43 Jahre)
> *»Als ich ihn kennenlernte, konnte er so traurig gucken, dass mein Herz nur so dahinschmolz. Später erfuhr ich, was er alles durchgemacht hatte, was er als Kind alles entbehren musste. Ich dachte, dass meine Liebe alles wieder gut machen könnte. Ich habe es jahrelang versucht, all seine Eskapaden geschluckt. Ich begreife jetzt, dass ich mich einem aussichtslosen Unterfangen gewidmet habe.«*

Schritt 4: Sie müssen mehr an sich selbst denken.

Frauen neigen dazu (erst recht, wenn sie die Partnerin eines sexsüchtigen Mannes sind),
- ihre Aufmerksamkeit mehr darauf zu richten, wie die Beziehung *sein könnte*, als darauf, wie sie wirklich ist und wie der reale Alltag aussieht;
- die Schuld für die Sucht ihres Partners, oder dafür, dass er mit der Beziehung (und dem Sex) unglücklich ist, auf sich zu nehmen;
- Lösungen zu suchen für *seine* Unzufriedenheit, für *seine* Probleme;

- sich bis zur Selbstaufgabe an seine Bedürfnisse anzupassen, was dazu führt, dass sie nicht mehr spüren, was gut und richtig für sie selbst ist;
- sich unglücklich zu fühlen, oder die Neigung zu Depressionen durch die Aufregung und Unsicherheit abwenden zu wollen, die mit einer instabilen Beziehung einhergehen;
- die Überzeugung (die tief in ihrem Herz verankert ist) verbergen zu wollen, dass sie es nicht verdienen, glücklich zu sein, dass sie es nicht wert sind, geliebt zu werden; und
- sich aufzuopfern, wodurch sie der Entwicklung ihrer eigenen Kraft, Fähigkeiten und Stärken entgegenwirken.

WARUM FRAUEN ES SO SCHWIERIG FINDEN, FÜR SICH SELBST EINZUSTEHEN

Als Gott die Frau erschuf, war Sein Werk schon seit sechs Tagen überfällig. Ein Engel rief: »Warum verwendet Ihr so viel Zeit auf dieses Modell?« Der Herr antwortete: »Diese Schöpfung – die Frau – muss alle Bedingungen erfüllen. Sie muss flexibel sein und zweihundert bewegliche und ersetzbare Teile haben. Sie muss von Resteessen und Cola light leben können, einen Schoß haben, auf dem vier Kinder sitzen können, mit ihrem Kuss sowohl ein aufgeschürftes Knie als auch ein gebrochenes Herz heilen können, und ... soll nur zwei Hände haben!«
Fassungslos rief der Engel: »Nur zwei Hände? Unglaublich! Als Standardmodell? Das ist zu viel Arbeit für einen Tag. Ihr müsst Euch mindestens einen weiteren Tag Zeit nehmen, um dieses Werk zu vollenden.« »Das geht nicht«, protestierte der Herr. »Ich bin beinahe so weit, ich habe diese Schöpfung, die mir so am Herzen liegt, beinahe fertiggestellt. Sie heilt sich selbst, wenn sie krank ist, und ... sie arbeitet achtzehn Stunden pro Tag.« Der Engel kam näher und berührte die Frau. »Ihr habt sie aber zart gemacht, Herr.« »Sie ist zart«, sagte der Herr, »aber ich habe sie auch sehr zäh gemacht. Du kannst dir gar nicht vorstellen, was sie alles aushalten oder zustande bringen kann.« »Kann sie auch denken?«, fragte der Engel.
Der Herr antwortete: »Sie kann nicht nur denken, sie ist sogar in der Lage, Dinge zu erörtern und zu verhandeln.«
Dann fiel dem Engel etwas auf, und er berührte die Wange der Frau. »Ups, ich glaube, diese ist undicht! Ihr habt zu viel hineingesteckt.«
»Das ist keine undichte Stelle«, korrigierte der Herr, »das ist eine Träne.«

»Wozu dient denn eine Träne?«, fragte der Engel. Der Herr sagte: »Die Träne ist ihre Art, ihre Freude, ihr Leid, ihren Schmerz, ihre Enttäuschungen, ihre Liebe, ihre Einsamkeit, ihre Traurigkeit und ihren Stolz zum Ausdruck zu bringen.« Der Engel war sehr beeindruckt. »Ihr seid genial, Herr, Ihr habt an alles gedacht! Die Frau ist wirklich unglaublich.« Und das ist sie! Frauen haben Kräfte, die Männer erstaunen. Sie stehen Entbehrungen durch und tragen Lasten, halten aber auch fest an Glück, Liebe und Freude. Sie lächeln, wenn sie eigentlich schreien möchten. Sie singen, wenn sie eigentlich weinen möchten. Sie weinen, wenn sie glücklich sind und lachen, wenn sie nervös sind. Sie kämpfen für das, woran sie glauben. Sie lehnen sich gegen Ungerechtigkeit auf. Sie akzeptieren kein »Nein«, wenn sie glauben, dass es eine bessere Lösung gibt. Sie nehmen weniger, damit ihre Familie mehr hat. Sie begleiten eine ängstliche Freundin zum Arzt. Ihre Liebe ist bedingungslos. Sie weinen, wenn ihre Kinder über sich selbst hinauswachsen und jubeln, wenn Freunde einen Preis bekommen. Sie freuen sich, wenn sie von einer Geburt oder einer Hochzeit erfahren. Ihr Herz bricht, wenn ein(e) Freund(in) stirbt. Sie betrauern den Verlust eines Familienmitglieds, bleiben aber stark, wenn sie denken, dass sonst nicht genug Kraft da sein könnte. Sie wissen, dass eine Liebkosung und ein Kuss helfen können, ein gebrochenes Herz zu heilen. Frauen gibt es in allen Größen, Farben und Formen. Sie werden fahren, fliegen, laufen, rennen oder mailen, um dir zu zeigen, wie sehr sie dich mögen. Das Herz der Frau sorgt dafür, dass die Erde sich dreht. Sie bringen Freude und Hoffnung. Sie verfügen über Mitgefühl und Ideale. Sie unterstützen Familie und Freunde. Frauen haben das Rückgrat, Dinge auszusprechen und alles zu geben. Frauen haben nur einen Fehler: Sie vergessen oft, an sich selbst zu denken!

Autor/in unbekannt

UNSERE HERKUNFTSFAMILIE PRÄGT UNS MEHR, ALS WIR GLAUBEN

Else-Marie van den Eerenbeemt führt in ihrem Buch *Alle dochters* (Übers.: Alle Töchter) aus, dass bestimmte Situationen innerhalb einer Familie zurückkehren, wenn wir uns nicht der Verletzungen bewusst werden, die wir davongetragen haben. »Eine Frau mit einer Inzesterfahrung wird mit dem destruktiven Erbe, das sie mitbringt, einen blinden Fleck haben, wenn es darum geht, was sie ihren eigenen Kindern antut. Sie wird keinen Blick dafür haben, solange niemand das Unrecht erkennt, das ihre Eltern *ihr* angetan haben haben. Sie wird stattdessen die Verantwortung bei ihrem Kind sehen: ›Dann hätte sie halt nicht im Schlafanzug herumlaufen sollen.‹«

Wir können positive Erfahrungen aus unserer (Herkunfts-)Familie mitnehmen, aber auch negative. In den meisten Fällen liegt eine Mischung von beidem vor, sodass wir auf schöne und weniger schöne Erfahrungen zurückblicken können. Alle Klient/innen, die ich in meiner Praxis zu ihrer Vorgeschichte befrage, können mir – manchmal erst nach langem Drängen – mindestens ein Ereignis aus ihrer Jugend schildern, das sie für ihr weiteres Leben als bestimmend erfuhren.

Ihre Herkunftsfamilie und ebenso die Ihres Partners, lassen sich mit den Holmen oder Seitenteilen einer Leiter vergleichen. Wenn die Holme intakt und stark sind, ist es auch wahrscheinlich, dass die Sprossen belastbar und stark sind. Wenn aber einer der beiden Holme (oder beide) eine Schwachstelle aufweist, dann wird die Belastung zu einem bestimmten Zeitpunkt, wenn Sie die Leiter besteigen, zu schwer sein. Die Sprossen werden auseinanderbrechen, und Sie werden Verletzungen davontragen. Die Holme stehen sinnbildlich für Ihre Herkunftsfamilie. Wenn es hier Schwachstellen gibt, werden die Sprossen auch für Ihre heutigen Beziehungen weniger tragfähig sein. Unangenehme oder traumatische Erfahrungen innerhalb Ihrer Herkunftsfamilie – häufig durch dysfunktionales und/oder liebloses Verhalten verursacht – führen zu einer schwachen und machtlosen Haltung dem eigenen Leben gegenüber. Wie wir es auch drehen und wenden, unsere Herkunftsfamilie hat immer Einfluss darauf, wie wir unser Leben gestalten. Denn die Erfahrungen aus unserer Kindheit wirken wie ein Filter dafür, wie wir Ereignisse im Hier und Jetzt erleben.

Wenn sie auf ihre Kindheit zurückblicken, geben viele meiner Klient/innen zu, dass nicht alles eitel Sonnenschein war. Dass sie Eltern hatten, die zwar ihr Bestes getan haben, aber mit ihren eigenen Problemen kaum oder gar nicht zurechtkamen. Den Auswirkungen dieser Tatsachen ins Auge zu blicken, bedeutet keine Kritik an Ihren Eltern, sondern ist eine logische Folge des Erwachsenwerdens. Ein Merkmal fürs Erwachsensein ist nämlich, dass Sie Ihre Eltern und andere Familienmitglieder mit ihren guten Seiten, aber auch mit ihren Fehlern sehen können. Sie machen dann die Wirklichkeit nicht länger schöner, schlechter, größer oder kleiner, als sie ist.

ERFAHRUNGEN, DIE EIN KIND PRÄGEN

Wenn ein Elternteil psychisch krank ist und gegebenenfalls wiederholt in eine psychiatrische Klinik eingewiesen wird

Karen (28 Jahre)

»Ich habe schon früh gelernt, für mich selbst zu sorgen. Ich bin Einzelkind und seit meinem neunten Lebensjahr wurde meine Mutter hin und wieder in eine psychiatrische Klinik eingewiesen. Ich war dann oft alleine mit meinem Vater und sorgte fürs Essen. Das tat ich nicht, wenn meine Mutter zu Hause war. Als ich zwölf war, und meine Mutter eine Party gab, auf der sie nackt auf dem Tisch tanzte, wurde sie wieder eingewiesen. Ab dann blieb sie dort, es stellte sich heraus, dass sie schizophren war. Nach einer gewissen Zeit hatte mein Vater eine Freundin und war fast gar nicht mehr zu Hause. Ich erinnere mich, dass er mir mal zu Weihnachten Geld und ein Kaninchen schenkte. Das ist dann nach kurzer Zeit eingegangen, weil ich nicht wusste, wie ich es versorgen sollte.«

Karen hat solche Angst davor, im Stich gelassen zu werden, dass sie viel mehr akzeptiert, als sie wahrhaben möchte. Ihr Mann hat sie schon dreimal mit einer anderen betrogen. Im Moment ist er sehr mit Internetsex beschäftigt. Dazu sagt sie nichts, »denn dann ist er wenigstens zu Hause«.

Wenn Eltern ihre Hobbys ausleben und dabei nicht darauf achten, ob ihr Kind damit zurecht kommt

Frau (36 Jahre)

»Mein Vater lief immer mit einem Fotoapparat herum und überall hingen Fotos von schönen, schlanken Frauen. Deswegen dachte ich, dass du als Frau keine einzige Rundung haben

darfst, mit Ausnahme der Brüste. Ich habe noch immer Schwierigkeiten damit, mich mit meinen dicken Oberschenkeln und meinem dicken Hintern zu akzeptieren.«

Misshandlung der Ehepartnerin/des Ehepartners und/oder der Kinder

Mann (40 Jahre), sexsüchtig
»Als achtjähriger Knirps musste ich mit ansehen, wie mein Vater meine Mutter mit einem Beil verfolgte, und ich konnte nichts tun.«

Unangemessenes sexuelles Verhalten eines Elternteils oder eines anderen Erwachsenen

Frau (27 Jahre)
»Nachts kam der Freund meiner Mutter in mein Zimmer. Dann musste ich ihm einen runterholen. Wenn ich mich weigerte, wusste ich, dass er meine Mutter am nächsten Tag schlug, oder manchmal noch Schlimmeres. Einmal ist er ihr mit einem Messer zu Leibe gerückt. Zum Glück haben die Nachbarn die Polizei verständigt. Meine Mutter wurde dann von einem Krankenwagen abtransportiert.«

Wenn ein Kind zum Objekt der (obsessiven) sexuellen Bedürfnisse von Erwachsenen gemacht wird, hat das noch verheerendere Auswirkungen, als wenn das Kind gezwungen ist, unangemessenes sexuelles Verhalten mit ansehen zu müssen. Nicht nur muss das Kind den Schmerz des Missbrauchs durchleiden, sondern auch die spezielle Aufmerksamkeit einordnen, die es bekommt: »Du bist meine Prinzessin und was wir miteinander tun, ist unser kleines Geheimnis.«

Kinder sind von Erwachsenen abhängig, und haben deswegen keine Wahl. Darum geben sie sich selbst die Schuld an dem, was geschieht: »Wenn ich nur weniger hübsch, lieber, kleiner, und so weiter ... wäre, dann würde das nicht passieren.«

Wenn die Grenzen von Kindern überschritten werden, vor allem die ihrer sexuellen Selbstbestimmung, bekommen sie auch in anderer Hinsicht kein Gefühl für Grenzen. Oft sind sie bestrebt, andere zu »beschützen«, weil sie sich in ihrem Innersten nicht in der Lage fühlen, sich selbst zu schützen.

Wenn Kinder (unangemessene) sexuelle Aktivitäten zwischen Eltern und/oder anderen Erwachsenen mit ansehen oder mit anhören müssen

Frau (46 Jahre)
»Nachdem meine Mutter von meinem Vater geschieden war, machte sie ständig einen drauf. Sie kam regelmäßig mit einem neuen Kerl nach Hause. Ich machte mir immer Stöpsel in die Ohren, denn die Geräusche, die sie machten ... Es ist noch immer so, dass mich Geräusche beim Sex anwidern.«

Wenn Kinder pornografische Hefte oder Filme zu sehen bekommen

Darauf bin ich im zweiten Kapitel detailliert eingegangen. Zur Erinnerung blättern Sie bitte auf S. 33 zurück.

Wenn ein Elternteil eine (offene oder geheime) außereheliche Beziehung hat

Mann (42 Jahre), hatte mehrere außereheliche Beziehungen
»Wir waren zu Hause drei Kinder, und ich war der Älteste. Mein Vater war Frührentner und sorgte für uns. Meine Mutter

war stellvertretende Direktorin an einer Oberschule. Ich hatte die Vermutung, dass sie mit einem der Lehrer ein Verhältnis hatte und fand eines Tages in ihrer Post einen Brief, der verdächtig aussah. Ich öffnete ihn, und es stand tatsächlich drin, dass sie sich am Wochenende treffen wollten, um zu besprechen, wie es mit ihnen weitergehen sollte. Ich bin an ihrer Stelle zu dieser Verabredung gegangen. Dort habe ich dann dem betreffenden Mann gesagt, dass er meine Mutter und unsere Familie in Ruhe lassen solle. Wenn er das nicht täte, würde ich seine Frau informieren. Es hat funktioniert. Der Mann hat die Beziehung mit meiner Mutter beendet.«

Wenn sich Eltern wiederholt und über längere Zeiträume hinweg weigern, miteinander zu sprechen

Frau (42 Jahre)

»Meine Eltern stritten sich nicht vor uns Kindern, aber es herrschte regelmäßig eine unerträgliche Spannung. Meine Eltern sprachen dann gar nicht miteinander. Am Esstisch ging das so: ›Frag mal deinen Vater, ob er die Butter herüberreichen kann.‹ ›Sag deiner Mutter, dass ich heute Abend etwas später nach Hause komme.‹ Schrecklich fand ich das … Aber das machten sie auch mit uns. Meine Schwester konnte damit umgehen, ich nicht! Ich habe meine Eltern so oft angefleht, wieder mit mir zu sprechen … Ich hatte mir vorgenommen, so etwas selbst nie zu tun, aber ich ertappe mich dabei, dass ich, wenn ich mich über etwas ärgere, immer dazu neige, den Mund zu halten und zu denken: Wer nicht hören will, muss fühlen.«

Ständige Streitereien und Spannungen wegen der Kinder oder anderer Angelegenheiten

Frauen haben das Wort

○ »Ich hasste die Ausflüge. Meine Eltern bekamen immer Streit. Immer. Dann hielt mein Vater den Wagen an und schrie meine Mutter an: ›Raus! Ich will dich nie mehr sehen …‹ Meine Mutter stieg nicht aus dem Auto, denn sie wusste nur zu gut, dass er dann wegfahren würde. Also schrien sie sich im Auto weiter an, so lange bis mein kleiner Bruder und ich anfingen zu kreischen. Wenn wir das nur lange genug machten, hörten sie auf.«

○ »Meine Eltern hatten so oft Streit wegen mir, dass ich einmal sagte, dass ich nicht mit auf Klassenfahrt wollte, obwohl ich furchtbar gerne mitgefahren wäre. Aber wenn ich das zugegeben hätte, hätte es wochenlangen Streit gegeben, weil meine Mutter die Klassenfahrt befürwortet und mein Vater sie viel zu teuer gefunden hätte. Dann lieber nicht, dachte ich. Und das tat ich öfter.«

Extreme Starrheit hinsichtlich Geld, Religion, Arbeit, Freizeitgestaltung, Zuneigungsbekundungen, Sex, Fernsehen, Sport, Politik und so weiter. Es wird als wichtiger erachtet, die Regeln zu befolgen und einer Meinung zu sein, als gegenseitiges Verständnis und Harmonie

Frau (23 Jahre), verheiratet und Mutter eines einjährigen Kindes

»Meine Eltern sind strenggläubige Evangelisch-Reformierte und daher der Ansicht, dass Mädchen keine Hosen tragen dürfen. Vor einem Monat gingen wir an einem normalen Werktag zu meinen Eltern zum Kaffee. Ich trug eine Jeans. Mein Vater warf mich aus dem Haus. Wenn ich bei ihnen zu Hause zu Besuch *sei, dann solle ich mich auch nach seinen Regeln richten und einen Rock tragen. Später rief meine älteste Schwester an: Wie ich nur so etwas hätte tun können, es hätte mir doch keinerlei Umstände bereitet, einen Rock anzuziehen und so weiter. Wie kann ich bei meiner Familie jemals ich selbst sein?«*

Natürlich wirken sich solche Erfahrungen prägend auf Kinder aus. Auf ihre emotionale Entwicklung, ihr Selbstwertgefühl und Selbstvertrauen. Wer als Kind zu wenig Bestätigung bekommen hat, und selbst zu viel geben musste – »Ich war die Mutter meiner Mutter« –, läuft Gefahr, dasjenige, was ihm oder ihr fehlte, vom eigenen Kind zu erwarten, ohne sich dessen bewusst zu sein.

Ich zum Beispiel fühlte mich als Kind und Teenager nicht wahrgenommen und dafür gewürdigt, wer ich war und welche Fähigkeiten ich hatte. Ich musste den Vorstellungen entsprechen, die meine Familie von einem »gut erzogenen Mädchen« und einer guten Tochter hatten. Dagegen habe ich mich mit Händen und Füßen gewehrt, und das führte häufig zu Streit zwischen mir und meinen Eltern.

Als ich selbst Mutter war und meine Kinder Teenager wurden, konnte ich fuchsteufelswild werden, wenn ich das Gefühl hatte, dass sie mir nicht ausreichend Beachtung schenkten – »denn ich verlange ja eh schon nicht sehr viel«, fand ich zumindest. Natürlich führte diese Haltung unweigerlich zu Konflikten. Das hörte in dem Moment auf, als ich einsah, dass ich versuchte, mir bei meinen Kindern das zu holen, woran es mir in meiner Herkunftsfamilie gefehlt hatte. Meine Kinder sollten sozusagen meine offene Rechnung begleichen. Als mir dies bewusst wurde, war ich in der Lage, dieses Verhalten abzulegen. Und wenn es von Zeit zu Zeit aufzutreten droht, dann sage ich mir: »Hannie, das ist ein altes Verhaltensmuster, ein Reflex aus früherem Leid. Heute hast du genügend Eigenwert und bist imstande, dich über das zu freuen, was du bekommst. Du musst dir das nicht mehr bei deinen Kindern holen.«

SICH VOM SEELISCHEN GEPÄCK BEFREIEN

Jede/r nimmt also das seelische Gepäck aus der eigenen Vorgeschichte mit in heutige Beziehungen. Ich bin aber der Überzeugung, dass wir trotz allem Leid, das wir als Kinder durchgemacht
und mitbekommen haben mögen, Eigenliebe und Selbstrespekt
entwickeln können. Das ist für uns selbst nicht nur wichtig, sondern auch erforderlich, um eine Beziehung auf die nächste Ebene
zu bringen oder zu vertiefen. Wenn wir es schaffen, mehr aus unseren Stärken heraus zu leben, unsere Fähigkeiten zu entfalten, uns
mehr darauf konzentrieren, wer wir sein wollen, statt uns danach
zu richten, was andere von uns erwarten, dann wird unser Leben
anders verlaufen. Dann ist es nicht mehr erforderlich, sich dem
Drama einer Beziehung mit einem sexsüchtigen Partner auszusetzen.

Kapitel 10

Möchte ich mit ihm zusammenbleiben oder nicht?

Dies ist eine Frage, mit der jede Frau eines sexsüchtigen Mannes ringt. Und natürlich fragen diese Frauen mich regelmäßig, was sie tun sollen, was in ihrer Situation das Richtige sei. Meine Antwort ist klar und deutlich: Treffen Sie eine so wichtige Entscheidung nicht zu schnell, nicht während der Achterbahn Ihrer Gefühle. Nehmen Sie sich hierfür ausreichend Zeit.

1. Gönnen Sie sich selbst ausreichend Zeit.

Nachdem die Sexsucht offenbart oder entdeckt wurde, ist es wichtig, eine Phase der Abkühlung einzulegen, eine Auszeit, in der Sie und Ihr Partner sich – gemeinsam und jeder für sich – beraten können, wie es weitergehen soll. In dieser Phase können Sie damit beginnen, sich folgende Fragen zu stellen:

- Ist das Verhalten, das ich entdeckt habe, etwas Einmaliges oder ist es ein Verhaltensmuster?
- Gab es dieses Verhaltensmuster bereits vor unserer Beziehung oder ist es erst im Laufe unserer Beziehung entstanden?
- Interessiert es meinen Partner, was sein Verhalten für mich bedeutet, oder versucht er sich herauszureden?
- Bedauert er sein Verhalten oder bedauert er, dass er sich hat erwischen lassen?
- Ist er bereit, für sein Verhalten Verantwortung zu übernehmen oder versucht er den Ernst des Geschehenen zu leugnen?

145

Je nach dem, wie Ihre Antworten ausfallen, müssen Sie überlegen, ob sein Verhalten für Sie ein gravierendes Problem darstellt oder nicht. In beiden Fällen müssen Sie sich darüber bewusst werden, was Sie selbst möchten. Hierbei ist wichtig, dass Sie sich mit folgender Frage auseinandersetzen: »Wenn ich mit diesem Partner zusammenbleibe, wenn ich erneut in diese Beziehung investiere und dann feststellen muss, dass er wieder das gleiche Verhalten an den Tag legt, werde ich dann die Kraft haben, das zu überwinden oder gehe ich daran emotional zugrunde?« Sie werden am Anfang darauf wahrscheinlich noch keine Antwort geben können, doch Sie sollten diese Frage im Hinterkopf behalten.

2. Stellen Sie einen Plan auf, um die Probleme zu bewältigen.

In dieser Phase ist es ratsam, sich gegenseitig Ruhe zu gönnen. Wenn eine jahrelange Sucht vorliegt, die plötzlich enthüllt wurde, kann diese Ruhe oft erst dann einkehren, wenn der Süchtige für eine Weile woanders wohnt, zum Beispiel bei Freunden, Eltern oder Geschwistern. In der Krise, die durch die Enthüllung entstanden ist, neigen beide Partner dazu, sich aufzureiben in endlosen, sich wiederholenden Gesprächen und/oder vernichtenden Auseinandersetzungen, die mehr kaputt machen als sie lösen.

3. Nutzen Sie diese Auszeit, um zu prüfen, ob Ihr Partner die Verantwortung für sein Verhalten übernimmt.

Lassen Sie sich dabei nicht von dem leiten, was er sagt, sondern von dem, was er tut. Verantwortung zu übernehmen heißt nämlich: Maßnahmen ergreifen, um zu ergründen, warum er diese Sucht entwickelt hat. Auf diese Art lernt sich der Betreffende selbst besser kennen. Aus dieser Selbsterkenntnis heraus kann die betroffene Person authentische Entscheidungen treffen, was wiederum andere Wahlmöglichkeiten eröffnet und zu neuem Verhalten führt.

4. Lassen Sie sich nicht von seinen beschwichtigenden Worten oder Tränen ablenken.

Während ich dies schreibe, ist mir bewusst, dass dies für jede Frau leichter gesagt als getan ist. Noch schwieriger wird es da für die Partnerin eines Mannes sein, der eine (beginnende) Sexsucht hat. Denn für sie ist es zur Gewohnheit geworden, ihm das Leben zu erleichtern …

5. Befassen Sie sich eingehend mit der Frage: »Womit halte ich seinen Pornografie-/Internetkonsum beziehungsweise seine Sexsucht aufrecht?«

Das muss für Sie die Kernfrage sein. Statt zu fragen: »Wie kommt mein Partner von seiner Sucht los?«, müssen Sie sich mit sich selbst beschäftigen, und sich zum Beispiel folgende Frage stellen: »Wie fühle ich mich, kann ich damit umgehen?«.

6. Sorgen Sie für Unterstützung, in Form einer Therapie und eines sozialen Netzwerks.

Es ist wichtig, dass Sie hierbei unterschiedliche Wege einschlagen. Für den Mann, der gerade sein (unfreiwilliges) Coming-out hatte, sind die Emotionen seiner Frau nicht sehr hilfreich, und für die Frau, die gerade alles erfahren hat, gilt andersherum das Gleiche – auch wenn Sie vielleicht vom Gegenteil überzeugt sind.

Sie müssen beide die Möglichkeit haben, über Ihre Gefühle und das Erlebte nachzudenken und darüber zu sprechen. In dieser Phase ist es unmöglich – und übrigens auch nicht ratsam –, dies gemeinsam zu tun. Sie sind es nämlich nicht (mehr) gewohnt, offen und ehrlich miteinander darüber zu sprechen, was Sie im Innersten bewegt. Wenn das plötzlich doch wieder möglich wird, dann sollten Sie sich bewusst sein, dass Sie sich nicht gegenseitig therapieren können.

7. Entscheiden Sie, was Sie über sein geheimes Sexleben wissen möchten.

Hierbei ist eines von zentraler Bedeutung: Sie müssen wissen, ob er ungeschützten (vaginalen oder analen) Verkehr hatte. Sie müssen wissen, ob Sie sich vielleicht eine Krankheit zugezogen haben, eine übertragbare Geschlechtskrankheit, nicht nur in Zusammenhang mit Ihrer eigenen Gesundheit, sondern auch wegen Ihrer Kinder. Stellen Sie sich vor, er hätte sich mit HIV infiziert ... Aber das ist natürlich das schlimmste Szenario.

Sie sollten sich auch klar darüber werden, was Sie darüber hinaus wissen wollen. Möchten Sie wissen, ob es beim Sex am Computer blieb? Und wenn ja, um welche Arten von Sex es sich handelte? Bilder angucken? Chatten und Webcam-Sex? Möchten Sie wissen, ob es auch im realen Leben Kontakte gab? Sollte das der Fall sein, müssen Sie ihn wie gesagt fragen, ob er ungeschützten Sex hatte.

Überlegen Sie sich auch, ob Sie tatsächlich alle Details seiner Aktivitäten wissen wollen: Welche sexuellen Handlungen? Mit wie vielen Frauen? Sie dürfen sich nämlich ruhig selber schützen, denn es ist wirklich nicht angenehm, sich das alles anzuhören.

8. Bleiben Sie – klar begrenzt und strukturiert – miteinander in Kontakt.

Vereinbaren Sie mit Ihrem Partner, wie oft und auf welche Art Sie miteinander Kontakt haben werden.

9. Werden Sie sich bewusst, dass Ihre Neigung, sich in das Leben anderer einmischen zu wollen, Ihr Leben genauso bestimmt, wie seine Sexsucht das seine.

Ich kann es nicht oft genug wiederholen: Handeln Sie aus dem Bewusstsein heraus, dass seine (beginnende) Sexsucht sein Problem ist, nicht Ihres. Er muss hierfür selbst die Verantwortung übernehmen, und das tut er nicht, wenn Sie an ihm zerren und ziehen. Sie sind nicht seine Mutter, Erzieherin oder sein Coach, Sie sind seine

Partnerin. Behandeln Sie ihn wie einen Erwachsenen und hören Sie damit auf, ihm die Leviten zu lesen.

10. Richten Sie Ihre Aufmerksamkeit auf das, was Sie bisher in Ihrem Leben vermieden oder nicht verwirklicht haben, weil Sie sich so auf ihn konzentrierten, statt auf sich selbst. Er seinerseits muss überlegen, was er vermeidet oder nicht verwirklicht, indem er sich so obsessiv mit Sex beschäftigt.

WIE SIE SICH AUF SICH SELBST BESINNEN

Sie gehen auf die Suche nach sich selbst: Wer bin ich, was brauche ich, wie will ich mein Leben gestalten? Sie handeln nicht länger in Reaktion auf jemand anderes, sondern aus der Person heraus, die Sie sein möchten.

Sie sind bereit, Unterstützung in Form von Therapie, Workshops, Büchern, Selbsthilfegruppen etc. zu suchen.

Sie konzentrieren sich auf Ihre persönliche Entwicklung und bemerken Veränderungen in Ihrem Denken, Fühlen und Handeln. Was Sie früher als normal und vertraut empfanden, erleben Sie heute vielleicht als unangenehm und ungesund.

Sie treffen Entscheidungen, die Ihr Leben verändern und zu mehr Wohlbefinden führen.

Überlegen Sie, inwieweit Sie sich selbst akzeptieren. Manche Menschen denken, dass Selbstakzeptanz bedeutet, zu hundert Prozent mit sich selbst zufrieden zu sein. Ich habe jedoch ein anderes Verständnis von Selbstakzeptanz. Für mich bedeutet es zu erkennen, dass Sie mit bestimmten Dingen Schwierigkeiten haben, oder dass Sie gegen bestimmte Verhaltensweisen eine Abneigung haben. Sie akzeptieren die Gefühle, die Sie in bestimmten Situationen bei sich wahrnehmen, und handeln dementsprechend. Wenn Sie sich todunglücklich darüber fühlen, wie Ihr/e Partner/in mit Geld umgeht, dann sagen Sie es, ohne ihn oder sie zu beschuldigen. Sie sprechen über die Schwierigkeiten, die Sie damit haben. Sie können den anderen Menschen nicht zwingen, sein Verhalten zu verändern, aber Sie können ihn bitten, Rücksicht auf Ihre Gefühle zu nehmen, weil Sie seine Lebenspartnerin sind. Und in dem Maße, wie Sie sich als eine Person mit Gefühlen – als Mensch also – akzeptieren, werden Sie sich weniger durch (scheinbar) rationale Argumente umstimmen lassen.

Frau: »*Ich möchte nicht, dass wir so viele Schulden haben. Dann fühle ich mich todunglücklich.*«

Mann: »*Warum glaubst du, dass eine Bank so etwas tut? Das ist für Genussmenschen wie mich. Für Menschen, die sich selbst etwas gönnen. Und das ist etwas, was du zu Hause nicht gelernt hast. Da jammern sie auch ständig übers Geld. Die erlauben sich auch nie etwas …*«

Schaffen Sie es, sich trotz einer solchen Reaktion selbst treu zu bleiben? Bei Ihrem Standpunkt zu bleiben, dass Sie Schulden nicht mögen? Oder zweifeln Sie an sich selbst und geben wieder nach?

Überlegen Sie, inwieweit Sie Ihr Gegenüber so akzeptieren, wie er/sie ist. Damit meine ich nicht, dass Sie sich immer nach seinen/ihren Wünschen richten sollen. Ich meine damit, dass Sie den Wunsch zwar hören und sehen, aber Ihre eigenen Wünsche nicht beiseite schieben, sondern sie deutlich formulieren. Wenn beide Partner ihre Wünsche offen auf den Tisch legen, können sie damit beginnen, einen Kompromiss auszuhandeln.

Machen Sie sich klar, dass es erforderlich ist, sich Ihrer eigenen Gefühle stärker bewusst zu werden. Dass Sie sich in jeder Gefühlsnuance immer besser kennenlernen, auch in Bezug darauf, wie Sie Sexualität erleben.

Werden Sie sich bewusst, dass es Sie nicht weiterbringt, Ihre Energie darauf zu verwenden, den anderen verändern zu wollen.

Erkennen Sie, dass es Ihnen mehr bringt, dem nachzuspüren, was Sie fühlen, denken und erleben. Sprechen Sie darüber, treffen Sie Absprachen und halten Sie sich dann daran. Dafür ist Ehrlichkeit und Aufrichtigkeit notwendig.

Seien Sie sich darüber im Klaren, dass Eigenliebe alle Aspekte umfasst: Ihr Aussehen, Ihre Persönlichkeit, Ihre Talente und Fähigkeiten, aber auch die Dinge, mit denen Sie Schwierigkeiten haben.

Werden Sie sich bewusst, dass Sie Ihr Selbstwertgefühl in erster Linie aus sich heraus entwickeln und nicht von außen beziehen.

Sehr häufig erzählen mir Männer, dass sie wissen, dass ihre Frau sich selbst nicht schön findet, und dass sie das nicht nachvollziehen können. Sie sagen auch, dass keine einzige Bemerkung, kein Kompliment über ihr Aussehen dankbar aufgenommen wird, sondern abgetan wird mit:

»Ja, das sagst du nur so, aber das meinst du gar nicht.«

Das finden Männer nicht schön. Sie fühlen sich dann machtlos … und nicht gehört! Was sie finden, scheint keine Rolle zu spielen!

Werden Sie sich bewusst, dass Sie die Wertschätzung und Anerkennung anderer eigentlich nicht nötig haben. Wenn Ihr Selbstwertgefühl stark genug ist, sind Sie nicht auf das Wohlwollen anderer angewiesen. Sie dürfen Ihre Wünsche und Ihr Verlangen offen formulieren, und wenn das dem anderen nicht gefällt, ist das schade! Sie passen sich nicht länger auf Kosten Ihrer selbst an.

Dieses Bewusstsein können Sie vertiefen, indem Sie sich regelmäßig fragen: »Ist diese Beziehung/Freundschaft gut für mich? Ermöglicht mir diese Beziehung, ich selbst zu sein und mich optimal zu entwickeln?« Auf diese Art werden Sie in der Lage sein, eine Beziehung zu beenden, ohne daran zugrunde zu gehen, falls Sie zu dem Schluss kommen, dass diese Beziehung destruktiv für Sie ist.

Wenn Sie sich darüber klar werden, dass Ihr eigener Seelenfrieden und Ihr emotionales Gleichgewicht für Sie selbst und Ihre (eventuell vorhandenen) Kinder die höchste Priorität haben, werden Sie merken, dass alle Dramatik und das ganze Chaos immer mehr zur Vergangenheit gehören.

Auf diese Art nehmen Sie Ihr eigenes Leben in die Hand, und wenn Ihr Partner ebenfalls die Verantwortung übernimmt, um seinen Pfad zu beschreiten, dann ist es möglich, da gemeinsam wieder herauszukommen.

Viele Frauen fragen mich: »Was passiert eigentlich während der Therapie eines porno- bzw. sexsüchtigen Mannes?«. Deshalb möchte ich an dieser Stelle sowohl den Brief eines Mannes wiedergeben, der mir sein Problem darlegte, als auch meine Antwort an ihn. Natürlich ist keine Therapie gleich, weil kein Mensch gleich ist, aber die Briefe zeigen, womit viele Männer kämpfen (was sich wiederum auf ihre Partnerinnen auswirkt). Mit der Veröffentlichung meiner Antwort möchte ich näheren Einblick in meine Auffassung und Herangehensweise bei einer (beginnenden) Sexsucht gewähren.

> *Guten Tag, Frau van Rijsingen,*
> *ich sehe mir Pornofilme an. Früher oft (drei- bis viermal pro Woche), heute ab und zu (einmal alle zwei Wochen). Manchmal besuche ich auch erotische Chatrooms. Ich betrachte dies nicht als Problem, und meine Freundin weiß davon. Sie möchte nicht, dass ich darüber lüge und hat das Gefühl, dass es (zu masturbieren und sich alleine mit Internetsex zu beschäftigen) unser Sexleben beeinflussen könnte. Da ich das früher viel öfter gemacht habe, ist sie der Meinung, dass ich immer noch süchtig sei (damals war tatsächlich davon die Rede). Es ist schon so, dass ich mich darauf freue, ab und zu einen Abend alleine zu verbringen, aber das ist nicht öfter als einmal alle zwei Wochen. Ich würde für sie ganz damit aufhören, aber ich stehe selbst nicht dahinter (ich finde, dass es ab und zu in Ordnung ist) und genieße es auch, wenn ich es tue. Welche Lösung gibt es in meiner Situation, bei der ich ehrlich sein kann, aber am liebsten nicht ganz mit dem Sexleben mit mir selbst aufhöre?*
> *Freundliche Grüße,*

Meine Antwort:

Der Konsum von Pornografie hat einen größeren Einfluss, als den meisten bewusst ist. Aktuelle Untersuchungen haben ergeben, dass er die Fähigkeit beeinträchtigt, sich darin einzufühlen, was der Partner/die Partnerin gerne möchte und schön findet, weil diese Fähigkeit abstumpft. Männer gelangen hierdurch zu einer immer weniger kritischen Einstellung hinsichtlich sexueller Belästigung. Außerdem verfestigen sich bei ihnen traditionelle Ansichten über Männer und Frauen, zum Beispiel die Vorstellung, dass Frauen Männern sexuell gefällig sein und deren Bedürfnisse befriedigen sollten. Frauen werden dann eher als laufende Titten und Mösen gesehen, und nicht als Menschen. Ich sage Ihnen das, weil Sie schreiben, dass Sie sich schon seit Jahren Pornos ansehen und das gerne weiterhin tun möchten. Männer, mit denen ich an ihrer Sexsucht arbeite, erzählen mir häufig, dass sie es sehr schwierig finden, eine Frau als Person zu sehen. Sogar während sie mit ihrer eigenen Frau tanzen, schauen sie nach anderen Frauen, nach dem Motto: »Gibt es da vielleicht etwas zu holen?« Und das ist etwas, was ihre Frau fühlt. Frauen spüren schnell, wenn ihr Mann mit seiner Aufmerksamkeit nicht bei ihnen ist, sondern verstohlen oder ganz offen nach anderen schaut. Sie fragen sich dann: »Was haben die, was ich nicht habe?« Jede Frau möchte gerne wichtig und von Bedeutung für ihren Lebenspartner sein. Das ist nicht nur ein nachvollziehbares Bedürfnis, wenn zwei Menschen beschlossen haben, gemeinsam durchs Leben zu gehen, sondern auch etwas, worauf Ihre Freundin als Ihre Lebenspartnerin ein Recht hat. Pornos anzusehen beeinflusst ungewollt Ihr Denken und Ihre Art, Sex zu erleben. Denn Sie nehmen die Bilder mit ins Schlafzimmer. Sie können Ihr Leben im Netz nicht abstellen, sobald Sie das Gerät ausschalten. Es bleiben immer Bilder hängen, die gewissermaßen zwischen Ihnen und Ihrer Freundin stehen werden. Vielleicht haben Sie die Bilder im Kopf, während Sie mit ihr schlafen. Wenn das so ist, machen Sie nichts anderes, als der Mann auf der Tanzfläche, den ich zuvor erwähnte. Sie sollten sich darüber bewusst werden, dass Ihre Freundin den Kontakt mit Ihnen spüren möchte, auch wenn Sie miteinander schlafen. Und dieser ist nicht da, wenn Sie sich währenddessen Ihrer eigenen Gedankenwelt widmen.

Sie berichten außerdem, dass Sie sich schon seit Langem Pornos ansehen. Aus meiner Erfahrung haben viele Männer angefangen, beim Masturbieren Pornos zu gucken, um die Sinnesempfindungen zu intensivieren. Manche haben als Teenager das Masturbieren in Kombination mit Pornos als Trostmittel eingesetzt. Wenn sie sich unglücklich, unverstanden oder einfach nur mies fühlten – und so geht es jedem Menschen einmal – dann war diese Art der Masturbation der beste Trost und die beste Ablenkung. Diese Strategie, die ursprünglich eingesetzt wurde, um mit dem Leben zurechtzukommen, wird später fortgeführt, auch wenn sie nicht mehr wirklich ins Leben passt. Häufig wird sie dann sogar zur Last. Wenn wir uns selbst nicht ausreichend kennen, halten wir Verhaltensmuster aus unserer Jugend aufrecht, die uns in keiner Weise mehr nützlich sind. Dies ist oft bei Männern der Fall, die übermäßig viel Pornos konsumieren. Es bleibt ein Muster, um »miesen Gefühlen« aus dem Weg zu gehen. Statt einfach zu fühlen – denn mehr brauchen Sie nicht zu tun – wird zum Porno gegriffen. Männer, die zu Pornos greifen, sind im Allgemeinen nicht besonders gesprächig. Sie sagen nicht, was sie stört oder was sie bewegt. Meist geben sie nur wenig von ihren Gefühlen preis. Und das ist doch genau das, was einen Menschen bis ins hohe Alter attraktiv macht: dass man sehen kann, was ihn oder sie bewegt oder beschäftigt, also »der echte, authentische Mensch«.

Als Letztes möchte ich Sie darauf hinweisen, dass Sie durch das Sexleben mit sich selbst einen wichtigen Teil von sich aus der Beziehung heraushalten. Und auch einen Teil Ihrer Energie. Wollen Sie die Zeit, die Sie mit Internetsex verbringen, nicht lieber dafür nutzen, mit Ihrer Freundin darüber zu sprechen, was Sie im Leben wichtig finden? Wie Sie sich Ihre Zukunft vorstellen? Wie Sie über das Älterwerden oder Kinderkriegen denken? Wie stellen Sie sich Ihr Berufsleben vor? Möchten Sie immer den jetzigen Beruf ausüben? Was würde es für Sie bedeuten, ein guter Ehepartner zu sein? Oder ein guter Vater? Oder sprechen Sie nie darüber? Mit dem Partner zu kommunizieren ist extrem wichtig. Mir wurde häufig von Männern berichtet, dass ihr Drang nach Pornos abnahm, als sie anfingen, zu kommunizieren. Sie sehen: Ich sage Ihnen nicht, was Sie tun oder lassen sollten. Ich kann auch keine Entscheidung für Sie treffen. Aber ich frage Sie, ob Sie ein Mann bleiben wollen, der höchstwahrscheinlich nicht sehr mitteilsam ist und sich lieber an den Computer verzieht, als seine Energie in eine gute, erfüllende Beziehung mit einer Frau, die er liebt, zu stecken. Denn die meisten Menschen vergessen, dass eine gute Beziehung nicht von alleine entsteht. Dafür muss man sich anstrengen. Man muss dafür Verhaltensmuster (Menschen sind Gewohnheitstiere) ändern, und das ist nicht einfach. Aber ich kann Ihnen aus Erfahrung sagen, dass es möglich ist. Ich wünsche Ihnen Kraft für die Entscheidung, wer Sie zukünftig sein wollen: Der Mann, der den Anforderungen des Lebens ausweicht, indem er sich regelmäßig mit Pornos und Masturbation ablenkt, oder der Mann, der sich dafür einsetzt, sein Gefühlsleben mit seiner Partnerin zu teilen, wodurch er sich selbst besser kennenlernen und ausdrücken kann, und ein spannender Lebenspartner bleibt. Sie haben die Wahl.

WENN IHR PARTNER DIE VERANTWORTUNG NICHT ÜBERNIMMT

Wenn Ihr Mann oder Freund nicht einsieht, dass ein Problem vorliegt, oder es zwar erkennt, aber nichts dagegen unternimmt, … dann bleibt Ihnen nichts anderes übrig, als zu gehen und sich von ihm fernzuhalten. Sie verdienen etwas Besseres. Sie verdienen eine Person, die sich Ihnen zuwendet, und die Verantwortlichkeiten, die das Leben mit sich bringt, mit Ihnen teilt.

> Mail einer Frau (30 Jahre)
> *»Ich habe vor kurzem erfahren, dass mein Partner (32 Jahre) sexsüchtig ist. Er hat das Bedürfnis, sich Pornos anzusehen und zwanghaft dreimal hintereinander zu kommen, drei Tage in Folge. Aber nicht nur das, es muss auch noch jede Woche geschehen. Es ist für ihn die einzige Art, Spannungen abzubauen, sagt er. Auf der einen Seite finde ich es gut, dass er es mir erzählt hat, auf der anderen Seite finde ich es furchtbar. Es ist etwas, was ich nicht teilen möchte und … nicht akzeptieren möchte, was unsere Intimität berührt. Ich sehe schon die Auseinandersetzungen, Lügen und Heimlichkeiten auf uns zukommen. Ich bin an einem Punkt angelangt, an dem ich unsere Beziehung vertiefen oder beenden möchte. Haben Sie Informationen über dieses Thema?«*

> Mail, 14 Tage später
> *»Ich möchte Ihnen nur kurz berichten, dass ich die Beziehung mittlerweile beendet habe. Mein Partner bestreitet, dass er ein Problem hat und/oder Hilfe benötigt. Auch aufgrund der von Ihnen zugesandten Informationen habe ich diese Entscheidung treffen können. Herzlichen Dank!«*

WENN IHR PARTNER DIE VERANTWORTUNG ÜBERNIMMT

Wenn Ihr Partner häufig Pornos ansieht und/oder Sex mit anderen hat, kann der Schaden begrenzt werden, wenn er seine Lebensweise gründlich unter die Lupe nimmt. Damit zeigt er, dass er durchaus Verantwortung übernehmen kann. Er zeigt, dass er in der Lage ist, Probleme anzugehen, und das ist ein gutes Vorbild für Ihre (eventuell vorhandenen) Kinder.

Wenn Sie beide – jeder für sich – überlegen, wer Sie sein möchten und wie Sie dahin gelangen können, werden Sie spannende Partner füreinander sein. Das Gegenteil kann aber auch eintreten: Sie können gemeinsam zum Schluss kommen, dass Sie so verschieden sind, dass ein gemeinsames Leben der eigenen Entwicklung eher im Weg steht, als dass es sie fördert. Es zeugt dann von Reife und Liebe, einander die Freiheit zu gönnen und zu gewähren. Seien Sie sich darüber im Klaren, dass Sie stark genug sind für ein Leben ohne ihn. Das gilt genauso für Ihren Partner – er ist stark genug, um ohne Sie auszukommen. So ist die Trennung/Scheidung eine wohlüberlegte Entscheidung und keine Affekthandlung.

Karin und Jan sind hierfür ein gutes Beispiel. Nachdem Jan seine zwanghaften Besuche bei Prostituierten während ihrer Ehe gebeichtet hatte, sind beide zu mir in die Therapie gekommen. Jeder schlug seinen eigenen Weg ein; Jan in Form einer Männergruppe und individueller Gespräche, Katrin in Form einer Angehörigengruppe sowie individueller Gespräche. Ab und zu fand auch ein Beratungsgespräch mit beiden zusammen statt. Im letzten Gespräch, das ich mit ihnen gemeinsam führte, hatten sie beschlossen, sich zu trennen. Ihre Familie, Freunde und Bekannten informierten sie darüber, indem Sie ihnen folgende Karte schickten:

Liebe Freunde,
nach beinahe zwölf gemeinsamen Jahren, sechs davon waren
wir verheiratet, haben wir beschlossen, uns zu trennen. Das be-
deutet nicht, dass wir uns nicht mehr lieben. Es bedeutet auch
nicht, dass wir nicht mehr Freunde sind, und wir haben auch
keinen Streit. Es bedeutet nur, dass wir uns zu sehr auseinan-
dergelebt haben, um als Partner weiterhin das Leben zu teilen,
und es bedeutet, dass wir einander eine Zukunft mit neuen
Möglichkeiten gönnen.
Wir möchten allen, die uns vor allem im letzten Jahr so sehr
unterstützt haben, aus tiefstem Herzen danken. Ihr bedeutet
uns sehr viel.
Katrin und Jan

TRAUER IST TEIL IHRES PROZESSES

Ob Sie mit Ihrem Partner zusammenbleiben oder nicht, in beiden Situationen werden Sie eine Phase der Trauer durchmachen müssen – Trauer darüber, was Sie meinten zu haben, in Wirklichkeit jedoch nie hatten ...

Danksagung

Während ich dieses Buch schrieb, fühlte ich mich durch sehr viele Menschen getragen. Nicht nur durch meine Klient/innen, sondern auch durch die Freund/innen und Bekannten, die gelernt haben, meine Leidenschaft für mein Fach und das Schreiben zu verstehen und zu akzeptieren.

Darüber hinaus hatte ich konkrete Unterstützung von einigen Personen, die ich namentlich erwähnen möchte.

Das ist an erster Stelle Paula. Ihr möchte ich für ihre Idee danken, den Kontakt mit *Psychologie Magazine* zu suchen und … fürs Lesen meiner verschiedenen Textversionen. Ihre lebensnahen Kommentare führten zu einer Vertiefung meines Verständnisses für das Thema. Mit Vergnügen konnte ich mich dann wieder an die Arbeit machen.

An zweiter Stelle möchte ich Stefan Boerboom danken. Von seinen freundlichen, aber unmissverständlichen schreibtechnischen und anderen Anregungen lerne ich noch immer.

Außerdem möchte ich meiner Freundin Marguerite danken. Wenn ich an einer bestimmte Stelle steckenbleibe, schaut sie mit kritischen Blick drauf, zückt ihren roten Stift, lächelt entschuldigend und das Wunder geschieht erneut: Ich arbeite wieder mit Spaß weiter.

Des Weiteren danke ich meinen Söhnen Vincent und Thomas für ihre Unterstützung, wenn ich Probleme mit dem Internet habe oder etwas brauche, was sie schneller finden können als ich.

Zum Schluss danke ich meinem Verleger Chris van Gelderen. Sein offenes Ohr, sein Verständnis und seine Unterstützung für meine Ideen machen es leicht, meine Betrachtungen für ein weiteres Buch zu konkretisieren. Ich vertraue darauf, dass er dann erneut sagen wird: »Hannie, ich veröffentliche dein Buch.«

Anhang

LITERATURLISTE

Baran, S.J., »Sex on TV and Adolescent Self-image«, in: *Journal of Broadcasting and Electronic Media*, Bd. 20, Nr. 1, Philadelphia: Routledge, 1976, S. 61-68.

Black, C., Carnes, S., Dillon, D., »Disclosure to Children: Hearing the Child's Experience«, in: *Sexual Addiction & Compulsivity*, Bd. 10, Philadelphia: Routledge, 2003, S. 67-78.

Buxton, A.P., »When a Spouse Comes Out: Impact on the Heterosexual Partner«, in: *Sexual Addiction & Compulsivity*, Bd. 13, Philadephia: Routledge, 2006, S. 317-333.

Carnes, P.J., Delmonico, D., Griffin, E., Moriarity, J.M., *In the Shadows of the Net: Breaking Free From Compulsive Online Sexual Behavior*, Center City: Hazelden Foundation, 2001.

—, »Cybersex, Courtship, and Escalating Arousal: Factors in Addictive Sexual Desire«, in: *Sexual Addiction & Compulsivity*, Bd. 8, Nr. 1, Philadephia: Routledge, 2001, S. 45-78.

Delfos, M.F., »Geef computerkinderen een eierwekker«, in: *NRC Handelsblad*, Nr. 106, Jahrgang 37, 05.02.2007.

Escobar-Chaves, S., Tortolero, S., Markham, C., Low, B., Eitel, P., Thickstun, P., »Impact of the Media on Adolescent Sexual Attitudes and Behaviors«, in: *Pediatrics*, Elk Grove Village: American Academy of Pediatrics, Nr. 116, 2005, S. 303-326.

Eerenbeemt, E.-M. v.d., *Alle dochters! – Drie generaties vrouwen en hun familiekwesties*, Haarlem: De Toorts, 1995.

Eggermont, S., »De rol van televisiekijken in seksuele opvattingen van jonge adolescenten: een verkennend cultivatieonderzoek«, in: *Tijdschrift voor Communicatiewetenschap*, Nr. 33, Amsterdam: Uitgeverij Boom, 2005, S. 221-232.

Forward, S., Frazier, D., *Verratene Liebe : Frauen durchschauen die Lügen der Männer*, Frankfurt: Fischer, 2001.

Hilkens, Myrthe, *McSex. Die Pornofizierung unserer Gesellschaft*, Berlin: Orlanda, 2010.

Linz, D., Donnerstein, E., Penrod, S., »The Effects of Multiple Exposures to Filmed Violence Against Women«, in: *Journal of Communication*, Bd. 34, Nr. 3, Washington: International Communication Association, 1984, S. 130-147.

—, »Longterm Exposure to Violent and Sexually Degrading Pictures of Women«, in: *Journal of Personality and Social Psychology*, Bd. 55, Washington: American Psychological Association, 1988, S. 758-768.

Nikken, P., *Erotiek, clips en romantiek – Invloeden op jongeren en of daar iets aan gedaan moet worden*, Videopräsentation vom 01.06.2006.

Norwood, R., *Wenn Frauen zu sehr lieben: Die heimliche Sucht, gebraucht zu werden*, Hamburg: Rowohlt, 2009.

Rijsingen, H. v., *Zin in vrijen voor mannen*, Haarlem: Aramith, 2002.

—, *Seks, alles of niets – Vraagbaak voor mannen die verslaafd zijn aan seks*, Haarlem: Aramith, 2005.

—, *Wie will ik zijn*, Haarlem: Aramith, 2007.

Schneider, J.P., »The Impact of Compulsive Cybersex Behaviours on the Family«, in: *Sexual and Relationship Therapy*, Bd. 18, Nr. 3, London: Routledge, August 2003, S. 329-354.

Steffens, B., Rennie, R.L., »The Traumatic Nature of Disclosure of Wifes of Sexual Addicts«, in: *Sexual Addiction & Compulsivity*, Bd. 13, Philadelphia: Routledge, 2006, S. 247-269.

Schwinghammer, S., samenvatting onderzoek seksueel objectificerende videoclips (2006), persoonlijk door haar verstrekt.

—, synopsis onderzoek muziekclips (2007), persoonlijk door haar verstrekt.

Zessen, G.v., »Seks als identiteit; over dwangmatige seks en seks-verslaving«, Symposium *Tussen hoofd – en handwerk: theoretische en praktische aspecten van de seksuologische hulpverlening*, Neder-landse Vereniging voor Seksuologie, Utrecht (04.06.1993).

—, *Overvloed en onbehagen*, lezing op studiedag »Man-daad«, Nederlandse Vereniging voor Seksuologie (04.04.2007).

Zevenhuizen, Marloes, »Als je partner porno kijkt«, in: *Psychologie Magazine* (September 2008).

BESUCHTE INTERNETSEITEN

www.dag.nl *Internetseite der überregionalen niederländischen Tages-zeitung »de Volkskrant«*

www.eenvandaag.nl *Internetauftritt des niederländischen Nachrich-ten- und Politmagazins »EénVandaag«*

www.jeugdinformatie.nl und www.jeugdenmedia.nl *Internetseiten des niederländischen Jugendinstituts*

www.kijkwijzer.nl *Internetauftritt des niederländischen Instituts für die Klassifizierung audiovisueller Medien*

www.mdelfos.nl *Internetseite der niederländischen Wissenschaftlerin und Psychotherapeutin Martine F. Delfos*

www.mijnkindonline.nl *Informationsportal für Eltern rund um das Thema »Kinder und Internet«*

www.reclamerakkers.nl *Internetauftritt des niederländischen Bildungszentrums für Medienkompetenz bei Jugendlichen*

www.recoveryroadmap.com *Englischsprachige Internetseite mit nützlichen Informationen zu Suchtproblematiken*

www.zappouders.nl *Internetseite des niederländischen Fernsehsenders für Kinder »Z@ppelin«*

www.who.int/en/ *Englischsprachiges Internetportal der Weltgesundheitsorganisation (*WHO*)*

NÜTZLICHE DEUTSCHSPRACHIGE INTERNETADRESSEN

www.dji.de *Internetauftritt des Deutschen Jugendinstituts e.V.*

www.bmfsfj.de *Internetseite des Bundesministeriums für Familie, Senioren, Frauen und Jugend*

www.jugendschutzlandesstellen.de *Weitgefächerte Informationen zu Jugendschutzstellen auf Landes- und Bundesebene*

www.bag-jugendschutz.de *Internetauftritt der Bundesarbeitsgemeinschaft »Kinder- und Jugendschutz«*

www.mediaculture-online.de *Portal zur Medienbildung, Medienpädagogik und Medienkultur*

www.aktiv-gegen-mediensucht.de *Inititative zur Verhinderung von Mediensucht durch aktives Handeln*

www.neuesland-return.de *Fachstelle für exzessiven Medienkonsum, Hannover* www.nacktetatsachen.at *Plattform zu Themen der Sexualität, Pornographie- und Sexabhängigkeit und Kinderschutz*

www.internet-sexsucht.de *Informationsportal zu Cybersex- oder Onlinesexsucht*

www.internet-pornografie.de *Informationen zur Thematik Pornografie*

www.onlinesucht.de *Bietet Hilfe zur Selbsthilfe bei Onlinesucht*

Bibliografische Information der Deutschen Nationalbibliothek
Die Deutsche Nationalbibliothek verzeichnet diese Publikation
in der Deutschen Nationalbibliografie;
detaillierte bibliografische Daten sind im Internet
über http://dnb.d-nb.de abrufbar.

ISBN 978-3-936937-76-3

1. Auflage 2010

Für die deutschsprachige Ausgabe
© 2010 Orlanda Frauenverlag GmbH, Berlin
Alle Rechte vorbehalten

Lektorat: Ekpenyong Ani
Umschlaggestaltung: Ulrike Heuter
Satz & Layout: Typo:Berger, Berlin
Herstellung: Anna Mandalka
Druck: Druckerei Walter Bartos GmbH, Berlin